Arduino[アルドゥイーノ]

［実用］入門

Wi-Fiでデータを送受信しよう！

福田和宏［著］

技術評論社

本書を購入される前にご確認ください。

本書で取り上げるサンプルソースは、次の環境で動作確認をしています。

PC（OS）

USBポートを搭載するWindows 10が動作するPC（筆者の環境：ASUS Transbook 3）。USB Type-Cのみ搭載のPCでは正しく動作しないことがあります。

電子パーツ等

本書では2017年12月に販売されている電子パーツを利用しました。電子パーツの販売価格は随時変化します。また、生産や在庫の状態の変化があるため、電子パーツによっては販売を終了することがあります。

なお、本書のサポートページからサンプルコードをダウンロードできますので、ご利用ください。

Arduino［実用］入門――Wi-Fiでデータを送受信しよう！：サポートページ

URL http://gihyo.jp/book/2018/978-4-7741-9599-5

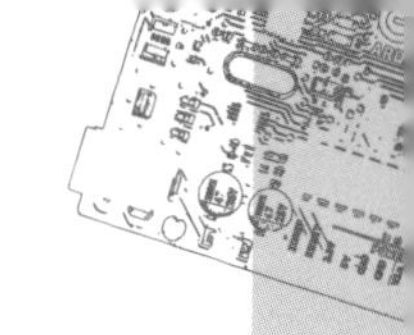

はじめに

毎年のように新たな技術が生まれ、さまざまな製品に応用されています。最近では、ドローンやロボット、スマート家電、AIスピーカーなど暮らしを豊かにする技術などが話題となっています。ドローンによって今までにはないアングルからの撮影が可能になっただけでなく、無人で荷物を配送しようという試みもされています。AIスピーカーは、通常利用する会話形式の質問によってアシストしたり、照明や家電を制御したりといった使い方が実現しています。現在はまだ使える用途が少なかったり、認識ができなかったりなど使い勝手は良いとは言えない状態ですが、近い将来、普通に話しかけてさまざまなアシストができるようになるでしょう。

これらの技術で中核をなす考えとして「IoT」があります。IoTとは「モノのインターネット」と訳され、モノがインターネットに接続され、さまざまな応用ができるという仕組みのことです。ネットワークを介して家電などを制御したり、宅内に異常があった場合に家主のスマートフォンに警告メッセージを送ったりといった制御ができます。また、インターネット上にあるたくさんの情報から必要な情報を取得および判断して動作したり、AIなどの複雑な処理をネットワーク上にあるサーバに引き渡して処理したりといった使い方もされています。

このようにネットワークにつながるだけで身の回りにあるモノの応用方法が大きく広がります。

モノを制御する方法として、マイコンボードが利用されます。電子回路を制御できるインターフェースを搭載しており、LEDやモータなどを制御したり、温度や明るさなどを検知して状態を取得したりといったことが可能です。マイコンボード自体は昔からありますが、ここ数年になり一般ユーザでも比較的簡単に使えるようになってきています。たとえば、Raspberry Piやmicro:bitは、小さなボード状のマイコンでありながら、プログラムを作成して電子パーツを制御できます。

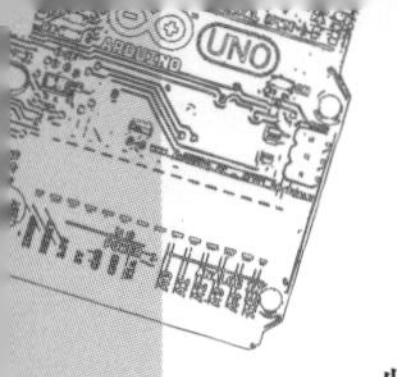

特にScratchといったビジュアルプログラミング言語を使えることから、今までプログラミングをしたことのないユーザでも簡単に電子パーツを制御ができるようになっています。最近では、小中学生向けのプログラミング学習にも使われています。

マイコンボードの1つに「Arduino」があります。Arduinoは、2005年から長きにわたり利用されているマイコンボードです。現在でも多くのユーザに利用されている定番のマイコンボードとなっています。専用のツールを利用してプログラムを書き込むだけで電子パーツを簡単に制御できます。また、価格も比較的安く、軽快に動作する、消費電力が少ないなどの利点があります。

ただし、Arduinoで最も販売されているArduino Unoにはネットワーク機能が搭載されていません。このArduinoに別途無線LANモジュールの「ESP-WROOM-02」を接続すると、インターネットに接続してさまざまな用途に使えるようになります。いわば、個人でIoTを使った作品を作れるのです。

本書ではArduinoの基本的な使い方から、無線LANモジュールを接続して通信を可能にする方法について説明します。Arduinoの導入方法や各電子パーツの動作についてなど、本書の手順に従って作ることで動作を確認することができます。ここから、自分の作りたい作品などへ応用することが可能です。

また、電子の基本や電子パーツについての概要についても紹介しています。ただ手順に従うだけでなく、基本的な知識も身に付けられます。

Arduinoと無線LANモジュールを使って、IoTの世界をスタートしてみましょう。

2018年1月

福田 和宏

目 次

はじめに …… iii

Chapter 1 これから始める電子工作 …… 001

1-1 マイコンを使えばものづくりの世界が広がる …… 2

ものづくりの世界を広げる電子工作 …… 2
動作を制御できるマイコン …… 3
手軽に電子パーツを制御できる「Arduino」 …… 3
Arduinoを使えば他のものづくりに応用できる …… 4

1-2 ネットワークにつなげば応用範囲も広がる …… 5

複数のマシンを使った動作 …… 5
インターネットを使って情報をやりとりする …… 6
Arduinoに接続できる無線デバイス …… 7

1-3 Arduinoを購入しよう …… 8

複数の種類が販売される「Arduino」 …… 8
Arduino互換機 …… 17
Arduinoを購入する …… 20
Arduinoを利用するために必要な機器 …… 23

1-4 電子パーツを購入しよう …… 27

電子パーツを購入する …… 27
電子工作で利用する電子パーツ …… 30

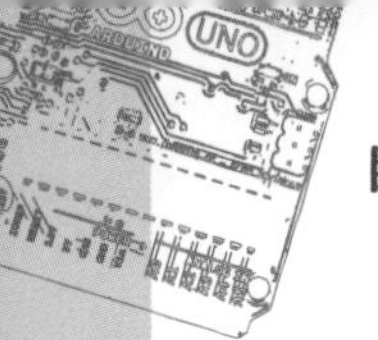

Chapter 2 開発環境の準備 ……………………… 039

2-1 Arduinoで開発するには …………………………… 40

Arduinoはプログラムで電子パーツを制御する …………… 40
プログラムの開発環境「Arduino IDE」 …………………… 42

2-2 Arduino IDEを準備する …………………………… 44

Arduino IDEを入手する …………………………………… 44
Arduinoを接続する …………………………………………… 49
別途パッケージが必要な場合 ……………………………… 51

2-3 Arduinoにプログラムを書き込む ………………… 54

Arduino IDEの画面 …………………………………………… 55
設定を変更する ……………………………………………… 56
プログラムの作成と転送 …………………………………… 59
ライブラリを用意する ……………………………………… 64

2-4 プログラミングの基礎 ……………………………… 68

基本を押さえれば電子パーツを制御できる ………………… 68
Arduinoでのプログラムの基本形 …………………………… 68
プログラムの実行中の状態を表示する …………………… 70
値を一時的に格納しておく「変数」 ………………………… 73
決まった値に名前を付ける「定数」 ………………………… 78
計算をする …………………………………………………… 80
条件によって処理を分ける「条件分岐」 …………………… 82
繰り返し同じ処理を実行する「繰り返し」 ………………… 86
特定の機能をまとめる「関数」 ……………………………… 89

Chapter 3 電子回路を制御 …… 093

3-1 Arduinoで電子パーツを制御 …… 94

Arduinoで電子パーツを制御する …… 94
Arduinoで入力、出力をする …… 96

3-2 電気の基礎 …… 97

電子パーツは電気で動作する …… 98
これだけは知っておきたい電気の用語 …… 99
これだけは知っておきたい電気の法則 …… 103
これだけは知っておきたい電気の計算式 …… 106

3-3 LEDを点灯する …… 107

オン、オフを出力して電子パーツを制御する …… 107
点灯・消灯できるLED …… 109
ArduinoでLEDを制御する …… 111
プログラムでLEDを点灯する …… 113

3-4 スイッチの状態を読み取る …… 114

オン、オフを切り替えられるスイッチ …… 115
デジタル入力でスイッチの状態を取得する …… 117
Arduinoでスイッチの状態を読み取る …… 119
プログラムでスイッチの状態を読み取る …… 121

3-5 LEDの明るさを変化させる …… 126

デジタル出力に変化を出せる「PWM」…… 126
ArduinoでPWM出力する …… 128
LEDの明るさを調節する …… 128
プログラムでLEDの明るさを変化させる …… 129

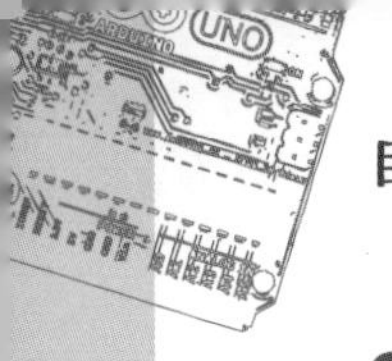

3-6 **暗くなったらLEDを点灯する** …… 131

電圧の強弱を入力できる「アナログ」入力 …… 131
Arduinoでアナログ入力する …… 132
ボリュームの値を入力する …… 133
明るさを検知する …… 137
プログラムで暗い場合にLEDを点灯する …… 140

Chapter 4 I²C、SPIデバイスを使う …… 143

4-1 **デジタル通信でデータをやりとりする** …… 144

データのやりとりを可能にするデジタル通信規格 …… 144
2本の線で通信が可能な「I²C」 …… 145
高速通信が可能な「SPI」 …… 148

4-2 **モータを動かす** …… 150

ものを動かすことができるモータ …… 151
モータを接続する …… 155
モータを動作させるプログラムを作成する …… 161

4-3 **温度を計測する** …… 165

室温を計測できる温度センサ …… 165
温度センサを接続する …… 166
温度計測プログラムを作成する …… 167

4-4 **文字を表示する** …… 172

Arduinoで情報を表示する …… 172
有機ELキャラクタディスプレイ …… 173
有機ELキャラクタディスプレイを接続する …… 174

文字を表示する …… 177

Chapter 5 無線LANで情報をやりとりする …… 181

5-1 Arduinoを無線LANに接続する …… 182

通信モジュールを使って無線LAN通信をする …… 182
ArduinoとESP-WROOM-02を接続 …… 186
ESP-WROOM-02で通信する …… 191
プログラムで通信できるようにする …… 200

5-2 Arduinoと通信する …… 207

Arduinoとの主な通信方法 …… 207
Arduinoをクライアントとして使う …… 209
Arduinoをサーバとして使う …… 217

5-3 受け取ったメッセージを表示する …… 226

Arduinoで電子パーツとネットワーク接続を併用する …… 226
無線LANモジュールとキャラクタディスプレイを接続する …… 227
Arduinoのプログラムを作成する …… 228

5-4 計測した温度をWebサーバで公開する …… 233

センサなどの値をWebサーバに送信する …… 233
無線LANモジュールと温度センサを接続する …… 236
Arduinoのプログラムを作成する …… 237
Webサーバを準備する …… 241

column ESP-WROOM-02単体で動作させる …… 245

ESP-WROOM-02単体での動作 …… 245

ESP-WROOM-02の開発環境を整える …… 248
LEDを点滅させる …… 251
無線LANアクセスポイントに接続する …… 252

Appendix リファレンス …… 255

Appendix 1 Arduino IDEリファレンス …… 256

基本ライブラリ …… 256
デジタル入出力、アナログ入力関連 …… 256
時間関連 …… 258
数学関連 …… 259
ビット、バイト処理 …… 260
シリアル通信 …… 261
ソフトウェアシリアル通信 …… 263
Wireライブラリ …… 265

Appendix 2 利用部品一覧 …… 266

索引 …… 270

著者紹介 …… 277

Chapter 1

これから始める電子工作

Arduinoを使って電子工作を始める前に、まずArduinoとは何かを理解しましょう。また、Arduinoそのものや、電子工作に利用する電子パーツの購入方法を紹介します。

1-1　マイコンを使えばものづくりの世界が広がる

1-2　ネットワークにつなげば応用範囲も広がる

1-3　Arduinoを購入しよう

1-4　電子パーツを購入しよう

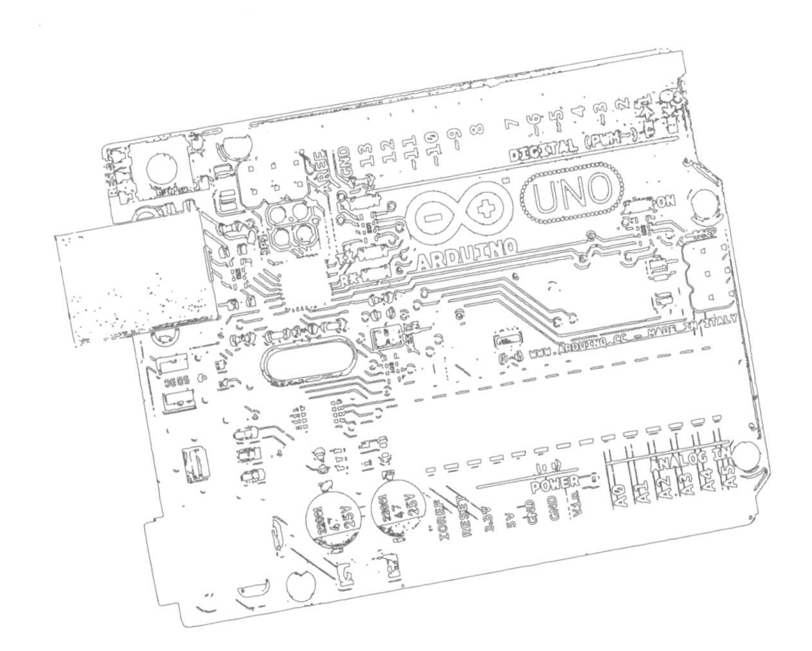

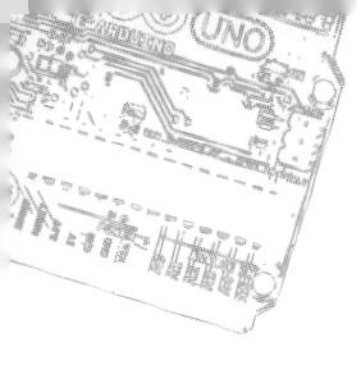

1-1

マイコンを使えばものづくりの世界が広がる

電子工作では、LEDを光らせたりモータを動かしたりといった動作から、いろいろな作品を作ることができます。さらにマイコンボードのArduinoを利用すると、センサなどを使ってパーツを制御でき、今までのものづくりの世界をさらに広げることが可能です。

ものづくりの世界を広げる電子工作

今、世界中でさまざまなものづくりが楽しまれています。紙を加工するペーパークラフトや、木などを加工して作る家具や木材工芸品、木などの材料を彫って自由に描く彫刻、金属を加工して作る金属工芸品、布などを縫って作るハンドクラフト、毛糸から作る編み物などなど。挙げると切りがないほど、さまざまなものづくりが広がっています。

○ 図 1-1-1　電子工作の例：線の上をたどって動くライントレーサ

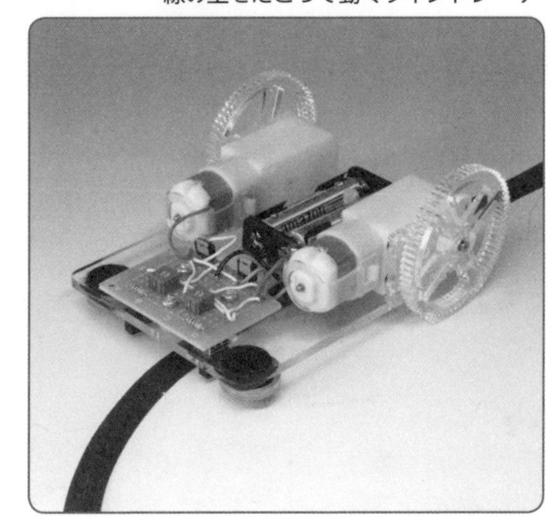

このものづくりの１つとして「電子工作」があります（**図 1-1-1**）。電子工作とは、LEDやスイッチ、モータといった、何らかの動作をする電子パーツを組み合わせて作る工作です。たとえば、たくさんのLEDを接続したイルミネーション、動く模型の車、ロボット、ドローンなどさまざまなものを作成できます。

現在では個人でも電子工作を楽しむユーザも多く、日本に限らずさまざまな国でさまざまな作品が作られています。

動作を制御できるマイコン

小学生の理科の授業でも電池で豆電球を光らせたことがあると思います。これも簡単な電子工作の１つです。小学校の授業では、電池をつなげて光らせたり、スイッチを付けて豆電球を点灯・消灯したりするくらいでした。

電子工作は、マイコンを利用することで応用範囲が広がります。マイコンとは、パソコンやスマートフォンなどに搭載されているCPUと同じで、プログラムを実行してさまざまな処理を実行するパーツです。電子工作でもマイコンが利用されており、プログラムを使って電子パーツを制御することができます。

たとえば、LEDを点灯させるタイミングをプログラムで制御したり、明るさセンサなどを使って状態に応じて電子パーツの動作を変化させたりといったことが可能です。さらに、明るくなったらカーテンを開く、雨が降ってきたら物干しを軒下に移動する、夕焼け空になったら赤とんぼを演奏するなど、さまざまな処理ができるようになります。

手軽に電子パーツを制御できる「Arduino」

電子パーツを制御するマイコンボードの１つに「Arduino（アルドゥィーノと読む）」があります（**図1-1-2**）。Arduinoは、イタリアにある大学院で開発されました。開発者の１人、Massimo Banzi氏は、デザインとテクノロジーを融合させるデザインについて研究していました。デザインを学ぶ学生が簡単に電子パーツを制御でき、デザインに役立てるようにと開発したのがArduinoです。Arduinoは、パソコンでプログラムを容易に作成でき、手軽に各電子パーツを制御できるという特徴を備えています。

この手軽さが他の分野においてもヒットし、現在では世界中で電子工作の初心者から開発者まで幅広く利用されています。

最近では「Raspberry Pi」や「micro:bit」といったコンピュータやマイコンボードが販売され、人気を博しています。これらの中でも、Arduinoは手軽に利用できる、多くの情報が揃っている、動作が機敏であるなどの理由により、2005年に開発が始まってから今までの長い間多くのユーザに利用され続けています。

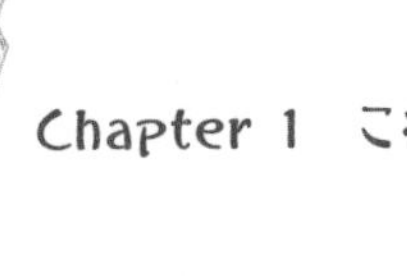

○ 図 1-1-2　電子パーツを制御できるマイコンボード「Arduino」

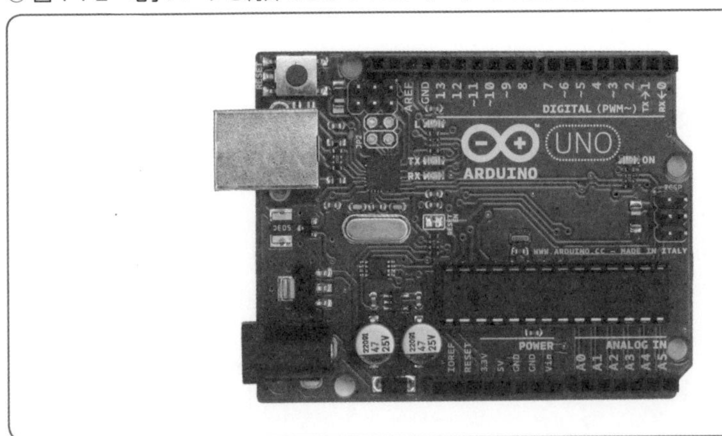

Arduinoを使えば他のものづくりに応用できる

電子工作は、ロボットやドローンといった機械的なものの作成に使うだけではありません。一見すると関連のなさそうな、紙工作や木工品、洋裁といったものづくりにも、電子工作を合わせることで新たな表現方法を追加できます。たとえば、スノードームは、ゆっくりと降り注ぐラメに光が反射してきれいに見えるインテリアと組み合わせれば、LEDの点灯色をさまざまに変化させ、色の変化による表現といった工夫ができます（**図1-1-3**）。

また、LEDなどの電子パーツに加え、Arduinoなどのマイコンボードも利用すると、プログラムで制御することも可能となります。たとえば、周囲が暗くなったらスノードームを点灯させたり、人が近づいたらぬいぐるみが歌って迎えたりといったこともできます。

このように電子工作やマイコンボードを応用することで、ものづくりの幅を広げることが可能です。自分の作品がきれいに光ったり、楽しく動いたりなど、今まで単に想像するだけだった作品が現実のものになります。

○図 1-1-3 電子工作はものづくりの応用範囲を広げる：スノードーム＋電子工作の例

取り付けたLEDが色を変えながらスノードームを照らす

1-2 ネットワークにつなげば応用範囲も広がる

Arduinoは、ネットワークに接続することで、さまざまな機器との通信が可能となります。リモートで制御したり、センサで取得した値を外部から閲覧したりなど、用途が大きく広がります。Arduino Unoにはネットワーク接続機能はありませんが、別途ESP-WROOM-02といった無線モジュールを使うことで通信が可能となります。

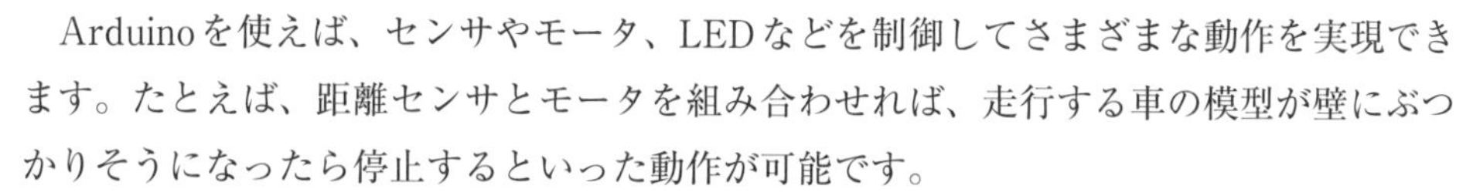

複数のマシンを使った動作

Arduinoを使えば、センサやモータ、LEDなどを制御してさまざまな動作を実現できます。たとえば、距離センサとモータを組み合わせれば、走行する車の模型が壁にぶつかりそうになったら停止するといった動作が可能です。

単体で動作させるだけでなく、複数のArduinoや他の機器と連携して動作させることもできます（**図 1-2-1**）。先ほどの例であれば、自動で障害物を探すだけでなく、外部のコントローラから命令して動作を変更するといったことも可能になります。

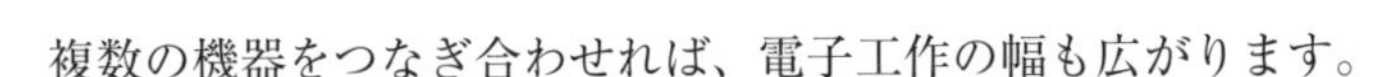

複数の機器をつなぎ合わせれば、電子工作の幅も広がります。

Arduinoと他の機器を接続するには、導線を利用して接続する方法と、導線を利用せずに無線で接続する方法があります。どちらを用いても機器間でのやりとりが可能です。

特に無線で接続した場合は、線をつなぐ煩わしさがなく、遠隔操作しやすくなります。さらに、電池などのバッテリを使えば、独立して動作させることができます。

通信により、リモコンのように機器を操作するだけでなく、センサで取得した温度を遠隔地で確認する、外出先から家の照明を点灯させる、家にいるペットの状態を確認するなど多様な用途に利用可能です。

○ 図 1-2-1　他の機器と通信することで連携した動作が可能

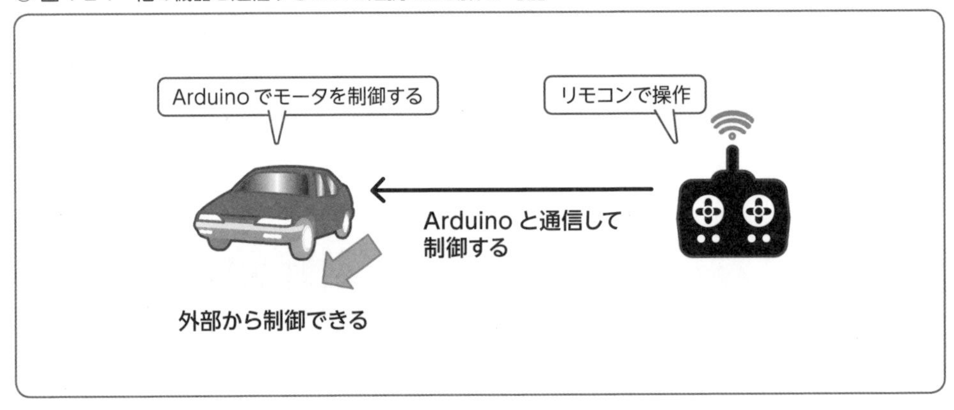

インターネットを使って情報をやりとりする

無線通信にはさまざまな方式があります。中でも、Bluetoothや赤外線、無線LANが有名です。特に無線LANを使う場合は、無線LANアクセスポイントという機器に接続することで、パソコンやスマートフォンと同じようにインターネットへアクセスできるようになります。インターネットに接続すると、Webなどのサービスへのアクセスも可能になり、各種サービスで提供している情報を利用するといった応用も可能です（**図 1-2-2**）。

たとえば、天気サイトから本日の天気の情報を取得し、雨が降りそうな場合には傘を持っていくように知らせたり、SNSなどで気になる投稿があった場合に音を鳴らしたり、LEDを点灯して通知したりといった応用ができます。

逆に、Arduinoで利用した情報をインターネット上で運用しているサーバに送ることもできます。センサで取得した温度や湿度といった室内の状態をサーバに送って集計する、侵入者を検知したらメールを送信して警告するといった利用方法も可能です。

○図1-2-2 インターネットにアクセスして各種サービスとのやりとりが可能

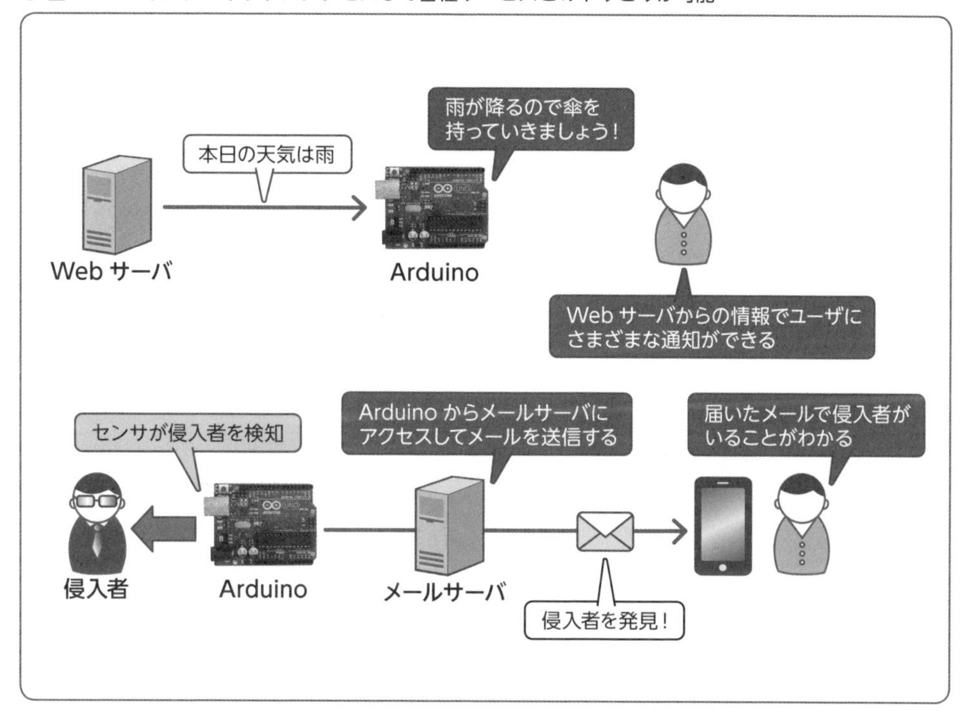

Arduinoに接続できる無線デバイス

Arduinoには複数のモデルが用意されています。中には無線LAN機能を搭載する機器もあり、このモデルを利用すれば他の機器と通信が可能です。また、Arduino Unoなどの無線LAN機能を搭載しないモデルでも、別途無線LANモジュールなどを接続すれば通信が可能となります。

中国のEspressif Systems社が販売するESP8266は、無線LANに接続できるモジュールの1つです。2cm四方という小さなサイズでありながら、一般的な無線LANアクセ

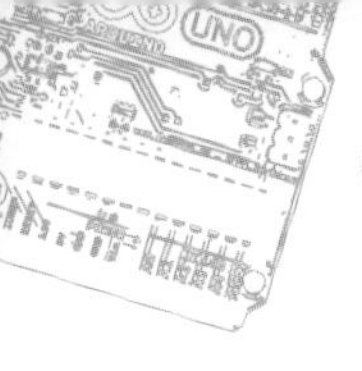

○ 図 1-2-3　無線 LAN モジュールの「ESP-WROOM-02」

スポイントに接続して通信できます。Arduinoとはシリアル通信機能を利用してやりとりでき、ArduinoからESP8266を介してネットワークに接続し、他のマシンやサーバとやりとりできます。

本書では、Arduino Unoに、ESP8266を利用した「ESP-WROOM-02」という無線LANモジュールを接続して、通信する方法を紹介します（**図 1-2-3**）。また、電子パーツと合わせた応用方法についても説明します。

1-3 Arduinoを購入しよう

Arduinoは、電子パーツショップといった専門店で購入可能です。また、ネット通販サイトでも販売されており、ショップに行かなくても自宅で購入できます。

複数の種類が販売される「Arduino」

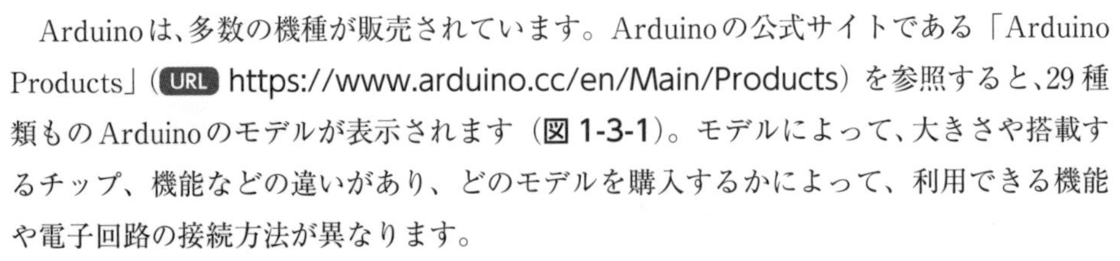

Arduinoは、多数の機種が販売されています。Arduinoの公式サイトである「Arduino Products」（URL https://www.arduino.cc/en/Main/Products）を参照すると、29種類ものArduinoのモデルが表示されます（**図 1-3-1**）。モデルによって、大きさや搭載するチップ、機能などの違いがあり、どのモデルを購入するかによって、利用できる機能や電子回路の接続方法が異なります。

ここでは、日本で購入できる代表的なモデルを紹介します[注1]。違いを把握して、どのモ

注1　紹介する Arduino の各モデルの写真は、Arduino の公式サイト（URL https://www.arduino.cc/）からの引用です。

デルのArduinoが自分に合っているかを確認しておきましょう。なお、価格は公式サイトの販売価格、実売価格は2018年1月時点におけるスイッチサイエンス（URL https://www.switch-science.com/）での販売価格です。販売ショップによって多少の価格差があることに注意してください。

なお、本書では、「Arduino Uno」を利用した方法を紹介しています。この他のArduinoを使った場合、本書の方法では動作しないこともあるので注意してください。

○図1-3-1　Arduinoのエントリーモデルの一覧

Arduino Uno

- カテゴリ：エントリーモデル
- 価格：米22ドル
- 実売価格：3240円

Arduinoのエントリーモデルとして販売されているのが「Arduino Uno」です（**図1-3-2、表1-3-1**）。旧来のArduinoの流れを受け継いだモデルとなっています。

Arduino Unoは、14本のデジタル入出力端子、6本のアナログ入力端子を搭載しています。ここに電子パーツなどを接続して制御します。

また、USBインターフェースが搭載されており、パソコンとつないでプログラムをArduinoに送信できます。

搭載しているプロセッサは、16MHzで動作する「ATmega328P」です。パソコンなどのCPUに比べると動作が遅いと思われますが、電子パーツを制御する用途では十分な性能です。プログラムを保存するフラッシュメモリを32Kバイト、電源を切ってもデータを保管しておけるEEPROMを1Kバイト搭載しています。EEPROMに設定などを保存しておくことで、次に起動したときに以前と同じ状態で動作できるようになります。

Arduino Unoは、一部を改変した新たなリビジョンが提供されることがあります。現在は3回の変更があり、リビジョン3が販売されています。なお、リビジョン2を利用していても基本性能は変わらないので同じように利用できます。

○図1-3-2　Arduino Uno

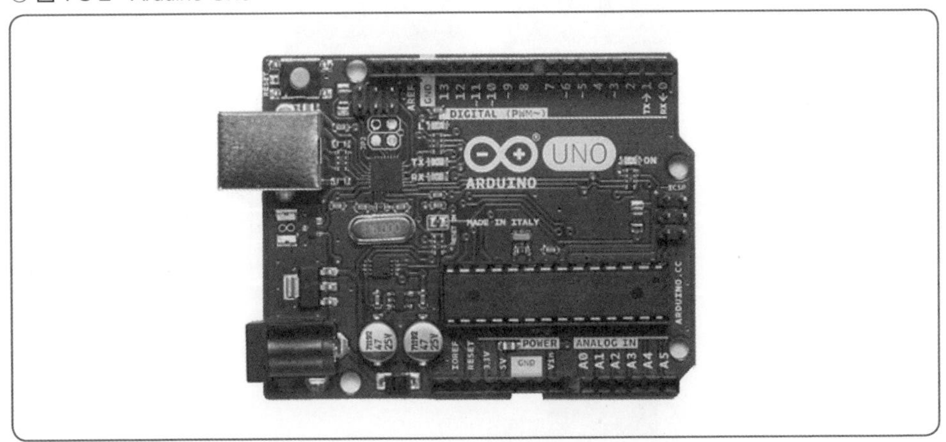

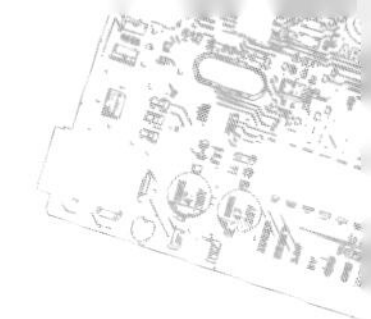

○表 1-3-1　Arduino Unoの仕様

プロセッサ	ATmega328P（16MHz）
メインメモリ容量	2Kバイト
フラッシュメモリー容量	32Kバイト
デジタル入出力(PWM対応)	14（6）
アナログ入力	6
アナログ出力	なし
シリアル通信	I^2C、SPI、UART
ネットワーク機能	なし
動作電圧	5V
電源	ACアダプタ用ジャック（7～12V）、USBからの給電可（5V）
サイズ	68.6 × 53.4mm

Arduino Nano

- カテゴリ：エントリーモデル
- 価格：米22ドル
- 実売価格：2880円

Arduino Nano（**図1-3-3、表1-3-2**）は、18 × 45mmと小さいのが特徴です。Arduino Unoをベースに作られており、おおよそArduino Unoと同じように使うことが可能です。インターフェースは、ICのように端子状になっており、基板などに差し込んで使います。

また、アナログ入力端子は、Arduinoよりも2本多く8本あります。

パソコンとの接続には、mini-USBを利用します。このため、利用するUSBケーブルは、「USB Type-Aオス」－「mini-USB Type-Bオス」を選択します。

○図1-3-3　Arduino Nano

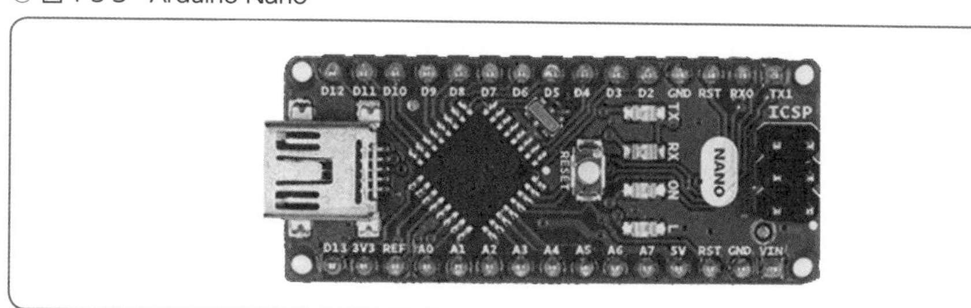

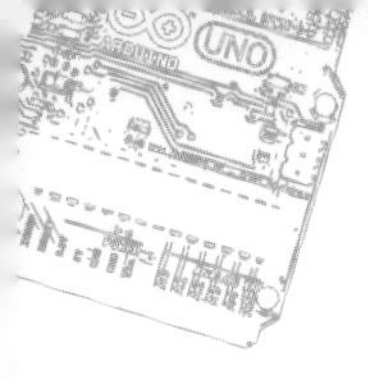

○表 1-3-2　Arduino Nano の仕様

プロセッサ	ATmega328P（16MHz）
メインメモリ容量	2Kバイト
フラッシュメモリ容量	32Kバイト
デジタル入出力（PWM対応）	22（6）
アナログ入力	8
アナログ出力	なし
シリアル通信	I^2C、SPI、UART
ネットワーク機能	なし
動作電圧	5V
電源	電源端子（7～12V）、mini USBからの給電可（5V）
サイズ	45 × 18mm

Arduino Micro

- カテゴリ：エントリーモデル
- 価格：米 19.80 ドル
- 実売価格：2800 円

Arduino Micro（**図 1-3-4、表 1-3-3**）は、Arduino Nanoと同様に小さく、基板などに差し込んで利用できます。Arduino Nanoと異なるのは、デジタル入出力端子およびアナログ入力端子を別用途に切り替えて利用できる点です。基板上にはデジタル入出力端子が14本、アナログ入力端子が6本ありますが、モードを切り替えることでデジタル入出力端子を最大20本、アナログ入力端子を最大12本にして利用できます。何を作るかによって自由に変更可能です。

パソコンとの接続には、micro-USBを利用します。このため、利用するUSBケーブルは、スマートフォンに利用されている「USB Type-Aオス」－「micro-USB Type-Bオス」を選択します。

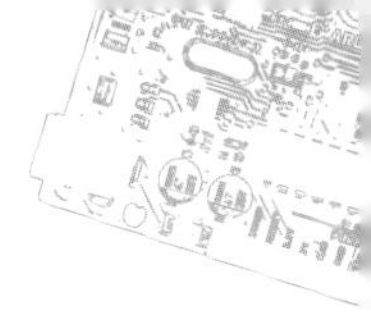

○ 図 1-3-4　Arduino Micro

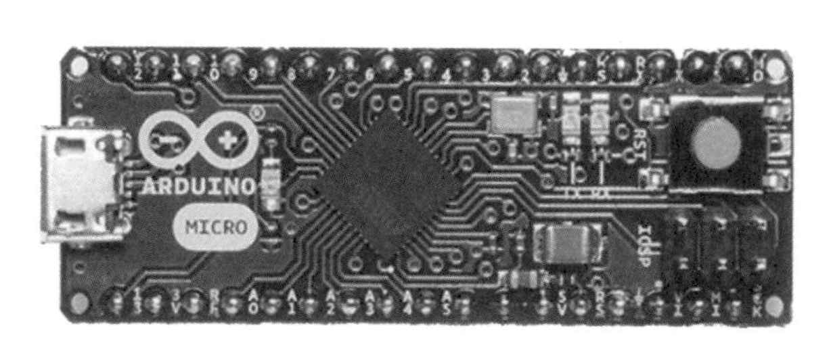

○ 表 1-3-3　Arduino Microの仕様

プロセッサ	ATmega32u4（16MHz）
メインメモリ容量	2.5Kバイト
フラッシュメモリ容量	32Kバイト
デジタル入出力（PWM対応）	20（7）
アナログ入力	12
アナログ出力	なし
シリアル通信	I^2C、SPI、UART
ネットワーク機能	なし
動作電圧	5V
電源	電源端子（7～12V）、microUSBからの給電可（5V）
サイズ	48 × 18mm

Arduino Due

- カテゴリ：エンハンストモデル
- 価格：米 37.40 ドル
- 実売価格：6264 円

Arduino Unoは基本的な機能を備えていますが、動作が遅かったりメモリ容量が小さかったりします。利用方法によっては、処理能力が足りない、大きなプログラムやデータをメモリ内に格納できないなど、Arduino Unoでは事足りないことがあります。

Arduino Due（**図 1-3-5、表 1-3-4**）は、Arduino Unoより高機能です。ARMアーキテクチャの32ビットプロセッサで、クロック数が84MHzのAT91SAM3X8Eを搭載し、Arduino Unoより約2.6倍の速度で動作します。フラッシュメモリは96Kバイトとなっており、大きなプログラムでも格納が可能です。

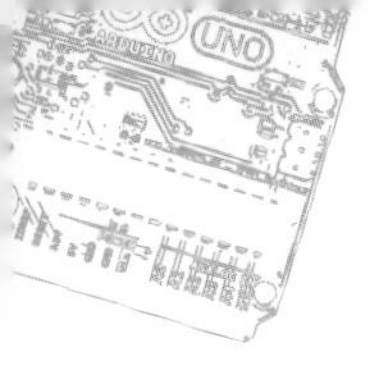

インターフェースもArduino Unoより多く、デジタル入出力端子は54本、アナログ入力端子は12本です。アナログ出力端子も2本用意されており。擬似的（PWM）では出力する電圧が変化するアナログ出力が可能となっています。

○図1-3-5 Arduino Due

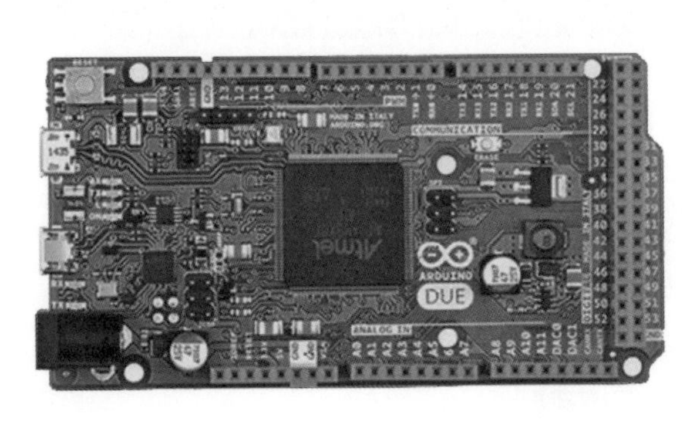

○表1-3-4 Arduino Dueの仕様

プロセッサ	AT91SAM3X8E（84MHz）
メインメモリ容量	96Kバイト
フラッシュメモリ容量	512Kバイト
デジタル入出力（PWM対応）	54（12）
アナログ入力	12
アナログ出力	2
シリアル通信	I^2C、SPI、UART
ネットワーク機能	なし
動作電圧	3.3V
電源	ACアダプタ用ジャック（7～12V）、microUSBからの給電可（5V）
サイズ	101.52×53.3mm

Arduino Yún

- カテゴリ：IoTモデル
- 価格：米68.20ドル
- 実売価格：9990円

Arduino Yún（**図1-3-6、表1-3-5**）は、Arduinoに無線LAN機能を搭載したモデルです。無線LANにより、Arduinoで計測したデータをWebページ上で確認できるようにしたり、リモートからArduinoを制御したりすることができます。IEEE 802.11 b/g/n対応の無線LAN機能を搭載しており、最大54Mbpsでの通信が可能です。さらに、イーサネットも搭載しており、有線で100Mbpsでの通信にも対応しています。

Arduino Yúnは、無線LAN機能を別のプロセッサ「Atheros AR9331」で制御しています。このプロセッサ上ではLinuxが動作しています。Arduino側でネットワークを介してデータのやりとりをしたい場合は、Linuxにデータを渡し、そこから他のサーバなどと通信をします。

日本で無線機器を利用する場合は、総務省の電波利用に関する適合申請（いわゆる技適）が必要です。海外で利用可能であっても申請されていない機器を日本国内で利用するのは違法となります。現在のArduino Yúnは技適を取得しているため、日本国内で利用することができます。

さらに、小型化したArduino Yún Miniも販売されています。

○ 図1-3-6　Arduino Yún

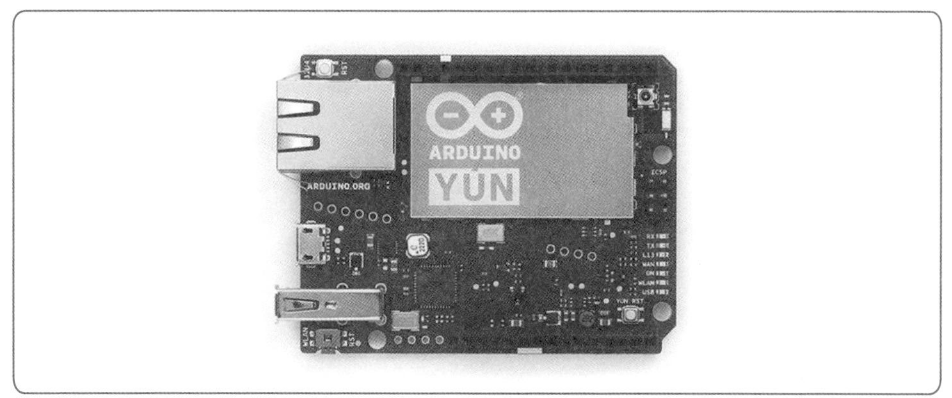

○表1-3-5 Arduino Yúnの仕様

プロセッサ	ATmega32u4（16MHz）
メインメモリ容量	2.5Kバイト
フラッシュメモリ容量	32Kバイト
デジタル入出力(PWM対応)	20（7）
アナログ入力	12
アナログ出力	なし
シリアル通信	I^2C、SPI、UART
ネットワーク機能	IEEE 802.11b/g/n、イーサネット 10/100Mbps
動作電圧	5V
電源	microUSB（5V）
サイズ	74.9 × 53.3mm

LilyPad

- カテゴリ：ウェアラブルモデル
- 価格：米24.95ドル
- 実売価格：3117円

○図1-3-7 LilyPad（ARDUINO USB）

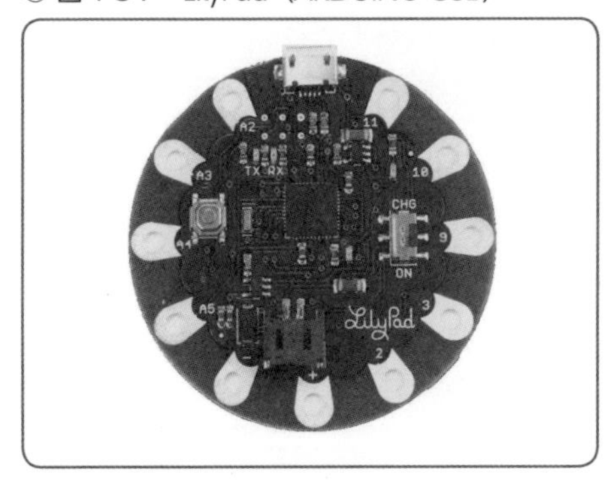

LilyPad（**図1-3-7、表1-3-6**）は、衣類やぬいぐるみなど、布を利用した作品に搭載することを目的としたArduinoです。直径50mmの円形をしています。各端子は、大きめに穴が空いており、ここに導電性の糸を利用して接続できるようになっています。導電性の糸でLEDなどを配置したモジュールなどに縫い付けるだけで、回路ができあがります。一般的な電子回路を作成するには、はんだ付けといった高温で加熱する加工が必要ですが、LilyPadを使えば、針を使って縫い付けるだけで済みます。

LilyPadには、電源の接続をmicroUSBから給電するモデルやピンヘッダから給電するモデル、端子数を少なくしたモデル、端子がスナップとなっているモデルなどがあります。

○表 1-3-6 LilyPad（ARDUINO USB）の仕様

プロセッサ	ATmega32u4（8MHz）
メインメモリ容量	2.5Kバイト
フラッシュメモリ容量	32Kバイト
デジタル入出力（PWM対応）	9（4）
アナログ入力	4
アナログ出力	なし
シリアル通信	I2C、SPI、UART
ネットワーク機能	なし
動作電圧	3.3V
電源	microUSB（5V）
サイズ	直径 50mm

Arduino互換機

Arduinoの大きな特徴の１つに、オープンソースで開発が進められていることが挙げられます。オープンソースでは、OSやアプリケーションなどプログラムのソースコードなどを広く公開しています。広く公開することでさまざまなユーザから意見を得られ、開発のスピードを向上できるという利点があります。

また、オープンソースでは一定の条件を満たせば、無償で誰でも自由にプログラムを利用できます。法人であっても対価を払うことなく営利目的に使うことが可能です。さらに、公開しているソースコードを改変して、再配布することもできます。

著名なオープンソースソフトウェアとして、Linuxがあります。Linuxは誰でも自由に利用できるため、サーバ用のOSやスマートフォン用のOSであるAndroidなど、多様な分野で利用されています。

Arduinoもオープンソースを採用しており、Arduinoの動作に使われているOSや開発環境のソースコードを誰でも活用できます。さらに、ハードウェアの設計図となる回路図も公開されているため、どのように電子パーツがつながっているか誰でも知ることができます。Arduinoの各モデルの回路図は、Arduinoの公式サイトの各モデルのページにある「DOCUMENTATION」－「SCHEMATICS IN.PDF」から閲覧できます（**図 1-3-8**）。

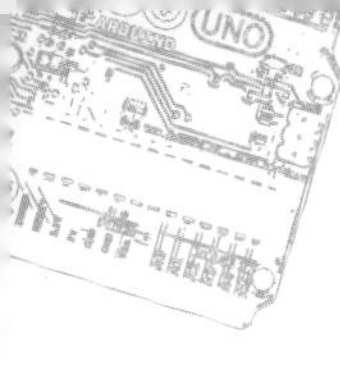

○ 図 1-3-8　Arduino Uno の回路図

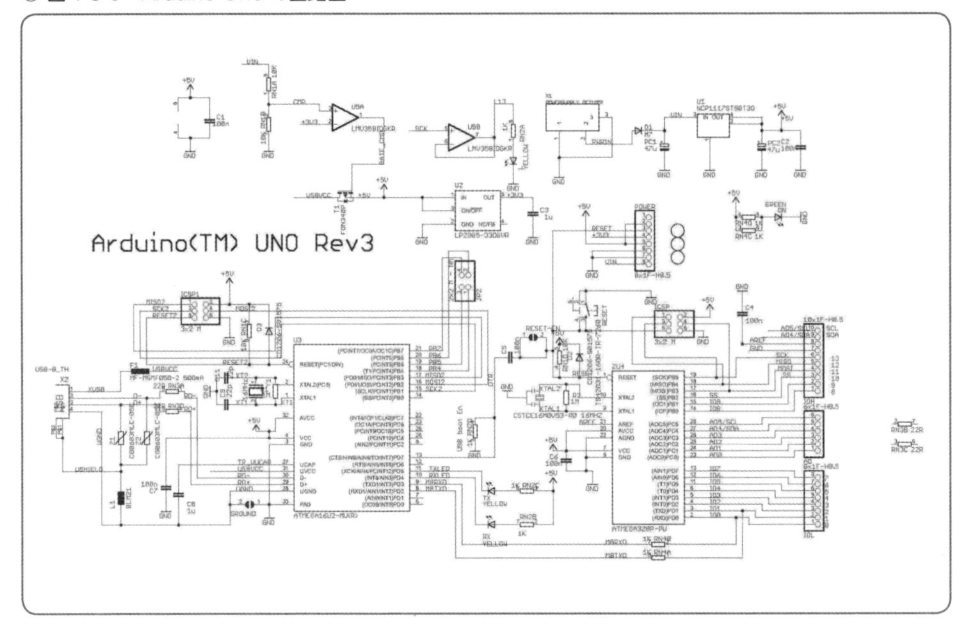

出典：https://www.arduino.cc/en/uploads/Main/Arduino_Uno_Rev3-schematic.pdf

○ 図 1-3-9　Arduino と互換性のある「Freaduino Uno」

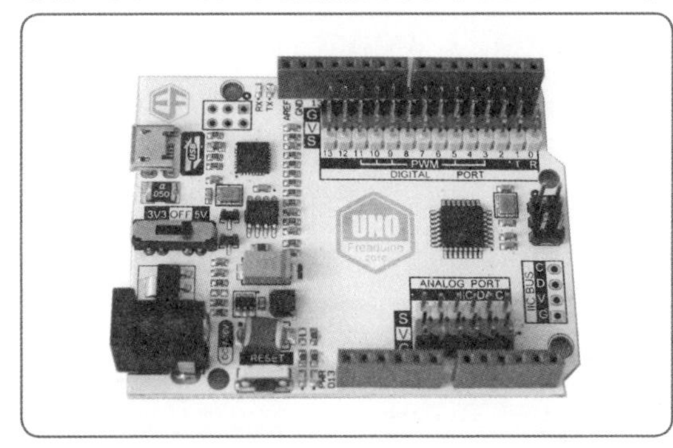

オープンソースの仕組みを利用して、独自のArduinoを販売している製品もあります。自由に開発できるため、製品によってはArduinoにはない機能を搭載したり、不要な機能を取り除いたりしています。

たとえば、ElecFreaks社が開発する「Freaduino」は、互換性を保ちながら機能を追加しています（**図 1-3-9**）。Freaduino Unoは、比較的大きな電流を流すことができる端子を搭載しており、モータなどを直接接続して利用できます。また、駆動電圧を3.3V、5Vに切り替えることも可能です。

Adafruit社が開発する「Adafruit Trinket」は、43.2 × 17.8mmとArduino Microなどよりも小さくなっています（**図1-3-10**）。小さいため、狭小スペースしか確保できない制作物などにも搭載が可能です。

○ 図1-3-10　小型のArduino互換機の「Adafruit Trinket」

さらに、Hayden Barton氏らがクラウドファンディングで公募している「Atom X1」は、14.9 × 14.9mmと指先に乗るほどの小さな製品となっています。

このように、さまざまな互換製品が販売されているので、用途に合わせたArduinoを選択するとよいでしょう。

なお、中にはArduinoのロゴを付けた偽のArduinoが販売されていることがあります。ソースコードや回路図は誰でも利用できますが、できあがった製品をArduinoと呼ぶことはできません。Arduinoとうたっており、正式版より明らかに安い製品は偽のArduinoである恐れがあります。偽のArduinoは、品質が悪い、動作に不具合がある、サポートを受けられないなどの問題が生じることがあります。このため、偽のArduinoと思われる製品については購入しないよう注意しましょう。

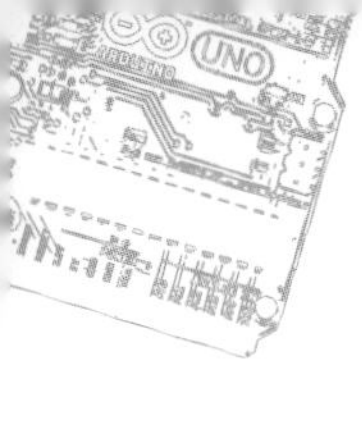

COLUMN 正式なArduinoの「Genuino」

現在の電子パーツショップではArduinoとして「Genuino」という機種が販売されています。これは、2015年にArduinoの内部で紛争が起き、米国のArduino LLC社とイタリアのArduino S.R.L.社に分裂したことによります。Arduino S.R.L.社は全世界のArduinoというブランド名で販売を続けましたが、Arduino LLC社は米国国内ではArduino、海外には別名称の「Genuino」として販売をすることになりました。

しかし、2016年末に両社が和解をし、共同で販売および開発をする形態に戻りました。このため、現在はArduinoのブランドのみでの販売がされることになっています。しかし、Genuinoとして生産した機器がいまだ残っているため、電子パーツショップによっては現在でもGenuinoのブランド名で販売されていることがあります。

ArduinoでもGenuinoでもどちらも正式なArduinoですので、どちらを購入しても問題はありません。

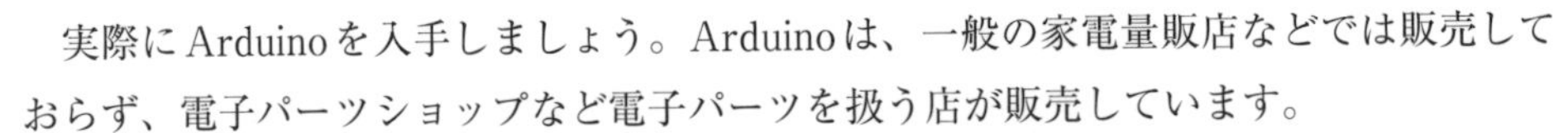

Arduinoを購入する

実際にArduinoを入手しましょう。Arduinoは、一般の家電量販店などでは販売しておらず、電子パーツショップなど電子パーツを扱う店が販売しています。

実店舗であれば、東京の秋葉原や大阪の日本橋、名古屋の大須といった電気街の電子パーツショップで購入できます。秋葉原では、秋月電子通商、千石電気、マルツなどといった店があります。

また、ネット通販を利用すれば全国どこからでもArduinoを購入できます（**図1-3-11**、**図1-3-12**）。次に示す電子パーツショップではネット通販をしています。ネット通販サイトで「Arduino Uno」と入力して検索してください。

さらに、AmazonやeBay、AliExpressといった大手通販サイトでも購入できます。

- スイッチサイエンス
  URL https://www.switch-science.com/
- 秋月電子通商

URL http://akizukidenshi.com/

- 千石電商

URL http://www.sengoku.co.jp/

- マツル

URL https://www.marutsu.co.jp/

- Amazon

URL https://www.amazon.co.jp/

- eBay

URL https://www.ebay.com/

- AliExpress

URL https://ja.aliexpress.com/

○ 図 1-3-11　スイッチサイエンスのネット通販サイト

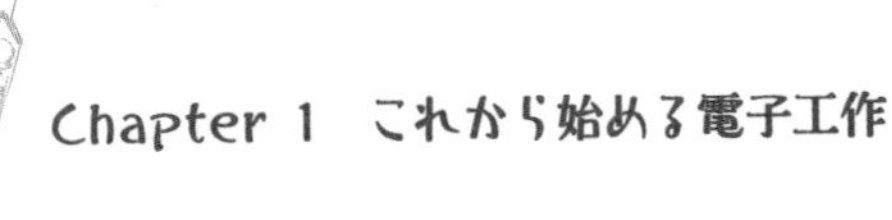

○ 図 1-3-12　秋月電子通商のネット通販サイト

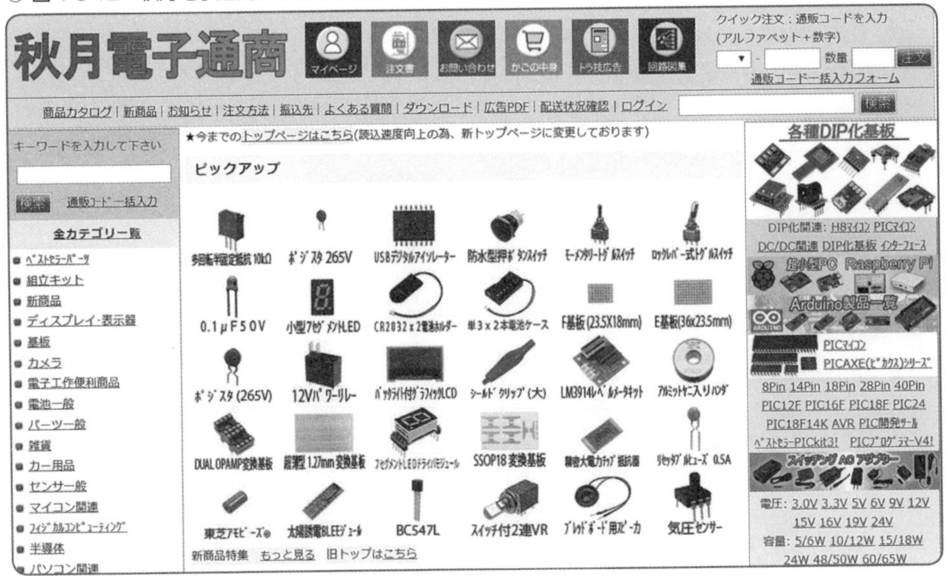

また、Arduinoから直接購入することも可能です。ArduinoのWebサイト（URL https://www.arduino.cc/）にアクセスし、画面上の「BUY」を選択すると、購入可能なArduinoが表示されます（**図 1-3-13**）。また、新しいArduinoの予約販売も行われているので、いち早く新しいArduinoを使いたい場合はお勧めです。ただし、海外からの発送となるため、約4000円（30ユーロ程度）の送料がかかります。

前述したとおり、Arduinoはさまざまなモデルが販売されています。しかし、初めてArduinoを利用する場合には、「Arduino Uno」を選択するようにしましょう。本書ではArduino Unoを対象としており、Arduino Uno以外を利用した場合は、本書の記述どおりに動作しない可能性があることに注意してください。

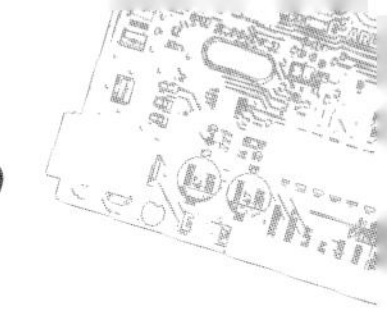

○ 図 1-3-13 Arduino 公式サイトの販売ページ

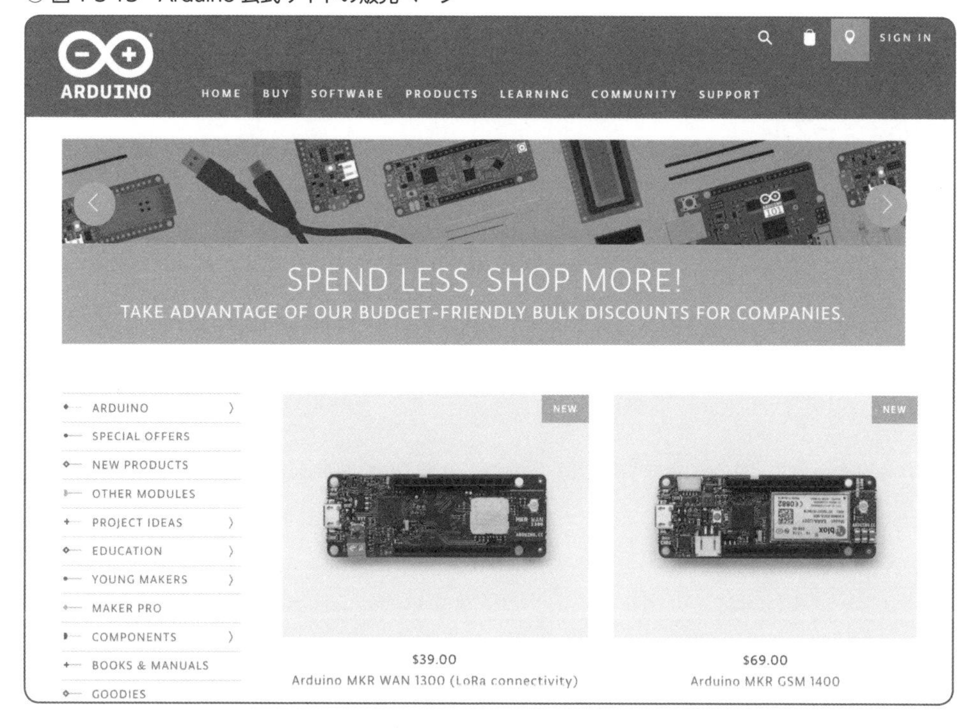

Arduinoを利用するために必要な機器

Arduinoは、単体では何も動作させることはできません。Arduinoに電源を供給したり、プログラムを書き込んだりする必要があります。そのために、Arduino以外にいくつかの機器を準備する必要があります。

Arduinoの購入とともに次の機器を準備しましょう。

パソコン

Arduinoを動作させるには、プログラムを外部で作成し、Arduinoへ書き込む必要があります。プログラムの作成や書き込みにはパソコンを利用します。一般的なWindowsやmacOSが動作するパソコンであれば問題ありません。ただし、Arduinoへプログラムを転送するためにUSBポートが必要です。USBポートを備えているパソコンを準備します。

また、現在では、Androidなどのスマートフォンやタブレットでプログラムを開発する

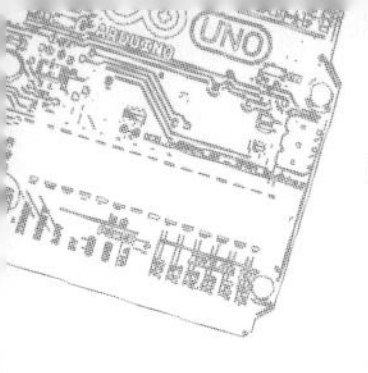

アプリケーションも登場しています。ただし、現在は開発中ということもあり、Arduinoへプログラムを転送ができないなどの問題があります。

■ USBケーブル

パソコンからArduinoへプログラムを書き込むには、USBケーブルを利用してパソコンとArduinoを接続します。一方が「USB Type-Aオス」、もう一方が「USB Type-Bオス」となっているUSBケーブルを選択します(**図1-3-14**)。スマートフォンで利用しているmicro-USBケーブルでは接続できないので注意しましょう。

また、パソコンがUSB 3.0のポートを装備する場合でも、USB 2.0用のケーブルを選択するようにします。USB 3.0ケーブルを選択すると、コネクタの形状が異なるため、Arduinoには差し込むことができません。

最近のパソコンではUSB Type-Cのみ装備していることがあります。Type-Cの場合はType-CからType-Aに変換するケーブルを利用して接続します。また、Type-Cでは正しくArduinoが認識できないことがあります。

USBケーブルは家電量販店など、パソコンを売っている店舗で購入可能です。

○図1-3-14 パソコンとの接続に利用する「USBケーブル」

■ 電源アダプタ

Arduinoを動作させるには、電源を接続して電気を供給する必要があります。前述したUSBをパソコンに接続すると、USBケーブルを介してパソコンから電気がArduinoへ送られます。このため、パソコンに接続してプログラムを転送している状態であれば、

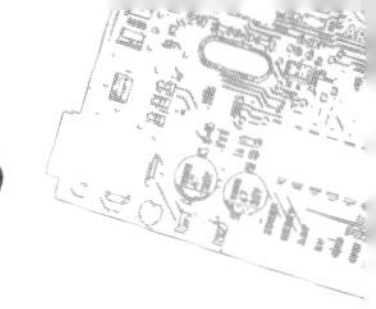

電源を用意する必要がありません。

しかし、Arduinoを利用する場合は、常にパソコンに接続するわけではありません。プログラムを書き込んだ後は、パソコンから取り外して単体で動作させます。そのためには、別途電源を用意して電気を供給する必要があります。Arduino Unoには、電源用のコネクタがあります（**図1-3-15**）。ここにACアダプタを接続して、Arduinoに電気を供給します。

Arduinoの電源入力は7～12Vが推奨されています。このため、ACアダプタは9V程度を出力できるものを選択します（**図1-3-16**）。

○図1-3-15　Arduino Unoの電源供給端子

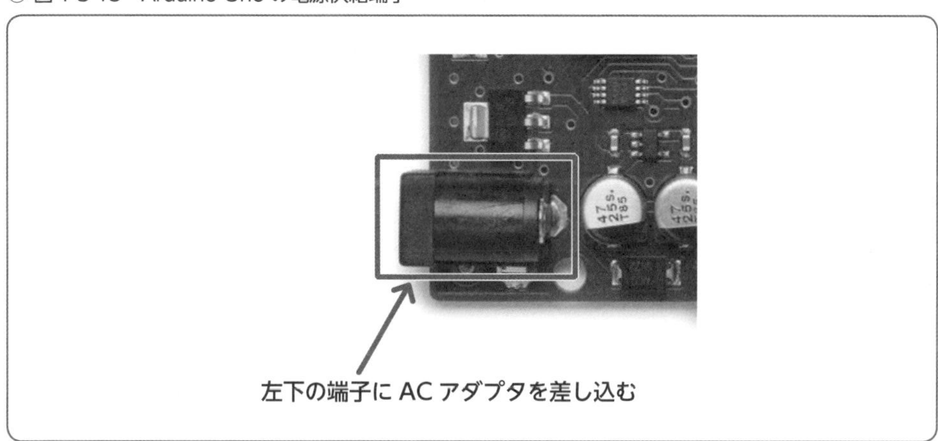

○図1-3-16　電気を供給する「ACアダプタ」

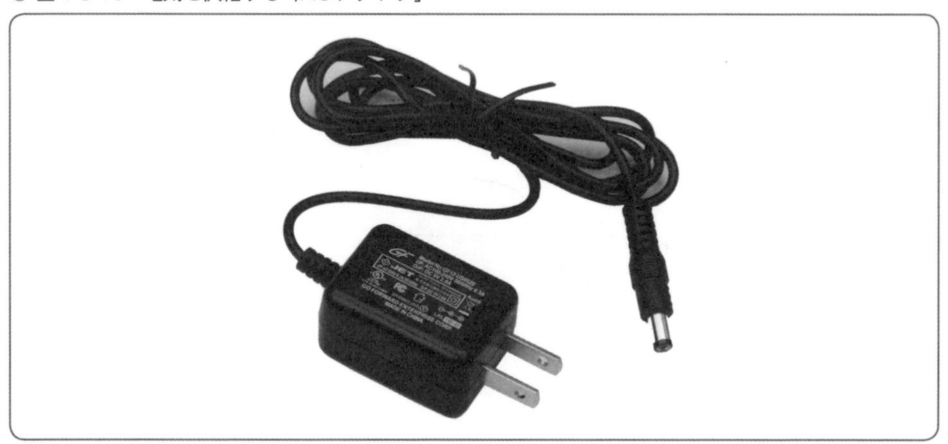

ACアダプタは、流せる電流の量が決まっています。流せる電流量が小さいとArduinoに十分な電流を供給できず、動作が不安定になってしまいます。Arduino Unoを単体で動作させるには最低でも42mAの電流の供給が必要です。これ以外に、LEDや無線LAN機器などの電子パーツを動作させるためにも電流の供給が必要になるため、1A程度の電流が流せるACアダプタを選択します。

ACアダプタをArduinoに接続するコネクタ部分のサイズについても考慮する必要があります。コネクタのサイズを誤ってしまうと、Arduinoに差し込めなくなってしまいます。コネクタのサイズは外形の直径が5.5mm、内径の直径が2.1mmの製品を選択します。また、中央が+となっているセンタープラスを選びます。

ACアダプタは電子パーツショップで購入可能です。たとえば、次のサイトから購入できます。

- スイッチサイエンス
  URL https://www.switch-science.com/catalog/1795/
- 秋月電子通商
  URL http://akizukidenshi.com/catalog/g/gM-01803/
- 千石電商
  URL http://www.sengoku.co.jp/mod/sgk_cart/detail.php?code=EEHD-00FC

また、前述のとおり、ArduinoのUSB端子から電源を供給することもできます。このため、USB形式のACアダプタを利用しても電気を供給可能です（**図1-3-17**）。USB形式のACアダプタは、スマートフォンなどでも利用されることから家電量販店でも入手可能です。5V、1～2A程度の出力のACアダプタを選択します。

○図1-3-17　USB形式のACアダプタ

さらにモバイルバッテリを使って電源を供給することもできます（図1-3-18）。モバイルバッテリを使えば、コンセントに接続する必要がなく、持ち運んでArduinoを動作させることが可能です。モバイルバッテリを選択する場合も、1～2Aを出力できる製品を選択しましょう。

○図1-3-18　モバイルバッテリ

1-4

電子パーツを購入しよう

Arduinoでは主に、電子パーツを制御します。制御対象の電子パーツを購入してArduinoで利用できるようにしましょう。

電子パーツを購入する

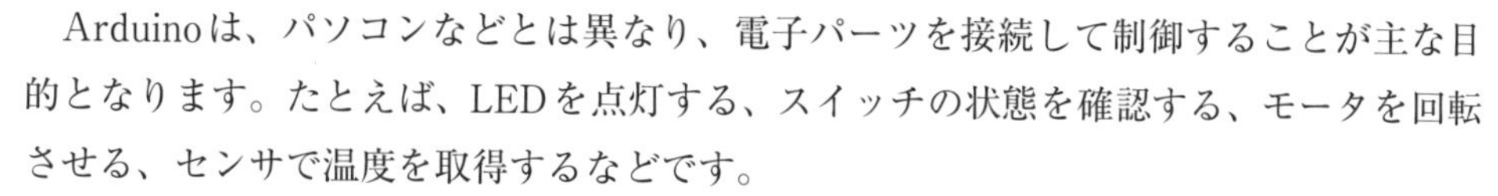

Arduinoは、パソコンなどとは異なり、電子パーツを接続して制御することが主な目的となります。たとえば、LEDを点灯する、スイッチの状態を確認する、モータを回転させる、センサで温度を取得するなどです。

このためには、制御したい電子パーツを購入することが必要です。しかし、電子パーツは家電量販店などでは販売していません。「1-3　Arduinoを購入しよう」で説明した電子パーツショップや一部のホームセンターで購入することができます。また、電子パーツショップが運営するネット通販を使えば、全国どこからでも手軽に電子パーツを購入可能です。

電子パーツを販売している主なネット通販サイトは次のとおりです。

- スイッチサイエンス
  URL https://www.switch-science.com/
- 秋月電子通商
  URL http://akizukidenshi.com/
- 千石電商
  URL http://www.sengoku.co.jp/
- マツル
  URL https://www.marutsu.co.jp/

なお、電子パーツショップによって扱っている商品のラインナップが異なります。たとえば、秋月電子通商や千石電商では、LEDなど小さなパーツでも1個単位で購入可能です。また、基本的な電子パーツが豊富に揃っています。一方、スイッチサイエンスは、ある機能を実現するために基板化したモジュールなどを多く取り揃えています。また、同じ電子パーツであっても電子パーツショップによって販売価格が異なります。必要な電子パーツに応じて、電子パーツショップを選んで購入しましょう。

目的の電子パーツを探す

電子パーツショップのネット通販サイトから目的のパーツを探す場合、カテゴリからたどるか、パーツ名で検索します。電子パーツショップのサイトではよくサイドバーなどにカテゴリの一覧が表示されています。ここからカテゴリをたどりながら目的のパーツを探します。たとえば、秋月電子通商で赤色のLEDを購入したい場合は、「LED（発光ダイオード）」－「5mm赤色LED」を選択するとLEDの一覧が表示されるので、ほしいLEDを選択します（**図1-4-1**）。

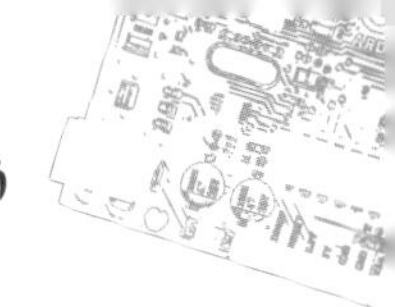

○ 図 1-4-1　カテゴリから電子パーツを探す

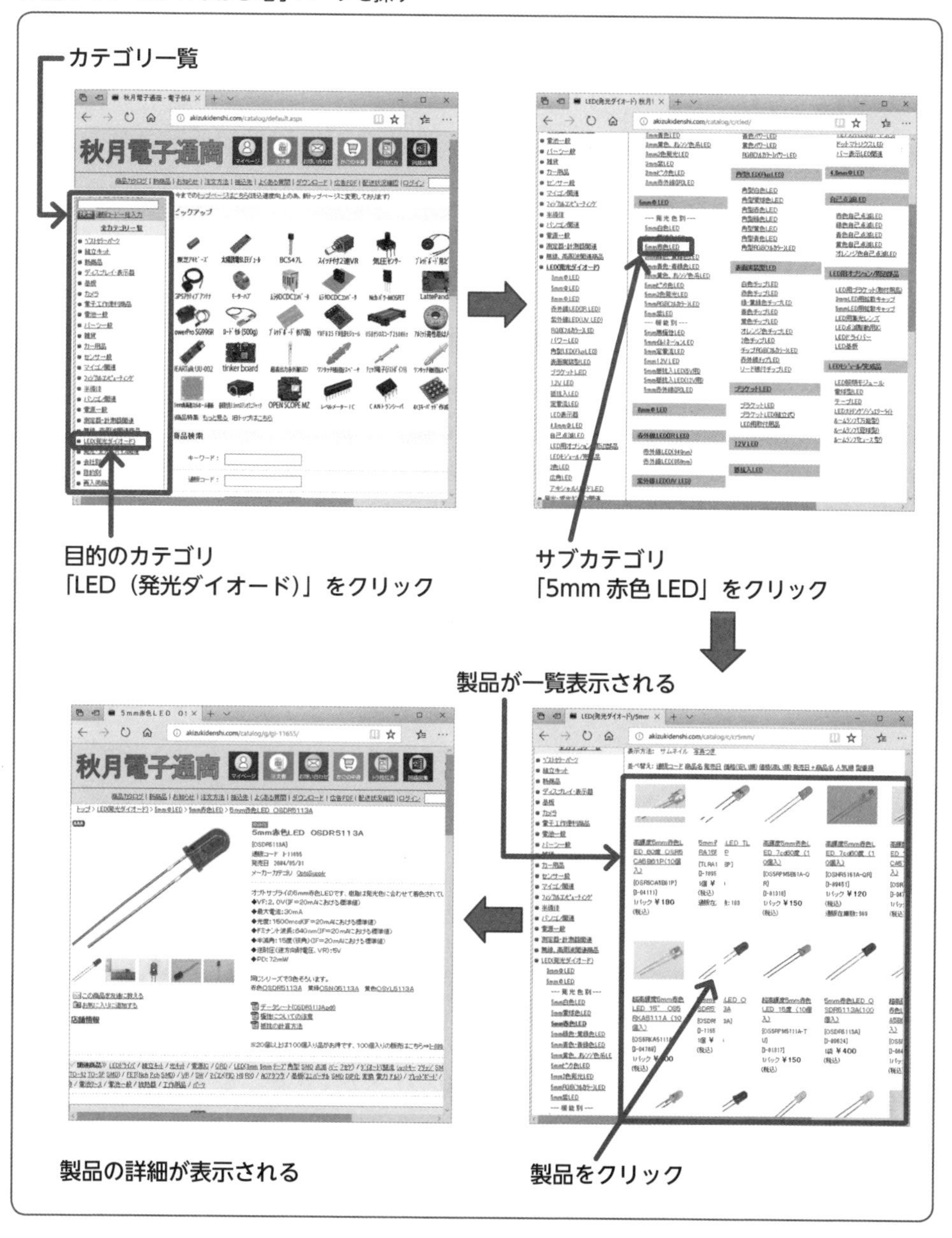

検索ボックスに「赤色LED」などと入力しても探すことができます。また、それぞれの製品には通販コードが割り当てられており、これを検索ボックスに入力して検索すること

も可能です。たとえば、赤色LEDのOSDR5113Aには「I-11655」という通販コードが割り当てられています。このコードで検索すれば、赤色LEDの販売ページを探し出せます。

電子工作で利用する電子パーツ

本書で利用する電子パーツについては、各Chapterで一覧を示します。この一覧に従って購入してください。また、電子パーツを接続するために、別のパーツを用意しておく必要があります。ここでは電子回路を作るうえで必要となるパーツについて説明します。

電子パーツを容易に接続できる「ブレッドボード」

電子パーツには電気を流すための金属製の端子が付いています（**図1-4-2**）。ここに電池などを接続すると、電子パーツが動作します。Arduinoから電子パーツを制御したい場合でも、制御用のインターフェースから電子パーツの端子に接続する必要があります。

○ 図1-4-2　金属の端子部分をつないで電子パーツを動作させる

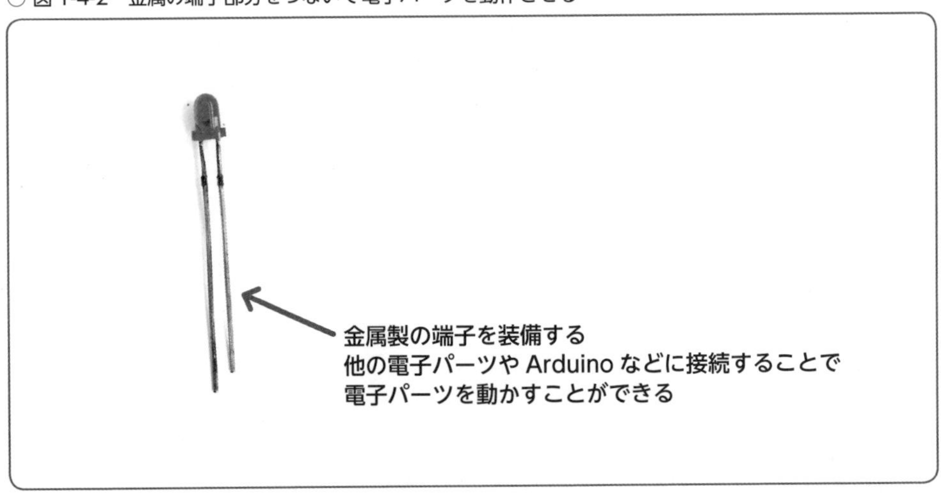

金属製の端子を装備する
他の電子パーツやArduinoなどに接続することで
電子パーツを動かすことができる

金属製の端子同士を接続するには、はんだ付けが必要です。はんだ付けとは、はんだという比較的低温で溶ける金属を暖めて液体状にし、電子パーツの端子を接続する方法です。はんだは冷えると固まるので、電子パーツをしっかりと固定できます。

しかし、電子工作を試したい場合に、はんだ付けをすると非常に手間がかかります。また、はんだで取り付けてしまうと、簡単に取り外すことができなくなってしまいます。誤って接続してしまうと修正するのに手間がかかります。

そこで、お勧めなのが「ブレッドボード」を利用する方法です。ブレッドボードとは、たくさんの穴が空いているボード状のパーツです（**図1-4-3**）。縦方向に5つの穴が内部で接続されています。接続したい電子パーツの端子を差し込むと、それぞれの電子パーツが接続した状態になります。差し込むだけで済むため、簡単に電子パーツの接続が可能です。また、誤って差し込んでしまっても、手軽に抜いて差し直すことができます。簡単に抜くことができるため、電子パーツを無駄にすることなく再利用が可能になります。

○ 図1-4-3　簡単に電子パーツ同士をつなげるブレッドボード

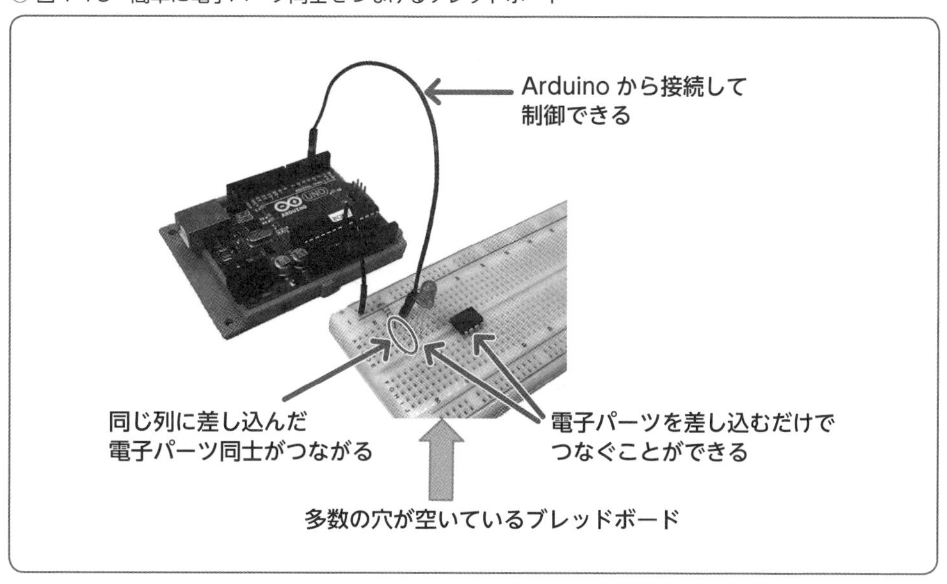

一般的に販売されているブレッドボードは、複数のブレッドボードからなります（**図1-4-4**）。本書で利用するブレッドボードは、中央に大きなブレッドボードがあり、上下に細長いブレッドボードが配置されています。中央のボードは縦に並ぶ5個の穴がつながっています。中央には溝があり、上下を区切っています。ICのように左右に端子が付いている電子パーツは、溝をまたいで差し込んで利用します。

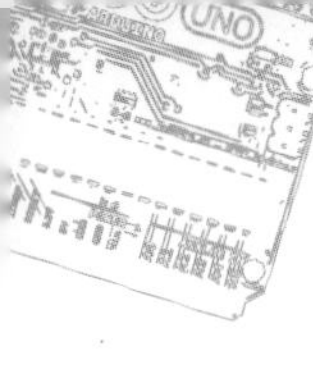

○図 1-4-4　ブレッドボードの仕組み

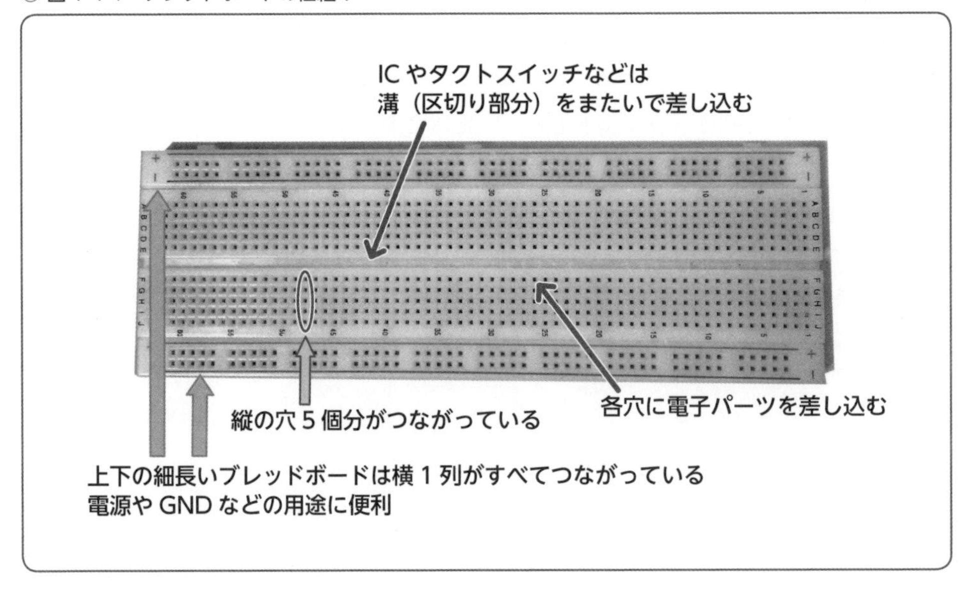

上下に配置されている細長いブレッドボードは、横方向の1列がつながっています。たくさんの電子パーツを接続できるため、よく利用する電源関連の接続に使います。

穴の数が異なるさまざまなブレッドボードが販売されています。その中でも、中央のブレッドボードに横に60個程度の穴があるものがお勧めです。接続するものがLEDやスイッチ程度であれば、小さなブレッドボードでも問題はありません。

ブレッドボードは、次のショップから購入可能です。

- スイッチサイエンス
  URL https://www.switch-science.com/catalog/2293/
- 秋月電子通商
  URL http://akizukidenshi.com/catalog/g/gP-09257/
- 千石電商
  URL http://www.sengoku.co.jp/mod/sgk_cart/detail.php?code=EEHD-4MAL
- マルツ
  URL https://www.marutsu.co.jp/pc/i/15421/

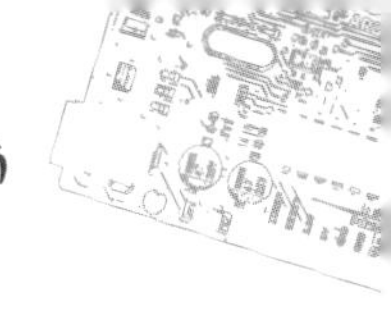

Arduinoや他のパーツをつなぐ「ジャンパー線」

ブレッドボードに電子パーツを接続しても、同じ列に接続しなければ電気は流れません。もし、他の列に接続した電子パーツに電気を流したい場合は、「ジャンパー線」を使います。ジャンパー線は導線となっており、電気を流すことができます。また、ブレッドボードに差し込みやすいよう、端がピン状になっています。Arduinoと接続する場合もジャンパー線を利用してブレッドボードとつなぎます。

ジャンパー線には、

- オス－オス型
- オス－メス型
- メス－メス型

の3種類があります（**図1-4-5**）。オス－オス型は両端がピン状で、ブレッドボード内で異なる列同士を配線する際などに使います。また、Arduinoのインタフェースからブレッドボードに配線する場合にもオス－オス型を利用します。

一方、メス型は端がソケット状になっており、ピン状の端子を差し込むことができます。メス－メス型は両方の端子がソケット状に、オス－メス型は一方がオス型、もう一方がメス型になっているジャンパー線です。

○図1-4-5　ジャンパー線の種類

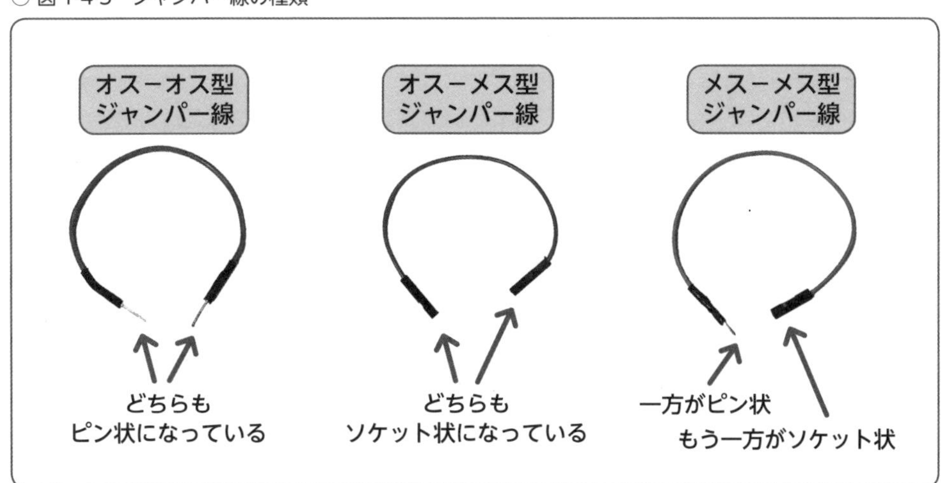

電子パーツをブレッドボード上に差し込みArduinoで制御するほとんどの場合は、配線にはオス－オス型ジャンパー線を利用します。ただし、電子パーツによっては端子がピン状となっており、ブレッドボードに差し込めない場合があるため、オス－メス型とメス－メス型も多少購入しておくとよいでしょう。

ジャンパー線は次のショップから購入できます。オス－オス型ジャンパー線を50本程度と多めに購入しておくことをお勧めします。

- スイッチサイエンス
  - オス－オス型ジャンパー線（10本）
    URL https://www.switch-science.com/catalog/620/
  - オス－メス型ジャンパー線（10本）
    URL https://www.switch-science.com/catalog/2294/
  - メス－メス型ジャンパー線（10本）
    URL https://www.switch-science.com/catalog/2295/
- 秋月電子通商
  - オス－オス型ジャンパー線（60本）
    URL http://akizukidenshi.com/catalog/g/gC-05159/
  - オス－メス型ジャンパー線（10本）
    URL http://akizukidenshi.com/catalog/g/gC-08932/
  - メス－メス型ジャンパー線（10本）
    URL http://akizukidenshi.com/catalog/g/gP-03475/
- 千石電商
  - オス－オス型ジャンパー線（30本）
    URL http://www.sengoku.co.jp/mod/sgk_cart/detail.php?code=EEHD-4YDD
  - オス－メス型ジャンパー線（10本）
    URL http://www.sengoku.co.jp/mod/sgk_cart/detail.php?code=4DL6-VHDX
  - メス－メス型ジャンパー線（10本）
    URL http://www.sengoku.co.jp/mod/sgk_cart/detail.php?code=3DM6-UHDA
- マルツ
  - オス－オス型ジャンパー線（本数選択可能）
    URL https://www.marutsu.co.jp/pc/i/69680/
  - オス－メス型ジャンパー線（本数選択可能）
    URL https://www.marutsu.co.jp/pc/i/69682/

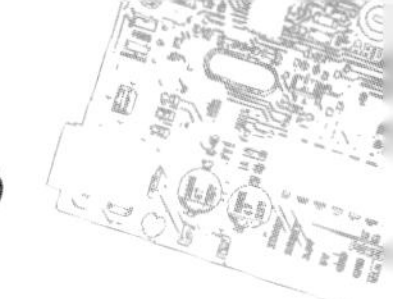

・メス－メス型ジャンパー線（本数選択可能）
URL https://www.marutsu.co.jp/pc/i/595778/

はんだ付けに使う道具

ブレッドボードを使えば、差し込むだけで電子パーツを簡単に接続できます。しかし、電子パーツによってははんだ付けが必要になる場合があります。特に温度センサなどのモジュール化された電子パーツは、端子部分が取り付けられていないことが多く、ユーザがはんだ付けする必要があります（**図 1-4-6**）。たとえば、167 ページで利用する温度センサ「ADT7310」は、端子部分は穴が空いているだけです。ブレッドボードに差し込むには付属のピンヘッダを利用する必要があります。

○ 図 1-4-6　電子パーツによってははんだ付けが必要

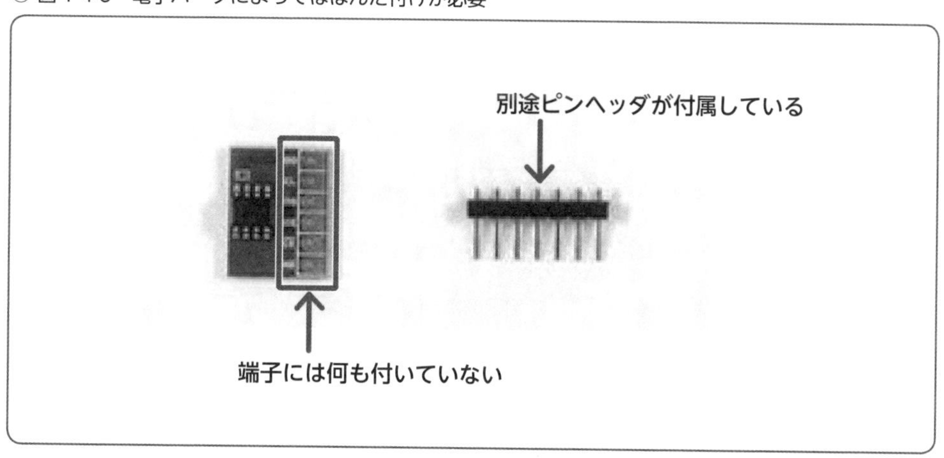

ピンヘッダを取り付けるには、はんだ付けを行います。はんだ付けは、取り付ける材料となる「はんだ」、はんだを暖める「はんだごて」、はんだごてを置いておく「こて台」の 3 つが必要です（**図 1-4-7**）。

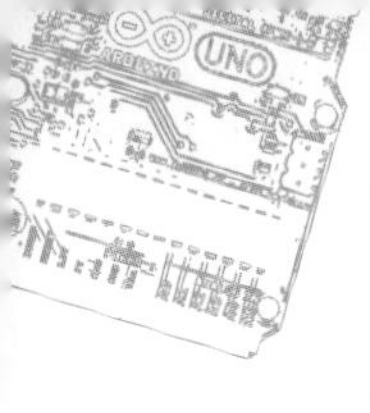

○図 1-4-7 はんだ付けに必要な道具

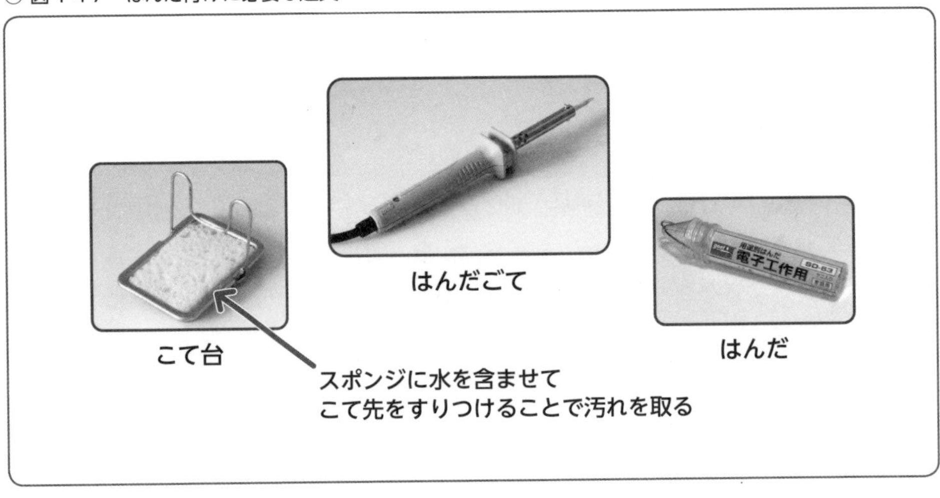

はんだは、「電子工作用」を選んでください。電子工作用のはんだは約200度程度で溶けます。別の用途のはんだを選択してしまうと、いくら暖めても溶けないことがあります。また、「ヤニ入り」のはんだを選択するようにしましょう。ヤニとは松ヤニのことで、はんだを付きやすくする働きがあります。もしヤニなしを選択した場合、別途はんだ付けをよくするフラックスを利用して取り付けることになります。

はんだごては、加熱できる温度によってタイプがあります。電子工作に利用する場合は30W程度のはんだごてを選択します。50Wなど高温になるはんだごても利用可能ですが、素早くはんだ付けを行わなければならないなど、テクニックが必要となってしまいます。

はんだごては高温となるため、そのまま机などに置くと机が焦げたり、紙類が発火したりするなどの危険があります。このため、一時的にはんだごてを置いておく「こて台」を用意します。こて台にはスポンジが付いています。このスポンジに水を含ませて、加熱したはんだごての先をすりつけることで、汚れを取ることができます。

はんだに関わる商品については、次のショップから購入できます。また、ホームセンターなどでも購入が可能です。

- スイッチサイエンス
  - はんだ
    URL https://www.switch-science.com/catalog/1372/

・はんだごて

URL https://www.switch-science.com/catalog/1213/

- 秋月電子通商

・はんだ

URL http://akizukidenshi.com/catalog/g/gT-09531/

・はんだごて

URL http://akizukidenshi.com/catalog/g/gT-02536/

・こて台

URL http://akizukidenshi.com/catalog/g/gT-02538/

- 千石電商

・はんだ

URL http://www.sengoku.co.jp/mod/sgk_cart/detail.php?code=EEHD-0BBS

・はんだごて

URL http://www.sengoku.co.jp/mod/sgk_cart/detail.php?code=828A-2PEL

・こて台

URL http://www.sengoku.co.jp/mod/sgk_cart/detail.php?code=326A-3BLY

- マルツ

・はんだ

URL https://www.marutsu.co.jp/pc/i/10385830/

・はんだごて

URL https://www.marutsu.co.jp/GoodsDetail.jsp?salesGoodsCode=14864397&shopNo=3

・こて台

URL https://www.marutsu.co.jp/pc/i/13646510/

Chapter 2

開発環境の準備

Arduinoで電子パーツを制御するには、開発環境を使ってプログラムを作成します。作ったプログラムをArduinoに送り込むことで電子パーツがプログラムに従って動作します。プログラムの作成にはArduino用の開発環境の「Arduino IDE」を利用します。

2-1　Arduinoで開発するには
2-2　Arduino IDEを準備する
2-3　Arduinoにプログラムを書き込む
2-4　プログラミングの基礎

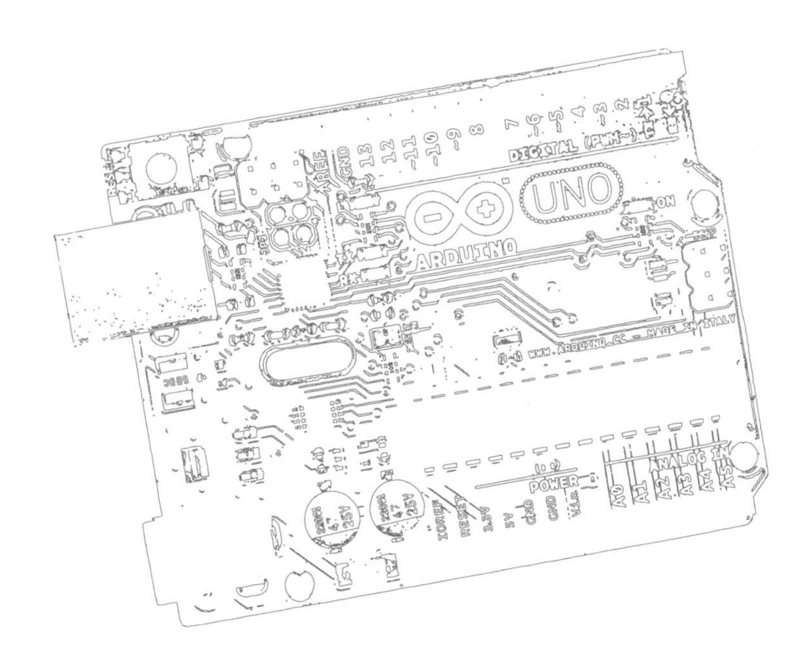

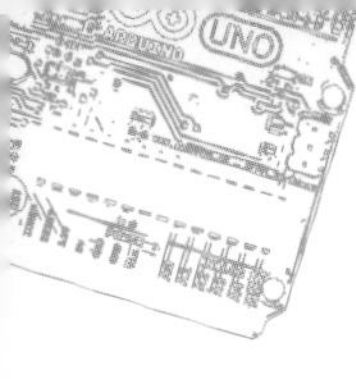

2-1

Arduinoで開発するには

Arduinoは、パソコンのようにキーボードやマウスで直接操作できません。別途用意したパソコンでプログラムを作成してArduinoへ転送し、電子パーツを制御します。

Arduinoはプログラムで電子パーツを制御する

Arduinoに接続したLEDといった電子パーツを制御するには、制御の内容を書いたプログラムを作成します。プログラムに記述するのは、LEDを点灯する、センサの状態を調べるといった手順です（**図2-1-1**）。たとえば、光センサで明るさを調べ、暗くなったらLEDを点灯する、逆に明るくなったらLEDを消灯する、といった手順を記述します。

○ 図2-1-1　制御の手順を記述したプログラムに従って電子パーツが動作する

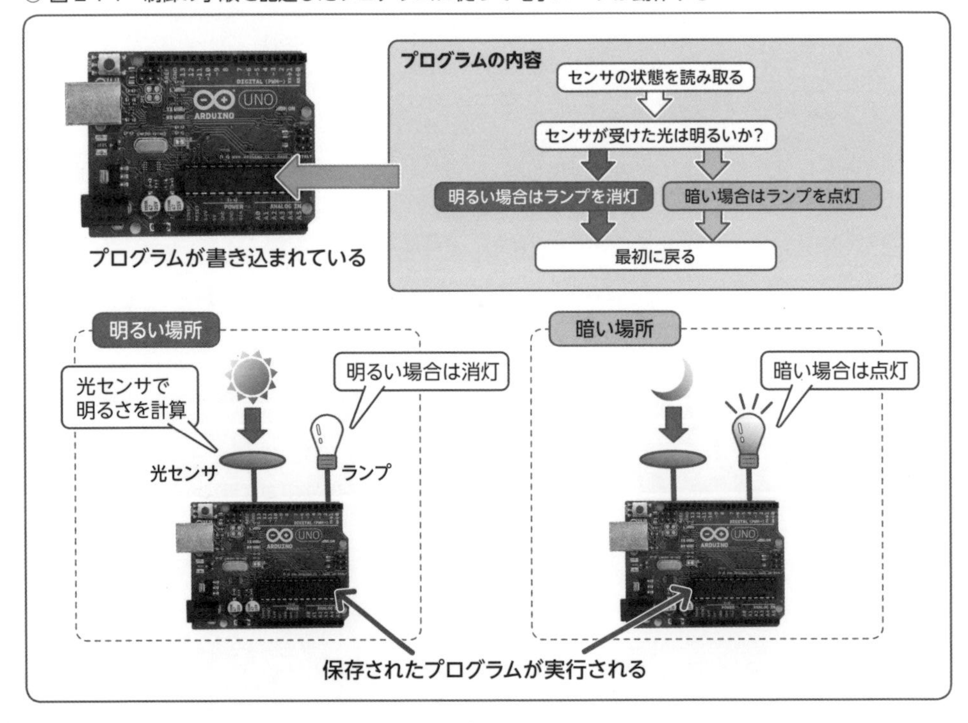

作成したプログラムをArduino内で実行することで、その手順に従って接続した電子回路が動作します。

プログラムは、パソコンのようなキーボードやディスプレイをつないで文字の入出力ができるコンピュータ上で作成します。しかしArduinoは、ディスプレイやキーボードを接続するインターフェースを搭載していません。このため、直接Arduino上でプログラムを作成することはできません。

Arduinoでは、電子回路を制御するプログラムをパソコン上で作成します。作成したプログラムは、USBケーブルでArduinoに接続してパソコンから転送します（**図2-1-2**）。転送したプログラムは、Arduinoの電源が入ると自動的に実行を開始します。

また、プログラムを一度転送してしまえば、パソコンからケーブルを抜いても単独で動作するようになります。

○ 図2-1-2 パソコンでプログラムを作成しArduinoへ転送する

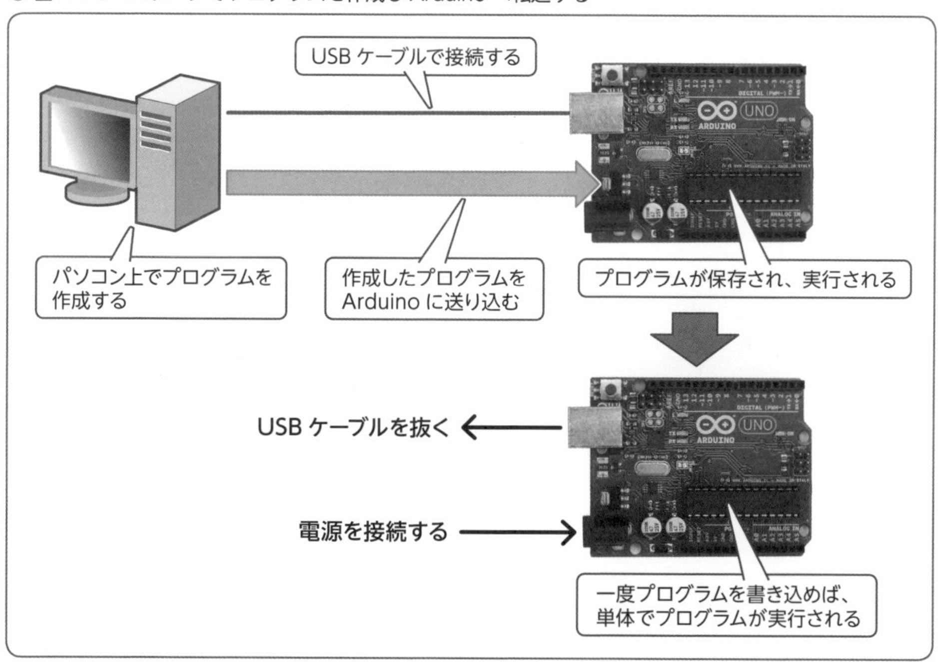

もし、プログラムに変更が生じたり、別のプログラムを実行したい場合は、再度パソコンと接続してプログラムを転送することとなります。

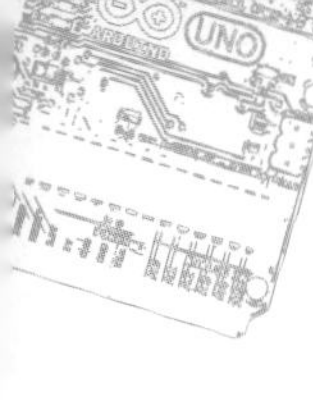

プログラムの開発環境「Arduino IDE」

Arduinoでは、Arduinoのプログラムを開発できる開発環境「Arduino IDE」を提供しています（**図2-1-3**）。Arduino IDEは、プログラムの作成からArduinoへのプログラムの転送まで、Arduinoに必要な機能を提供します。Windowsのアプリケーション開発環境などに比べると少ないですが、Arduinoのプログラム開発には十分です。

○図2-1-3　Arduinoの開発環境「Arduino IDE」

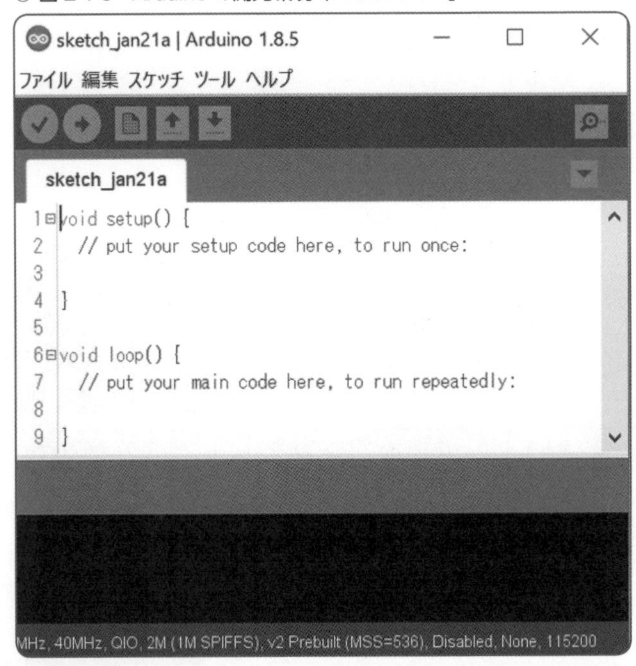

Arduino IDEは、ArduinoのWebページ（URL https://www.arduino.cc/en/Main/Software）から無償でダウンロードして利用できます。WindowsやmacOS、Linuxなど主要なOS向けのArduino IDEが用意されており、環境を選ばずに開発できます。

Arduinoのプログラムは、文字ベースの言語を使って作成します。今話題のScratchのようなグラフィカルな開発言語ほどではありませんが、基本を押さえればプログラムの作成も難しくありません。

Chapter 2ではArduino IDEの導入方法や、Arduinoのプログラム開発に必要な基本について説明します。

COLUMN グラフィカルな開発環境「S4A」

もし、文字ベースでのプログラム開発を難しいと感じる場合は、グラフィカルなプログラミング言語「S4A」（URL http://s4a.cat/）を使ってみましょう（図2-1-4）。S4Aは、Scratchというグラフィカルな言語を、Arduino用に拡張しています。Scratchは、ブロック状の命令をマウスで配置しながら組み合わせることでプログラムを作成できます。見た目でプログラムの構造がわかるので、初心者にはうってつけの開発環境です。

また、Scratchで作成するプログラムの構造と、Arduino IDEで作成する文字ベースのプログラムの構造は似ています。このため、Scratchでプログラミングの基礎を学ぶと、Arduino IDEでのプログラム開発がわかりやすくなります。

○図2-1-4　グラフィカルな環境で開発できる「S4A」

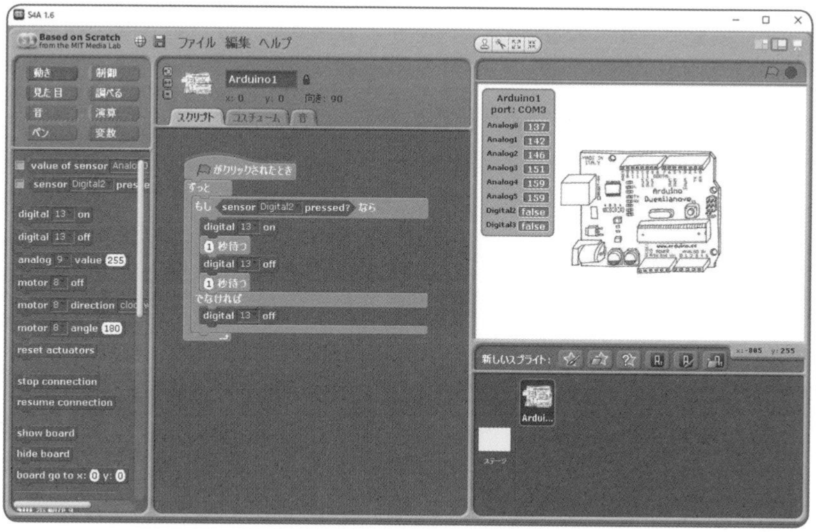

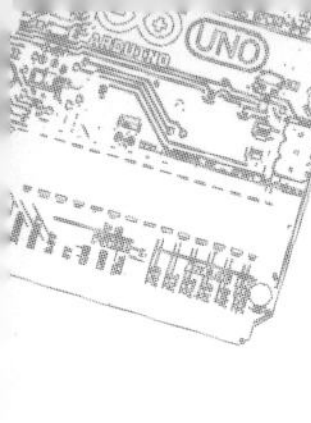

2-2

Arduino IDEを準備する

Arduino用のプログラムを作成するには、専用の開発環境である「Arduino IDE」を利用します。Arduino IDEはArduinoの公式サイトで無償で提供されています。まず、Arduinoの開発環境を準備してプログラムを作成できるようにしましょう。

Arduino IDEを入手する

Arduinoのプログラムを作成するには、Arduinoが提供する開発環境「Arduino IDE」を利用します。Arduino IDEは、プログラムを書き込んで作成するほか、Arduino自体にプログラムを転送する機能も備えています。

Arduino IDEは、Windowsをはじめ、macOS、Linuxなど各OS用のバージョンがあります。それぞれに合ったArduino IDEを取得してインストールしましょう。ここでは、Windowsにインストールする方法について説明します。他のOSの場合は、ダウンロードしたファイルをそれぞれのOSのインストール方法で導入してください。

Arduino IDEの入手とインストールの方法

初めにArduinoのWebページ（URL https://www.arduino.cc/）にアクセスし、画面上部の［SOFTWARE］をクリックすると、ダウンロードページが表示されます。「Download the Arduino IDE」では、最新版のArduino IDEのダウンロードが可能です。右側の一覧からOSの種類を選択しましょう。Windowsの場合は［Windows Installer］をクリックします。

次に寄付を募るページが表示されます。寄付をしないでダウンロードしたい場合は［JUST DOWNLOAD］をクリックします。ファイルのダウンロードが開始します（**図2-2-1**）。

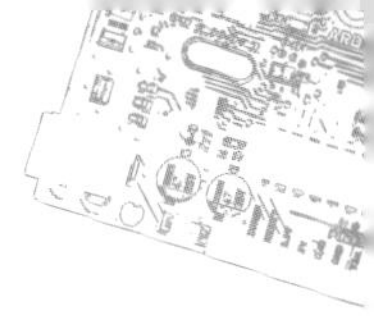

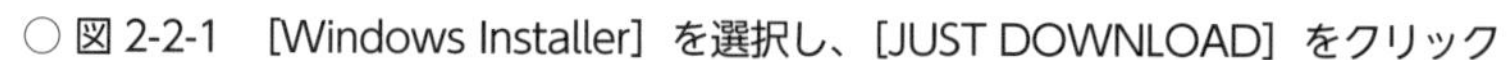
○図2-2-1 [Windows Installer]を選択し、[JUST DOWNLOAD]をクリック

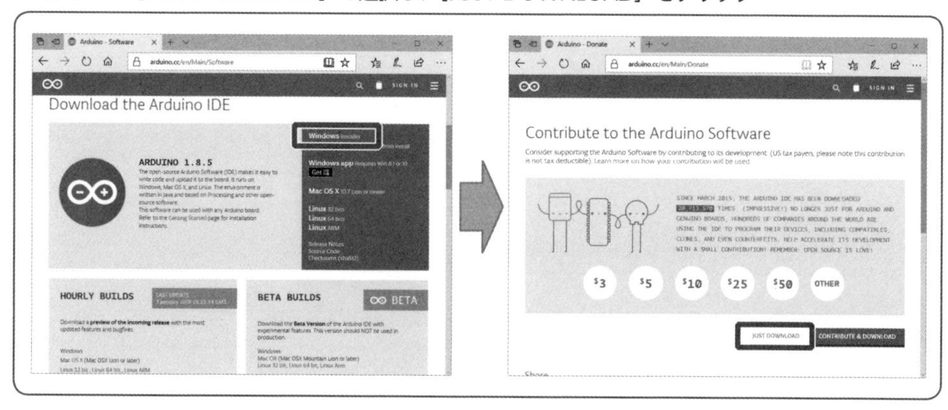

ダウンロードが完了したらインストールします。ダウンロードしたファイル「Arduino-1.8.5-windows.exe」(2018年1月現在の最新バージョン)をダブルクリックしてください(**図2-2-2**)。バージョンが異なる場合はファイル名のバージョン番号が異なりますが、同様にファイルをダブルクリックします。

○図2-2-2 ダウンロードしたファイル

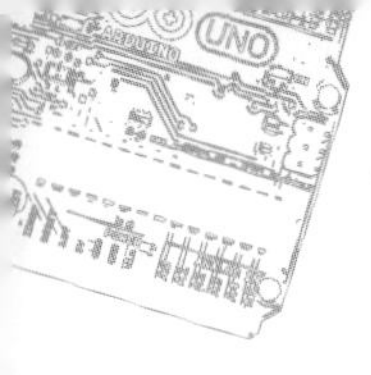

Arduino IDEのインストーラが起動します。インストールは**図 2-2-3**のようにインストーラの指示に従って進めましょう。途中、ドライバをインストールするかどうかを確認するダイアログボックスが表示されますが、そのまま［インストール］をクリックしてください。

○ 図 2-2-3 Arduino IDE のインストール手順

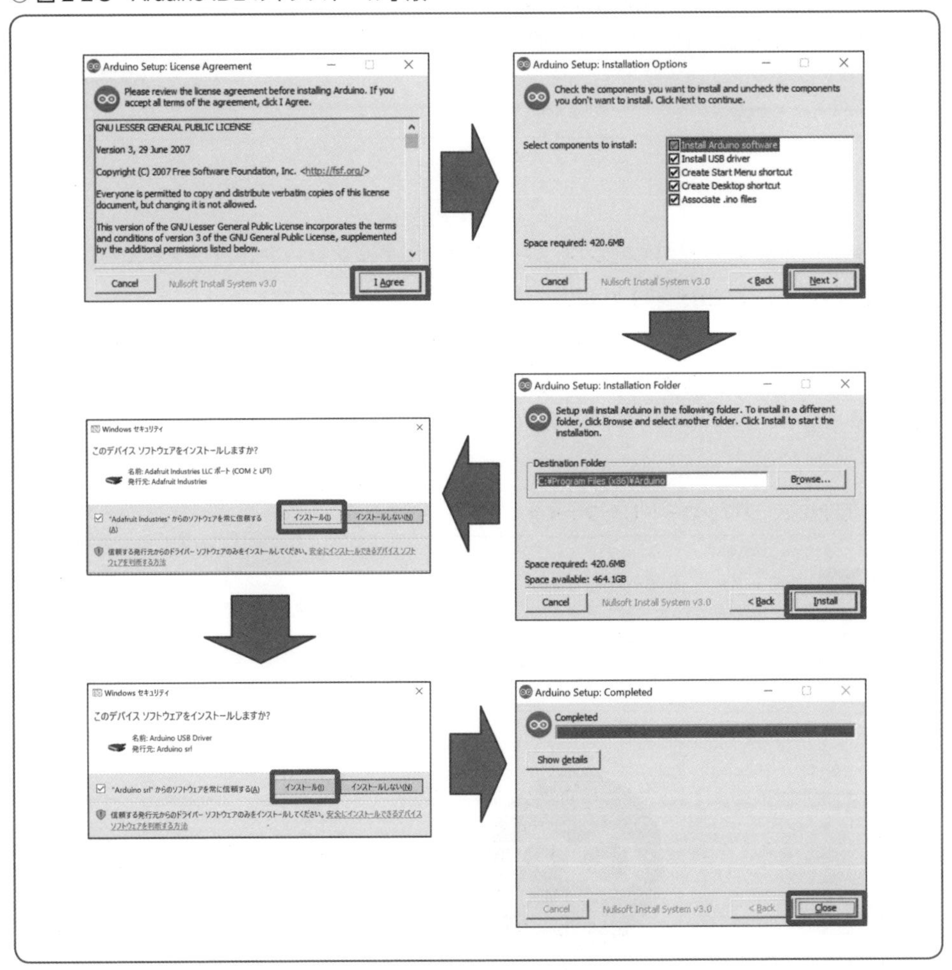

インストールが完了したら、Windowsのスタートメニューから［Arduino］を選択して起動します。初めてインストールした場合には、［スケッチブックの保存場所フォルダ

がありません］というダイアログが表示されますが、［OK］をクリックして先に進めましょう（**図 2-2-4**）。

○ 図 2-2-4　Arduino IDE の起動

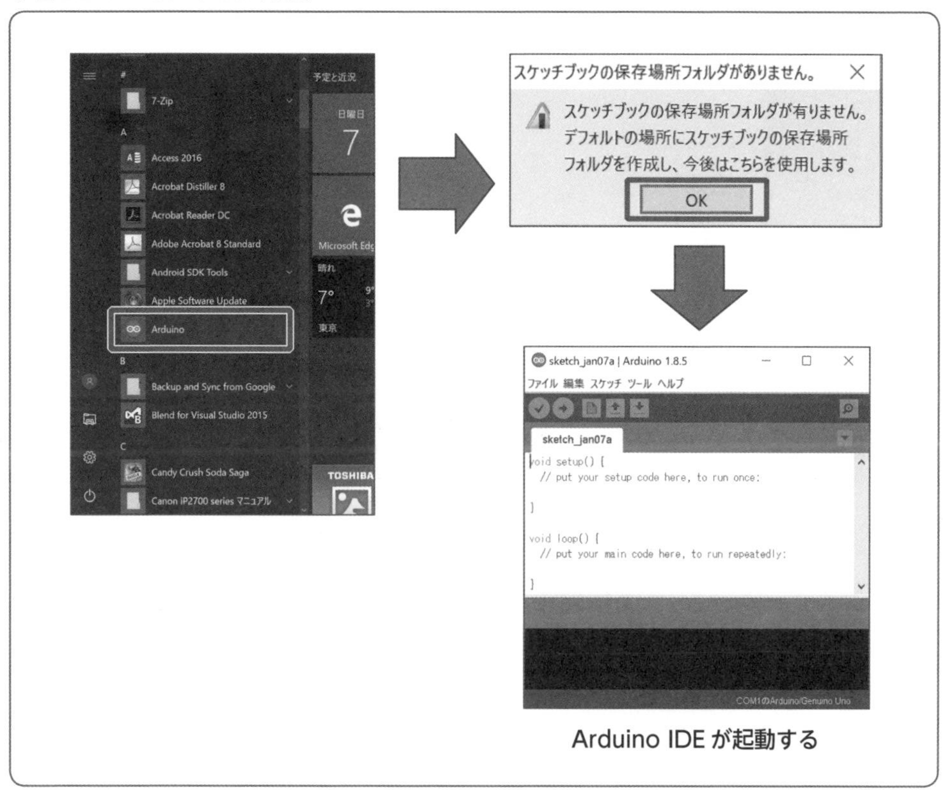

COLUMN Webブラウザ上で開発できる「Arduino Web Editor」

Arduinoは、Webブラウザ上で開発できる「Arduino Web Editor」を提供しています（**図 2-2-5**）。Webブラウザで動作するため、WindowsやmacOSなどOSに関係なく、Webブラウザがあれば開発ができるのが特長です。たとえば、AndroidやiOSといったスマートフォンやタブレットでも利用できます。

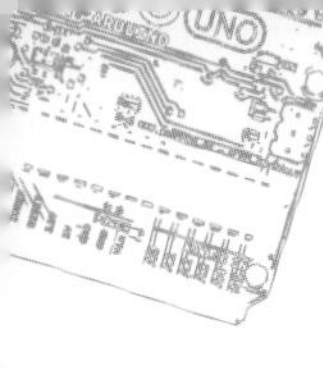

○ 図 2-2-5 Web ブラウザ上で開発できる「Arduino Web Editor」

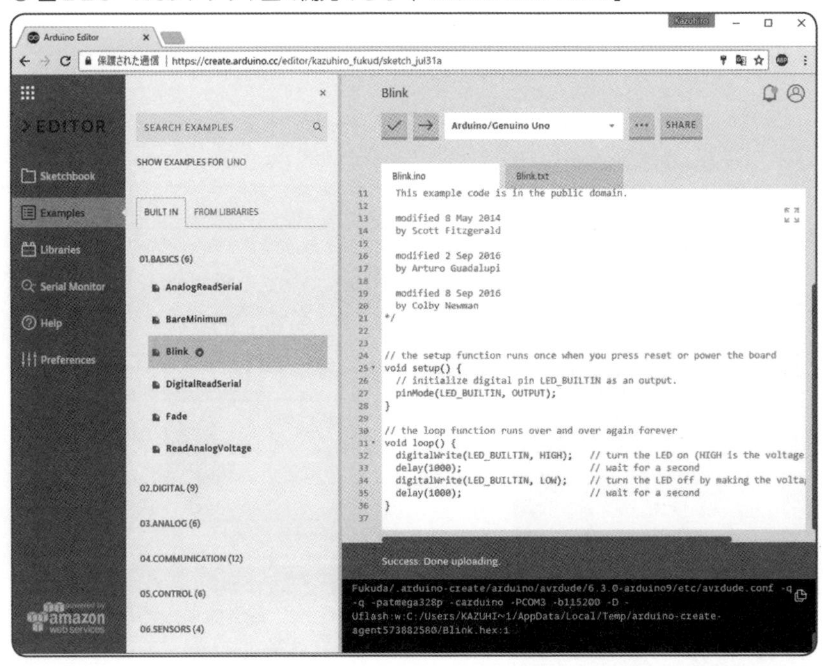

また、それぞれのOS向けに用意されたプラグインを導入すれば、作成したプログラムをArduinoへ転送することもできます。ただし、2018年1月現在、AndroidやiOS向けのプラグインは用意されていないので、スマートフォンやタブレットから直接プログラムをArduinoへ送ることはできません。将来プラグインが提供されると、書き込みができるようになります。

Arduino Web Editorで作成したプログラムは、Arduinoのサーバ上に保存することができます。このため、パソコンなどが変わったとしてもArduino Web Editorにアクセスすれば、他のパソコンで作成したプログラムを利用することが可能です。

Arduino Web Editorを利用するには、ユーザアカウントの登録とログインが必要です。続いて、Arduino Web Editorのページ（URL https://create.arduino.cc/editor）にアクセスすると、プログラムの編集画面が表示され、作成が可能になります。なお、ChromeやFirefox、Microsoft Edge、Safariに対応しており、Internet Explorerでは動作しないので注意が必要です。

Arduinoを接続する

Arduino IDEを準備できたら、Arduinoをパソコンに接続してプログラムを転送できるようにしましょう。Arduino IDEを起動した状態で、USBケーブルを利用してパソコンとArduinoを接続します。すると、Arduinoの接続に必要なドライバが呼び出され、利用可能になります。

接続したArduinoの種類とArduinoに書き込む装置、通信ポートを選択します。この設定が合っていないと、プログラムを正しく書き込めません。

まず、接続したArduinoの種類を選択します。[ツール] メニューの [ボード] を選択し、一覧から接続したArduinoを選択します（**図2-2-6**）。Arduino Unoを利用している場合は、[Arduino/Genuino Uno] を選択してください。

○ 図2-2-6　接続したArduinoを選択する

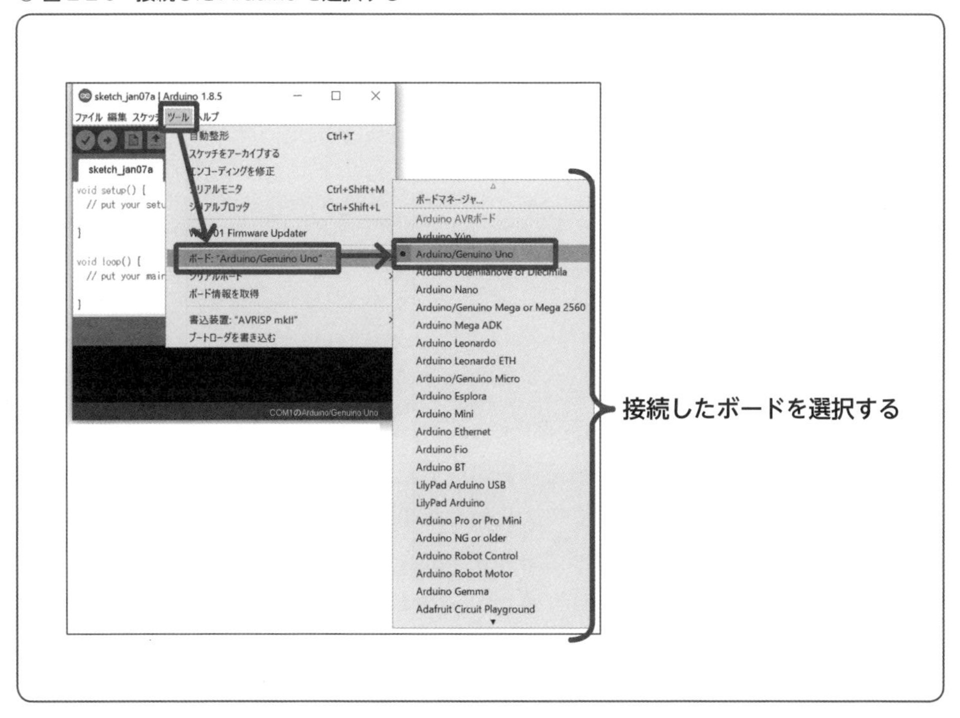

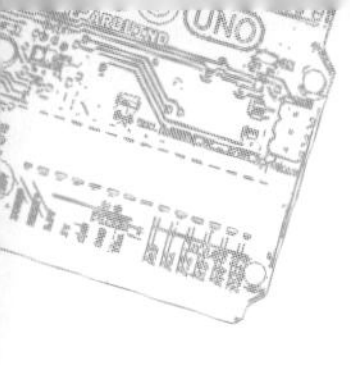

次に書込装置を選択します。書込装置とは、Arduinoプログラムを書き込むための仕組みのことです。Arduino Unoには、ボード上に搭載されています。[ツール] メニューの [書込装置] を選択し、一覧から [AVRISP mkII] を選択します (**図 2-2-7**)。

○ 図 2-2-7 プログラムの書込装置を選択する

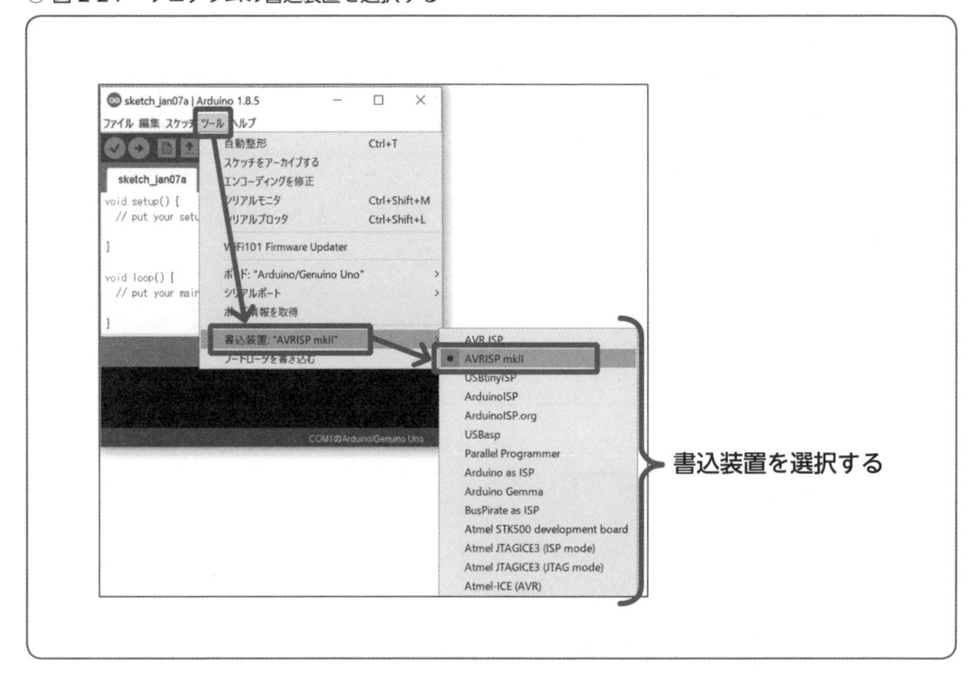

ArduinoをUSBで接続すると、パソコンのシリアルポートに割り当てられます。シリアルは通信方式の一種で、2本の通信線を使ってデータのやりとりをします。「COM1」や「COM2」など、「COM」の後ろに任意の数字が追記された形式で表されます。決まったポートに割り当てられるわけではなく、接続した順番や過去の接続した履歴などによって自動的にシリアルポートが割り当てられます。

シリアルポートの選択は、[ツール] メニューの [シリアルポート] の一覧から選択します (**図 2-2-8**)。Arduino IDEの場合は、Arduinoを認識すると、シリアルポート名の後ろにArduinoの名称が表示されます。この内容を確認して対象のシリアルポートを選択します。

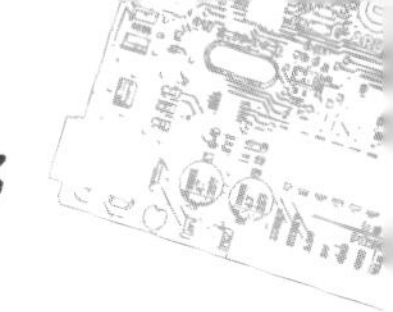

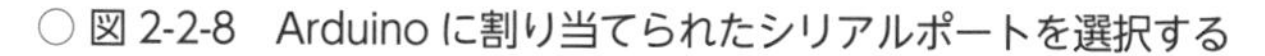
○ 図 2-2-8　Arduinoに割り当てられたシリアルポートを選択する

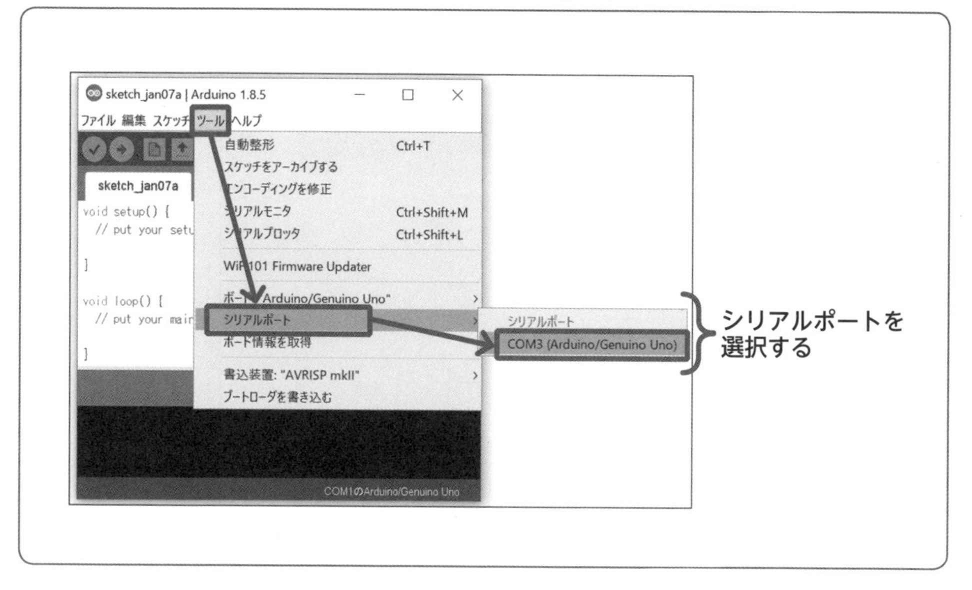

これで、Arduinoへプログラムを転送できるようになります。

別途パッケージが必要な場合

Arduino Unoを利用している場合は、標準のArduino IDEにドライバが導入されているため、特に問題なく利用できます。しかし、他のArduinoを接続した場合、ドライバが用意されておらず、別途インストールしなければなりません。また、最新バージョンを利用している場合でも、一部のArduinoには対応しておらず、少し古いドライバを導入し直す必要があります。

この場合には、接続するとArduino IDEの下にメッセージが表示されます。たとえば、Arduino Uno WiFiを接続した場合は**図 2-2-9**のように「ボード Arduino Uno WiFiを使うにはパッケージをインストールしてください」と表示されます。メッセージのリンクをクリックすると、[ボードマネージャ] ダイアログが表示され、インストールできます（**図 2-2-10**）。もしメッセージが消えてしまった場合は、[ツール] メニューの [ボード] − [ボードマネージャ] を選択して [ボードマネージャ] ダイアログを表示し、右上の検索ボックスにArduinoの名称などを入力すると見つかります。

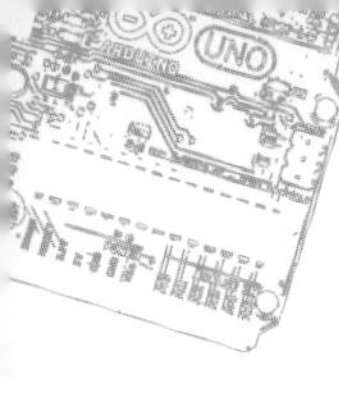

○図 2-2-9　パッケージの導入が必要なボードを接続した場合のメッセージ

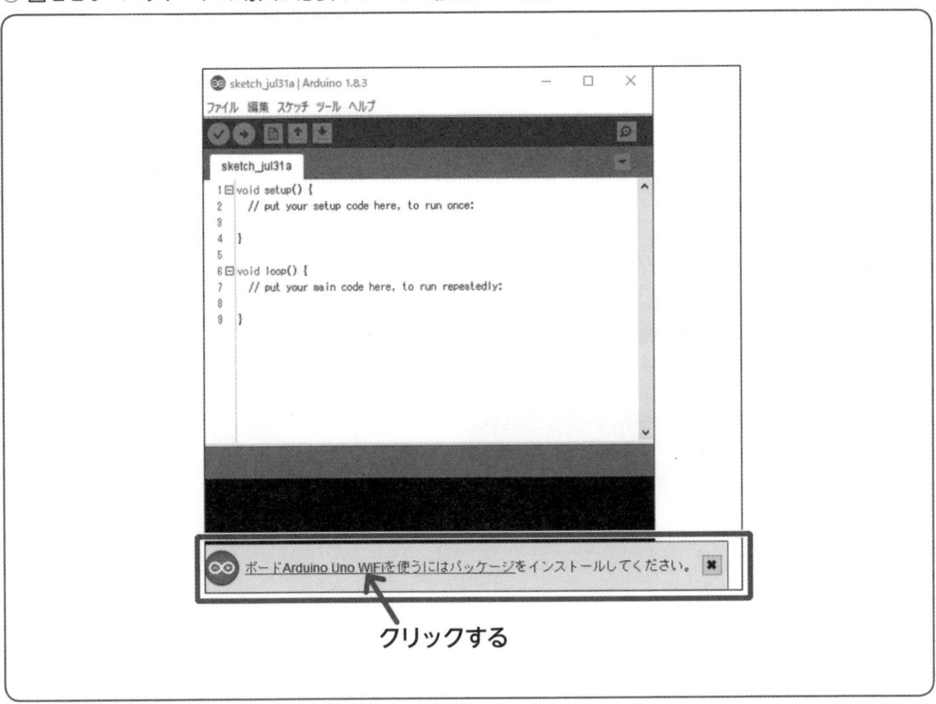

○図 2-2-10　更新が必要なパッケージが表示される

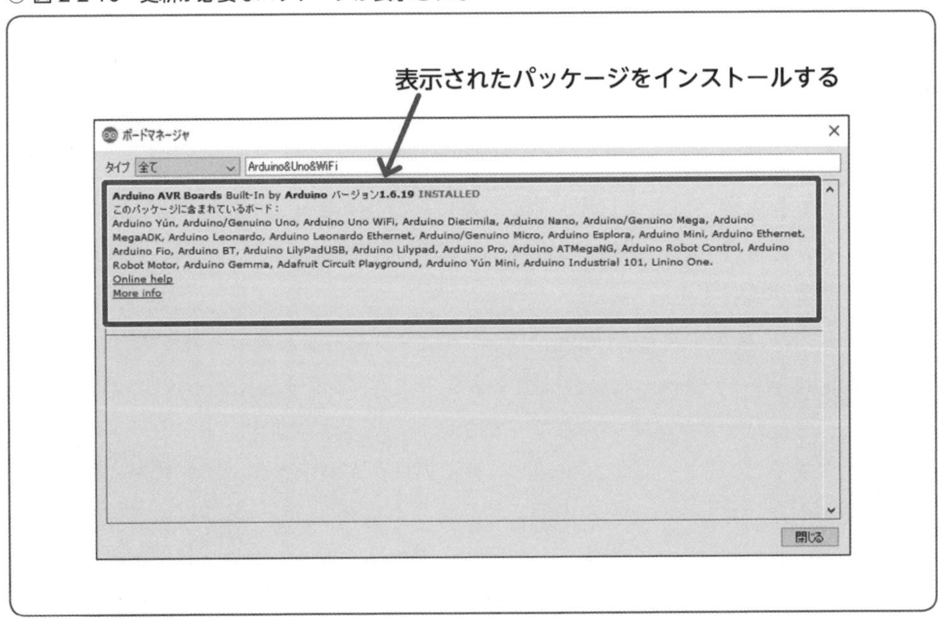

表示されているArduinoのボード名をクリックすると、インストールの操作ボタン等が表示されます。ドライバがインストールされているボードであれば、左下のプルダウンメニューから対応するバージョンを選択して［インストール］をクリックします（**図2-2-11**）。たとえば、Arduino Uno WiFiであれば、「1.6.18」を選択してください。これで、必要なドライバなどが導入されます。

○図2-2-11　バージョンを選択してインストールする

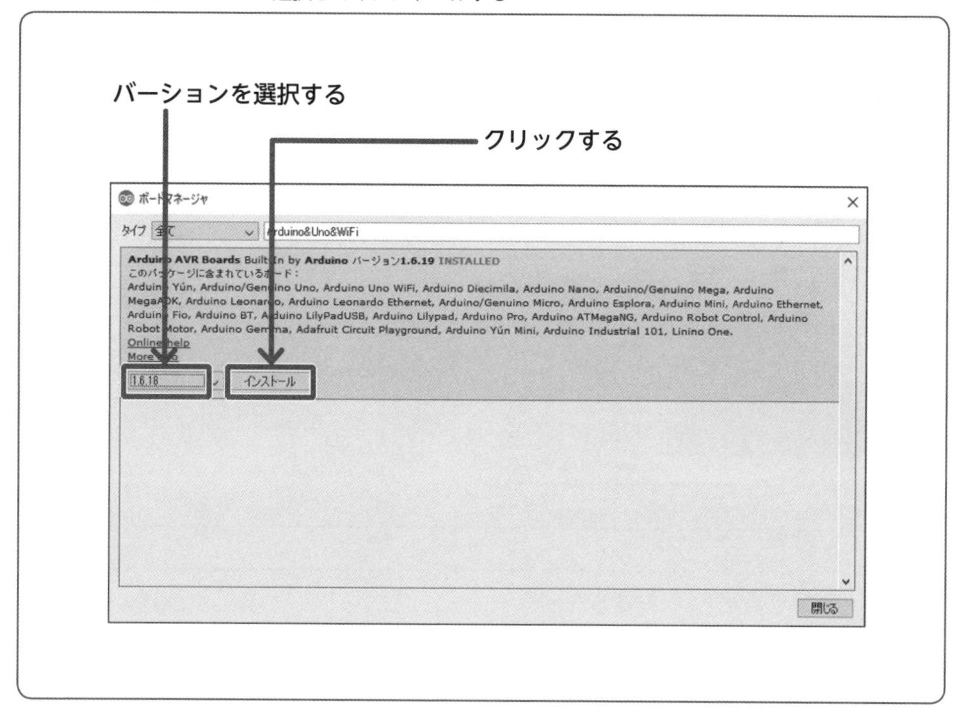

COLUMN ボードの管理

Arduinoは、オープンソースで情報が公開されています。電子回路や利用するプログラムなどは誰でも自由に入手し、改変して公開することが可能です。このため、さまざまなArduino派生のボードが誕生しています。

Arduino IDEは、Arduinoが公式に提供しているArduinoボードに関連するドラ

イバなどを搭載しています。公式以外のArduino派生のボードを利用する場合には、Arduino IDEにドライバなどのパッケージを導入する必要があります。

Arduinoボードの管理は、[ツール] メニューの [ボード] − [ボードマネージャ] を利用します (**図 2-2-12**)。ここから対象のボードを探して選択すると [ボードマネージャ] ダイアログが表示されるので、[インストール] をクリックしてパッケージを導入します。導入すると、ボードの選択画面などに名称が追加され、プログラムを送り込めるようになります。

また、表示されないボードに対しては、別途パッケージを探し、追加することで利用可能になります。

○ 図 2-2-12　派生 Arduino を利用する場合にパッケージをインストールする

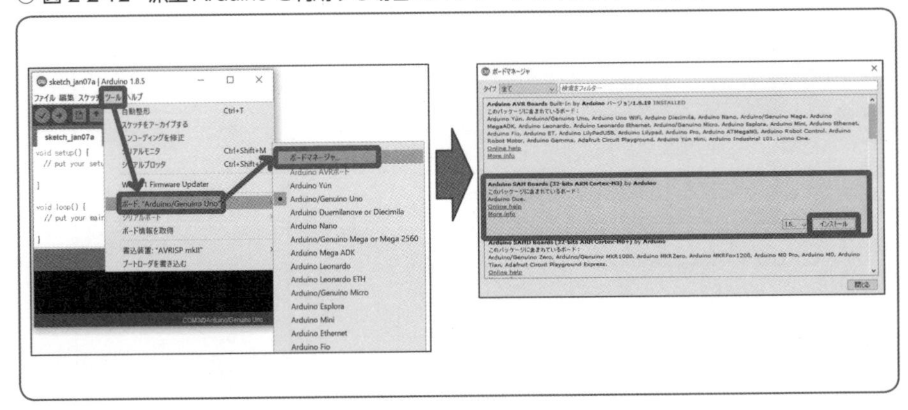

2-3 Arduinoにプログラムを書き込む

Arduino IDEが準備できたらプログラムを作成してArduinoに書き込んでみましょう。また、Arduino IDEの各機能についても説明します。

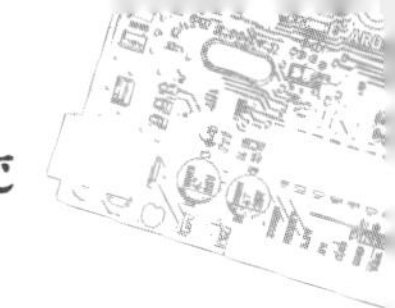

Arduino IDEの画面

Arduino IDEのインストールおよびArduinoへのプログラムの転送準備ができたら、Arduino IDEの各機能について把握しておきましょう。

Arduino IDEの画面は、**図2-3-1**のように2つのエリアに分かれています。上部の白いエリアにはプログラムを入力します。なお、Arduinoでは、プログラムのことを「スケッチ」と呼びます。

○ 図2-3-1　Arduino IDEの編集画面

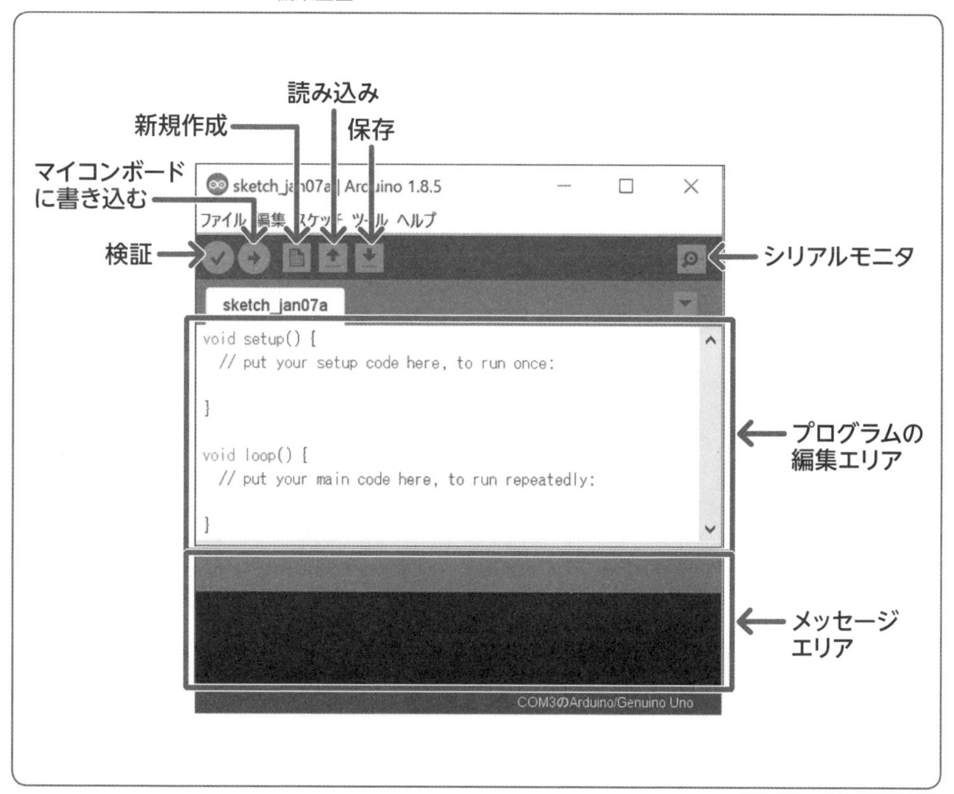

下部の黒いエリアには各種メッセージが表示されます。表示されるのは、プログラムの誤りや、正しくプログラムがArduinoに転送できなかった原因などです。画面上部に

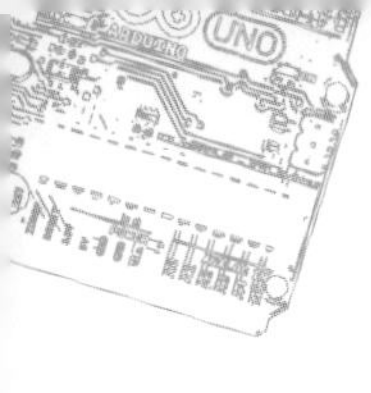

はツールバーが配置されており、ボタンをクリックすることでプログラムをArduinoに書き込むなどの操作を簡単に実行できます。

また、Arduino IDEはタブ機能を搭載しており、プログラムの編集エリアの上にタブが表示されます（**図2-3-2**）。タブをクリックすると、表示しているプログラムを切り替えられます。また、右にある［▼］ボタンをクリックすると、タブに関するメニューが表示されます。［新規タブ］をクリックすると、新たなタブを追加できます。

○ 図2-3-2　タブでプログラムの表示を切り替えられる

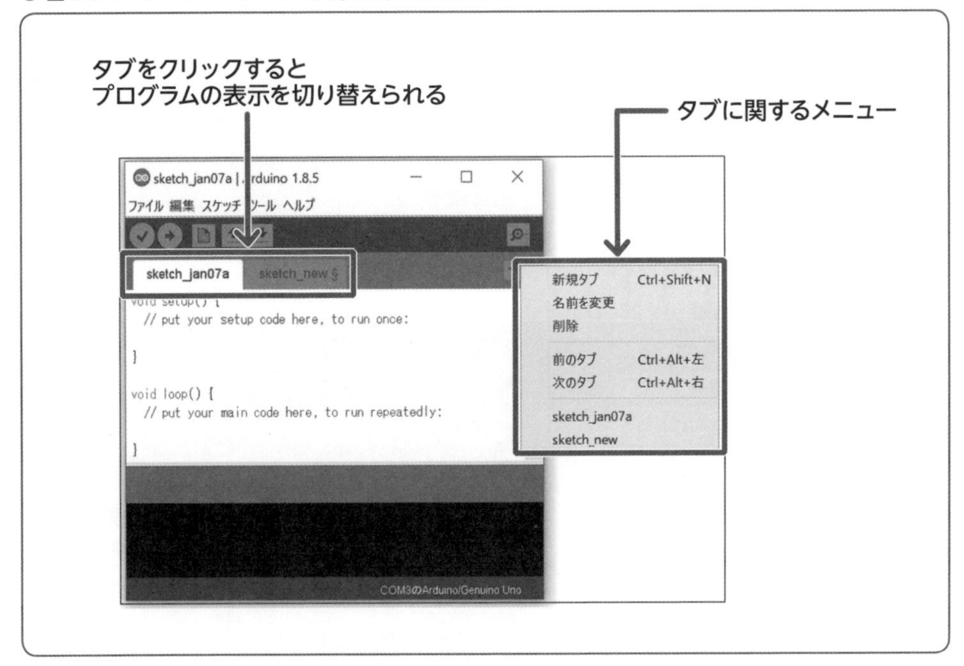

設定を変更する

Arduino IDEの環境設定を変更すると、Arduino IDEを使いやすいようにカスタマイズすることが可能です。設定は［ファイル］メニューの［環境設定］を選択します（**図2-3-3**）。

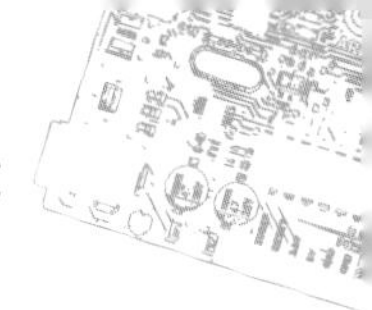

○ 図 2-3-3　Arduino IDE の環境設定

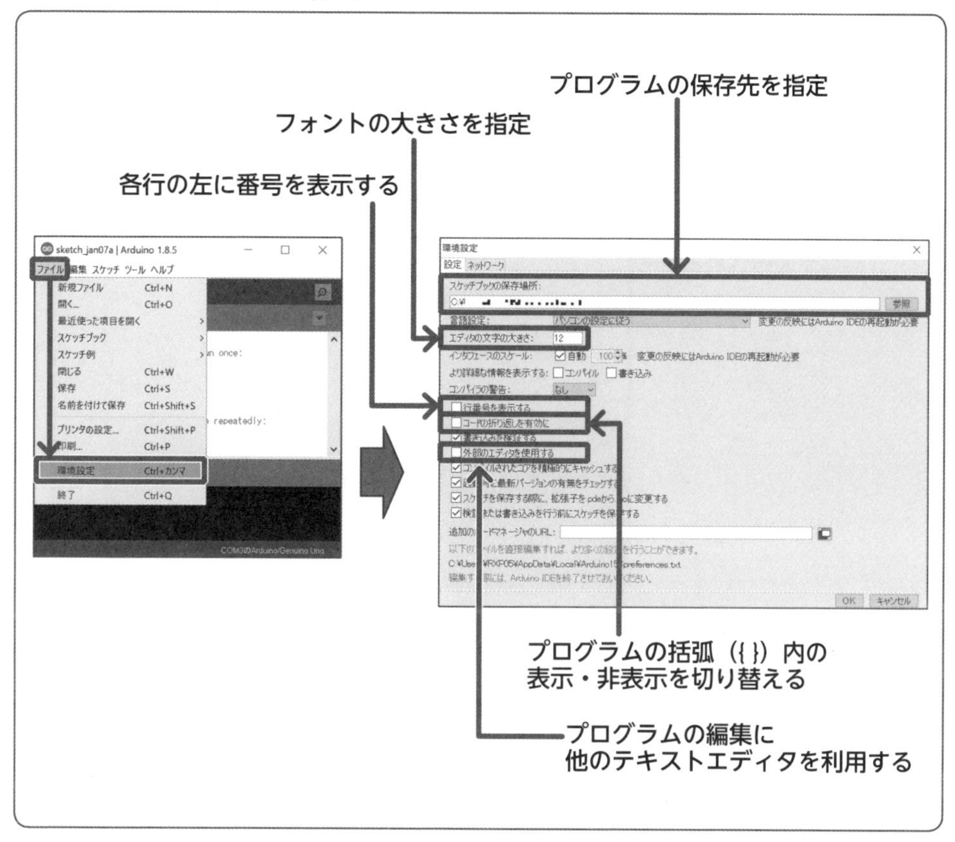

［スケッチブックの保存場所］では、作成したプログラムを保存する場所を指定します。右の［参照］をクリックすると、場所を変更できます。

［エディタの文字の大きさ］ではフォントのサイズを変更できます。［行番号を表示する］にチェックを入れると、プログラムの編集エリアの左側に行番号を表示できます（**図 2-3-4**）。また、［コードの折り返しを有効に］にチェックを入れると、プログラムを折りたたんで見やすくできます（**図 2-3-5**）。折りたたむと、「{ }」で囲んだ範囲を表示したり非表示にしたりすることが可能です。左側にある［－］をクリックすると非表示になり、［＋］をクリックすると再度表示されます。

もし、Arduino IDEよりも慣れたテキストエディタがある場合は、［外部のエディタを使用する］にチェックを入れることで他のエディタを利用可能です。

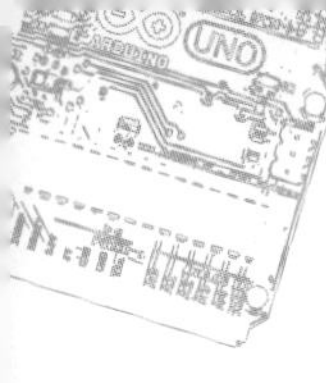

○ 図 2-3-4 行番号の表示

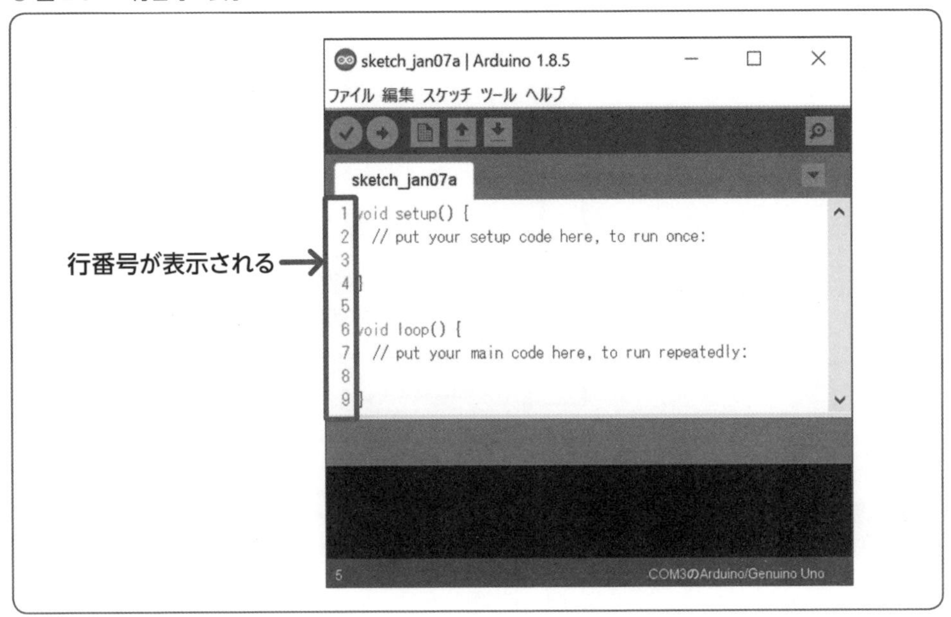

○ 図 2-3-5 コードの折り返し

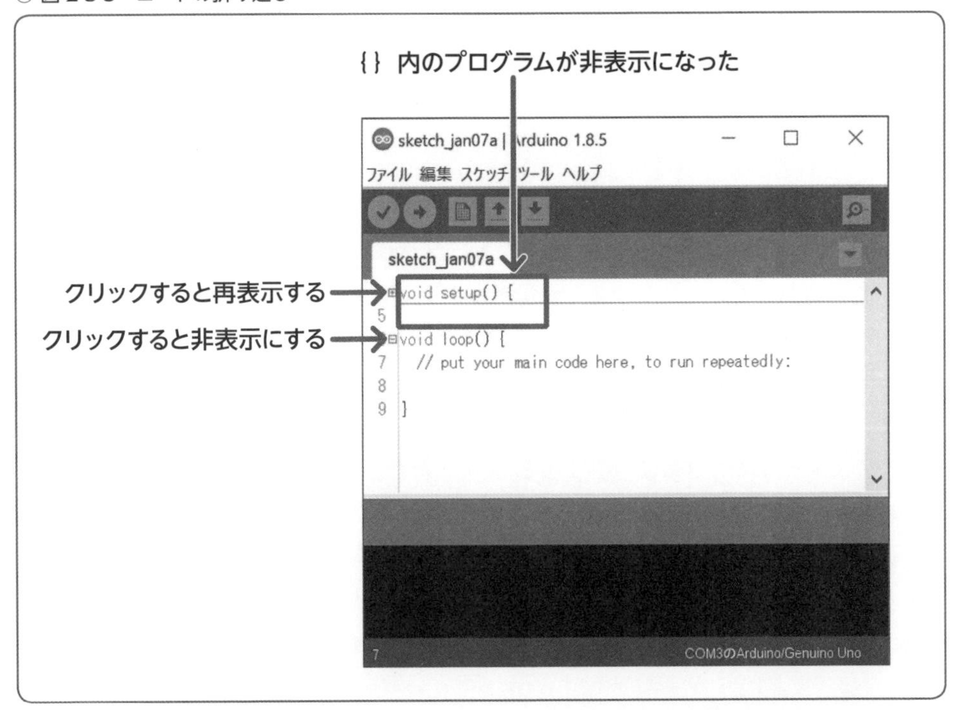

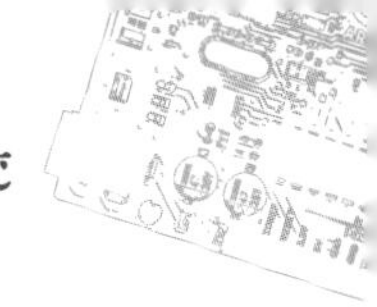

プログラムの作成と転送

Arduino IDEでのプログラムの作成と、Arduinoへのプログラムの転送について覚えておきましょう。ここでは、Arduinoのボード上にある「L」というLEDを点滅させてみます。

まず、プログラムの編集エリアにプログラムを入力します（**リスト 2-3-1**、**図 2-3-6**）。入力を誤ると正しく動作しないため、間違えないように入力してください。また、Arduinoの言語では、各行の最後に「;」を付加します。忘れると実行できないので注意しましょう。

○ リスト 2-3-1　ボード上の LED を点滅させるプログラム

```
void setup() {
  pinMode( 13, OUTPUT );
}

void loop(){
  digitalWrite( 13, HIGH );
  delay( 1000 );
  digitalWrite( 13, LOW );
  delay( 1000 );
}
```

○ 図 2-3-6　ボード上の LED を点滅させるプログラムを入力

sketch_jan07a | Arduino 1.8.5

ファイル 編集 スケッチ ツール ヘルプ

sketch_jan07a §

```
1 void setup() {
2   pinMode( 13, OUTPUT );
3 }
4
5 void loop() {
6   digitalWrite( 13, HIGH );
7   delay( 1000 );
8   digitalWrite( 13, LOW );
9   delay( 1000 );
10 }
11
```

11　COM3のArduino/Genuino Uno

入力したらファイルを保存します。ツールバー上の［保存］ボタンをクリックし、ファイル名を入力して保存します（**図 2-3-7**）。保存すると、フォルダが作成され、その中にプログラムのファイルが保存されます。なお、ファイルを保存せずにプログラムを転送しようとすると、ファイルの保存先を尋ねられます。

○図 2-3-7　プログラムを保存する

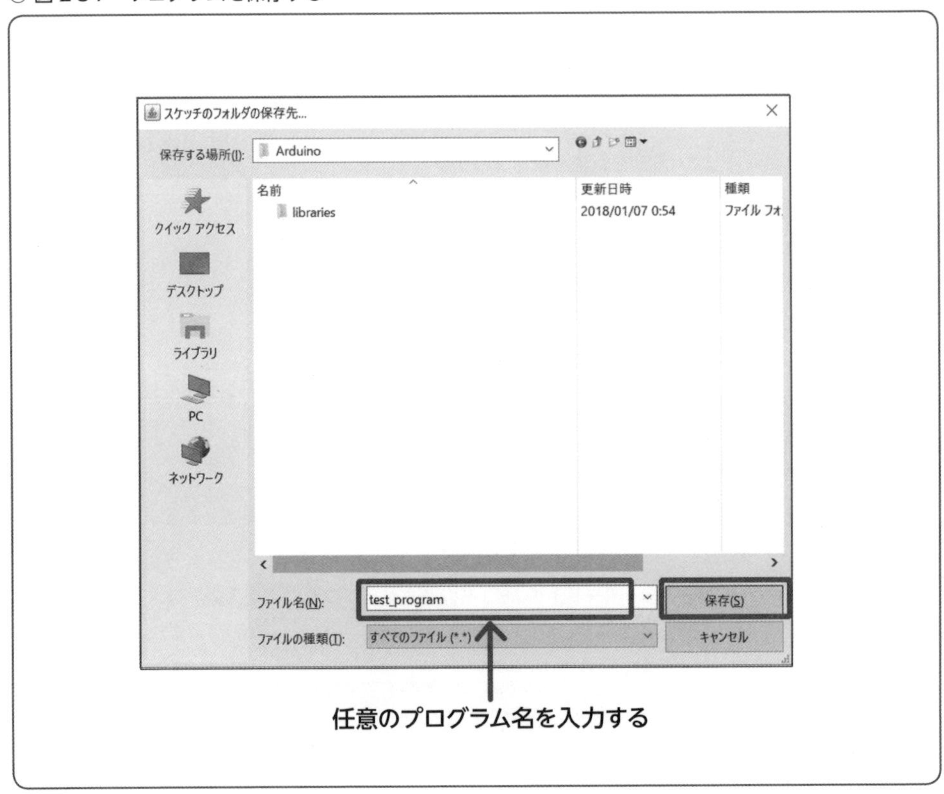

プログラムを入力し、保存したら、プログラムが正しいかどうかを確かめます。ツールバー上の［検証］ボタンをクリックすると、プログラムの検証をします（**図 2-3-8**）。プログラムが正しければ、メッセージエリアに「コンパイルが完了しました。」と表示されます。もし誤りがある場合は、メッセージエリアに誤りの内容が表示されます（**図 2-3-9**）。また、誤りのある行がハイライトされ、どこが間違っているかが一目でわかります。

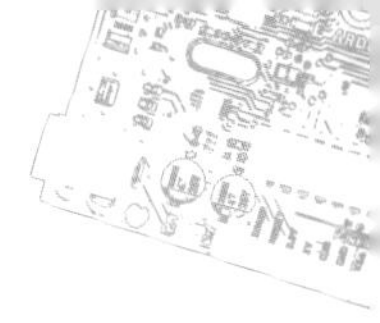

○ 図 2-3-8 プログラムを検証する

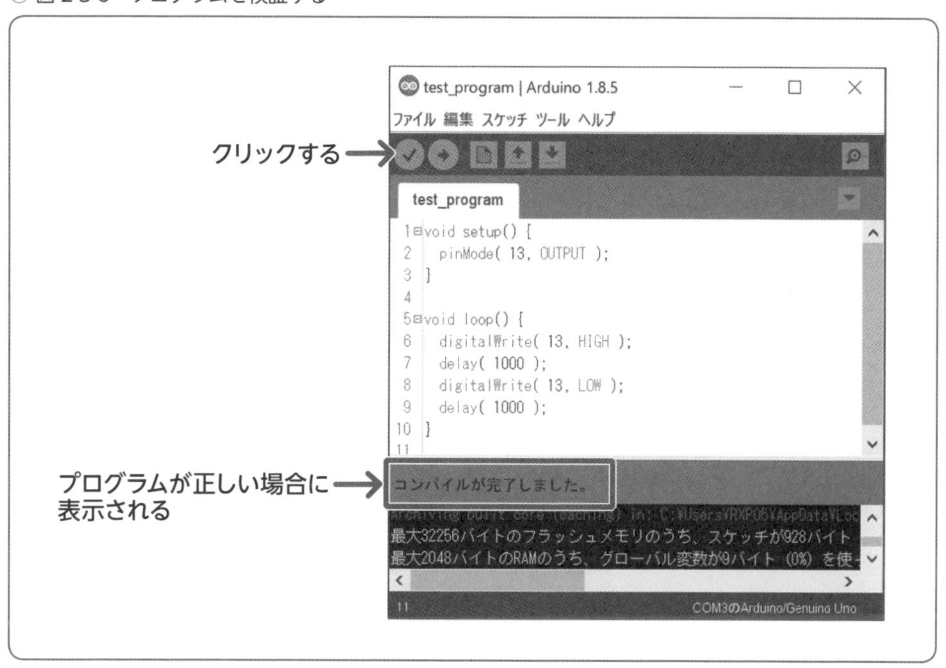

○ 図 2-3-9 誤りがあるとエラーメッセージが表示される

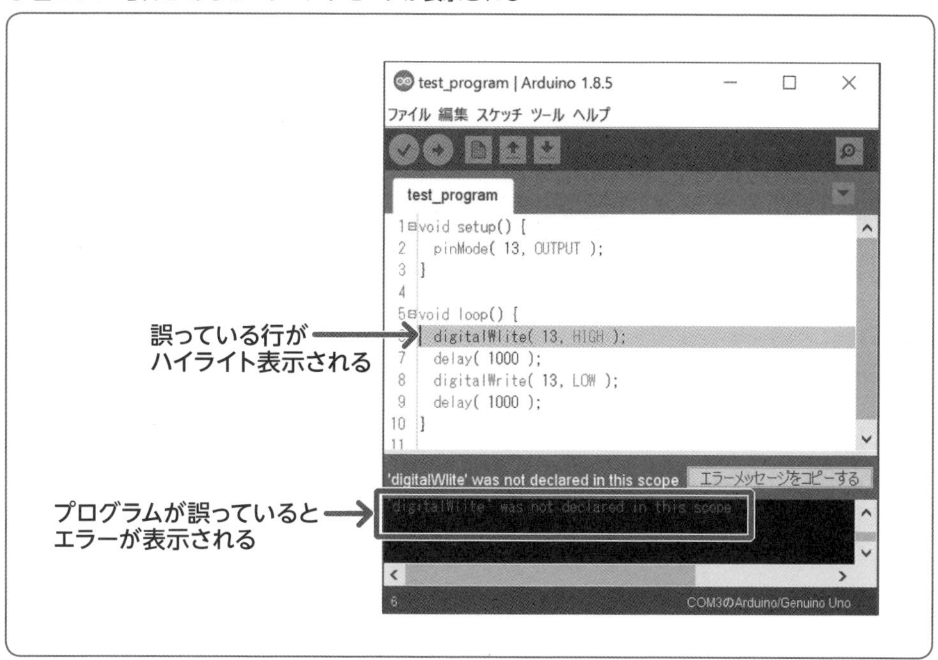

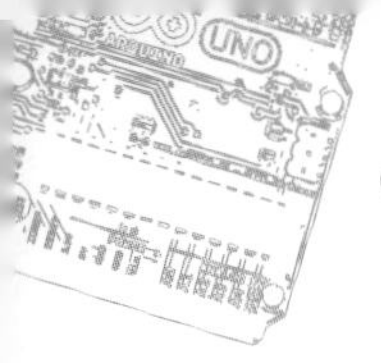

プログラムが正しいことを確認できたら、Arduinoにプログラムを転送します。Arduinoをパソコンにつなぎ、ツールバー上の［マイコンボードに書き込む］ボタンをクリックすると、プログラムがArduinoに書き込まれます。正しく書き込まれると、メッセージエリアに「ボードへの書き込みが完了しました。」と表示されます（**図2-3-10**）。もし正しく転送できない場合は、「2-2　Arduino IDEを準備する」を参照してボードの種類やシリアルポートなどが正しいかどうかを確認して再度転送してみましょう。

○図2-3-10　プログラムをArduinoに転送する

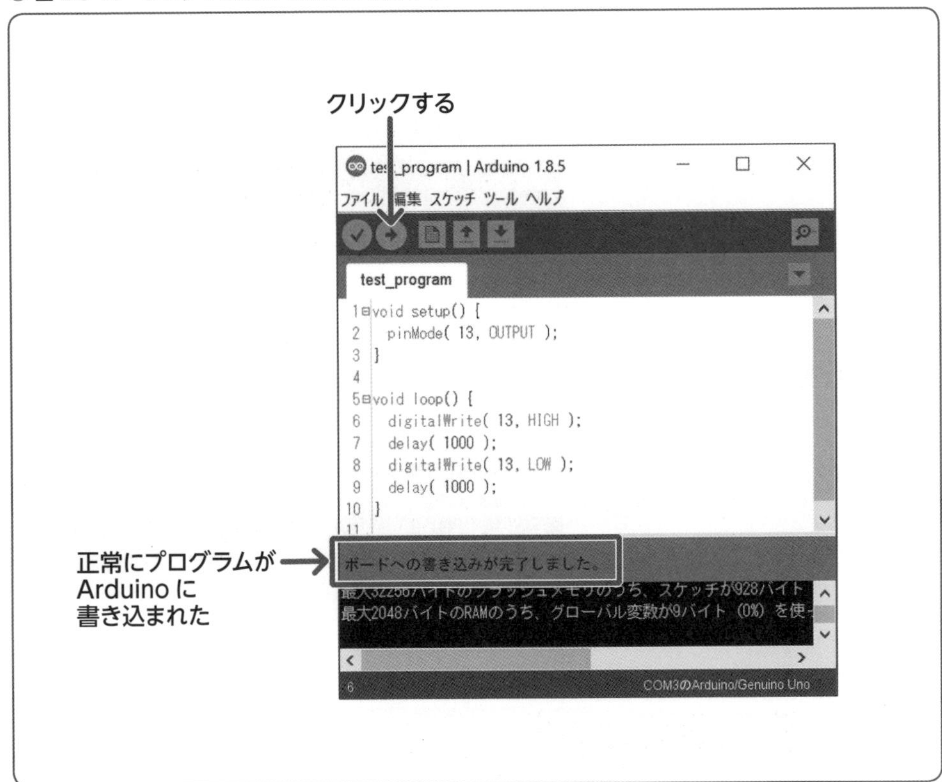

転送が完了すると、プログラムが実行されます。ボード上の「L」と記載されたLEDが点滅すれば正しく実行されています（**図2-3-11**）。

○ 図2-3-11　ボード上のLEDが点滅する

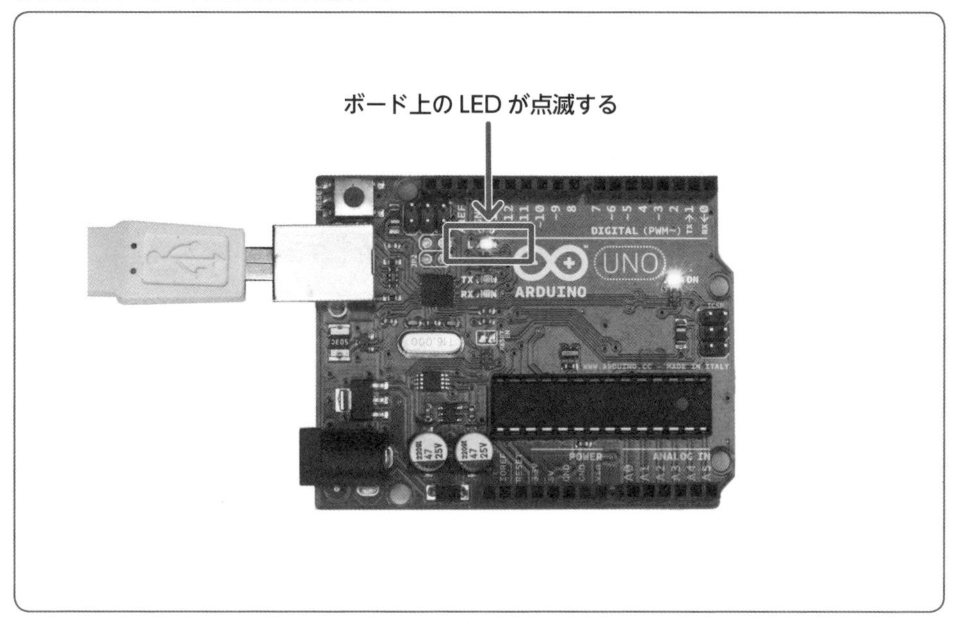

なお、正しく動作しなかったり、途中で動作が止まってしまったりする場合は、USBポートの横にある［RESET］ボタンを押してみましょう。プログラムが起動し直され、正しく動作する場合があります。それでも動作がおかしい場合は、再度プログラムに誤りがないかを確認しましょう。

COLUMN サンプルプログラムを利用する

Arduino IDEには、基本的なサンプルプログラムが用意されています。サンプルプログラムを使えば、どのようにプログラムを作成すればよいかを試しながら確認できます。

サンプルプログラムは、［ファイル］メニューの［スケッチ例］を選択すると一覧表示されます。この中から使ってみたいサンプルを選択すると、プログラムが表示されます（**図2-3-12**）。たとえば、［01.Basic］－［Blink］を選択すると、LEDを点滅させるサンプルプログラムが利用できます。

○図 2-3-12 サンプルプログラムを利用する

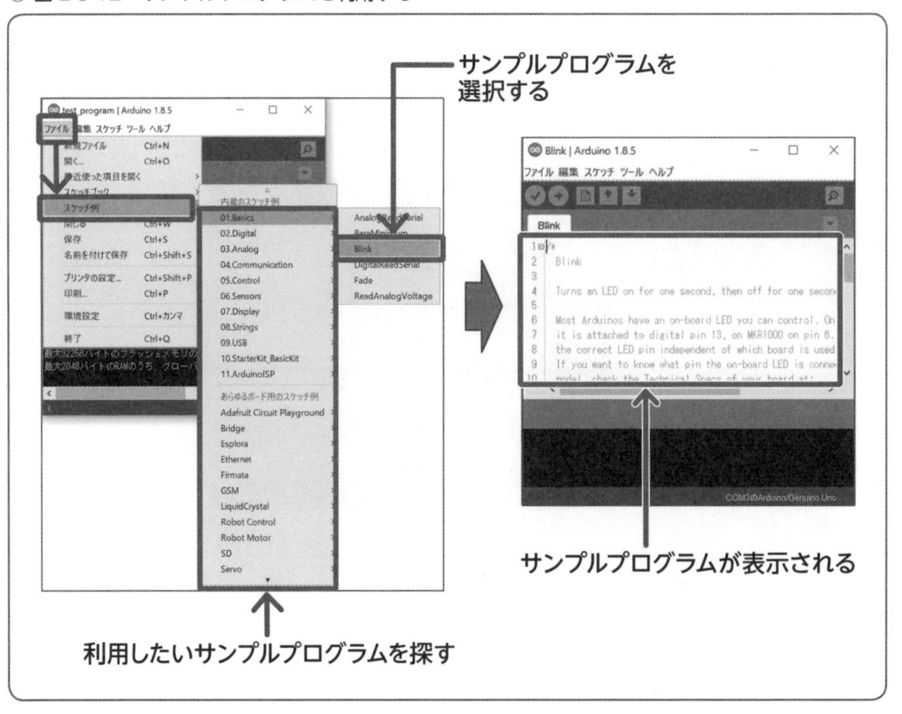

サンプルを開いたら、前述の手順でプログラムをArduinoに転送すれば、動作を確認できます。

ライブラリを用意する

Arduinoの言語では、プログラムの機能をライブラリという形式で準備しています。プログラムに必要なライブラリを読み込んでから、各機能を利用するようになっています。たとえば、ネットワークに接続するためのライブラリなどを読み込むことで、インターネットから情報を取得することなどが可能になります。

Arduinoでは、基本的なライブラリがあらかじめ用意されています。［スケッチ］メニューの［ライブラリをインクルード］を選択すると、利用できるライブラリが一覧表示できます（**図 2-3-13**）。

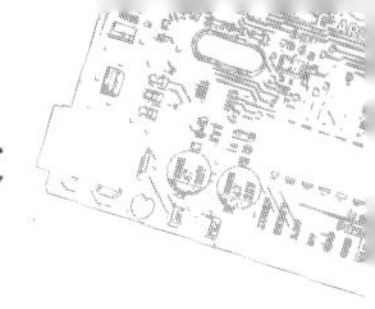

○ 図 2-3-13　導入されているライブラリの一覧

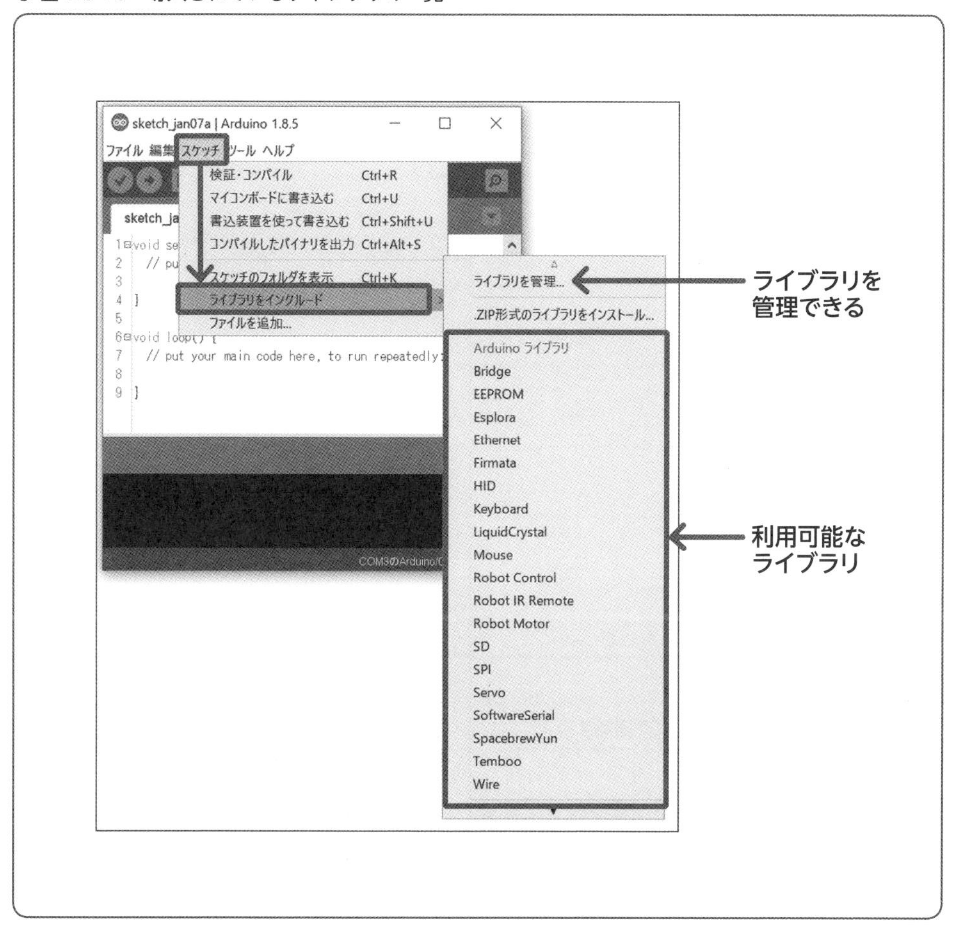

　もし、使いたいライブラリがない場合には、ライブラリを追加する必要があります。［スケッチ］メニューの［ライブラリをインクルード］－［ライブラリを管理］を選択すると、利用可能なライブラリを一覧表示する［ライブラリマネージャ］が表示されます（**図 2-3-14**）。一覧から利用したいライブラリを見つけたら選択し、右下に表示される［インストール］ボタンをクリックすると、ライブラリを追加できます（**図 2-3-15**）。ライブラリはたくさんあるので、右上にある検索ボックスにキーワードを入力すると一覧から候補が絞られ、必要なライブラリを見つけやすくなります。

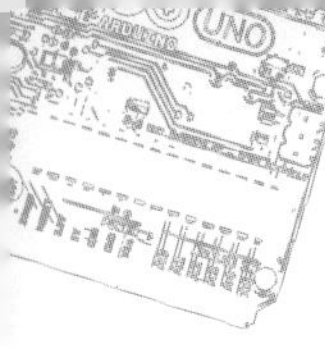

○ 図 2-3-14 ライブラリを管理する

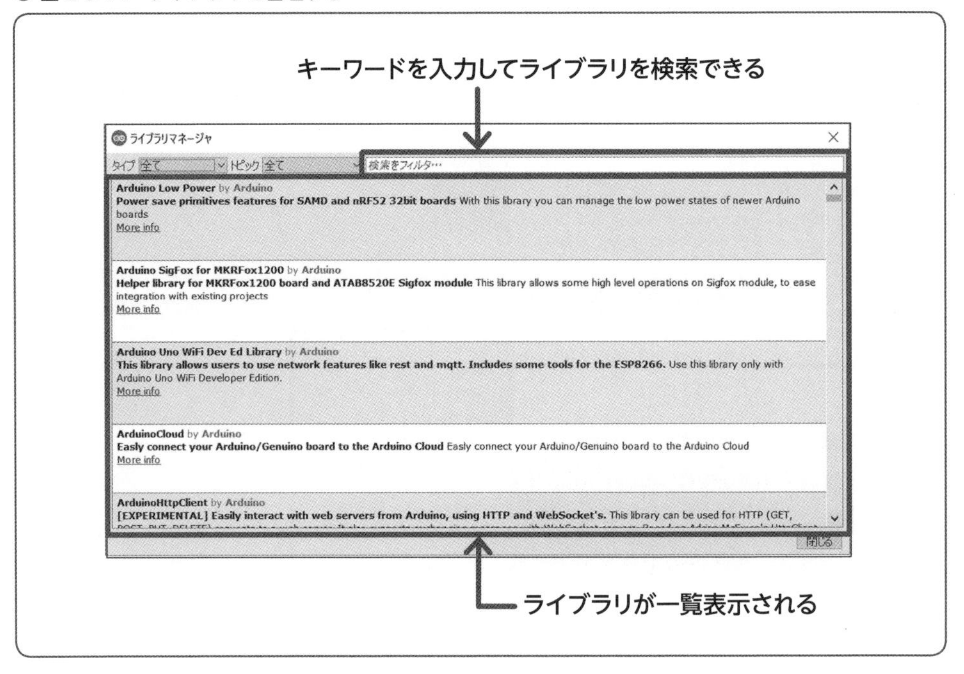

○ 図 2-3-15 新たにライブラリを追加する

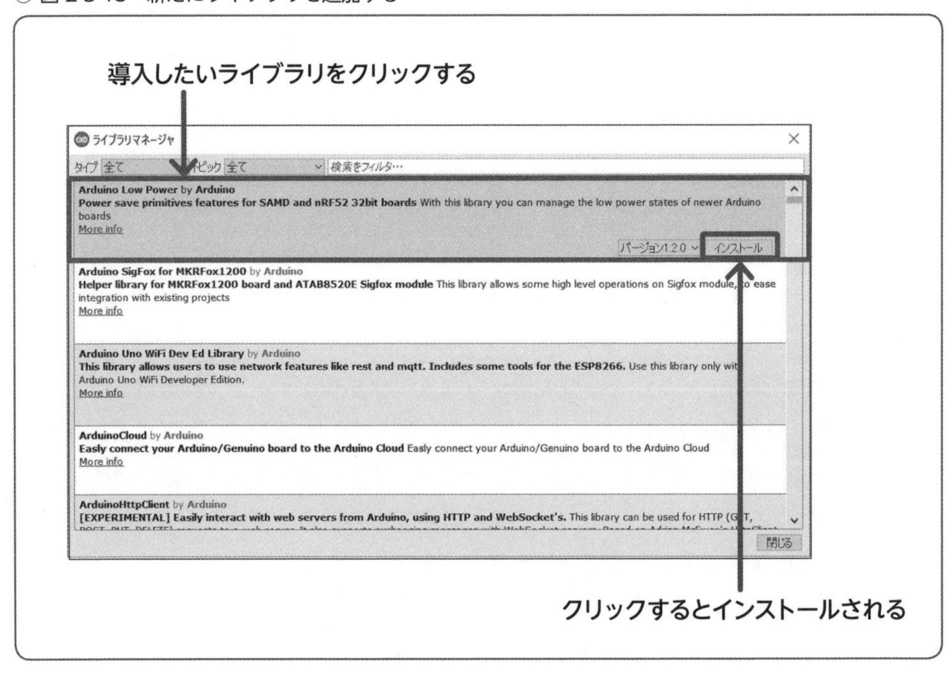

また、［ライブラリマネージャ］では、インストール済みのライブラリを最新版に更新できます。左上の［タイプ］で［アップデート可能］を選択すると、更新可能なライブラリが一覧表示されます（**図 2-3-16**）。ライブラリを選択して表示される［更新］ボタンをクリックすれば、最新版がダウンロードされ、更新されます。

○ 図 2-3-16　導入済みのライブラリを最新に更新する

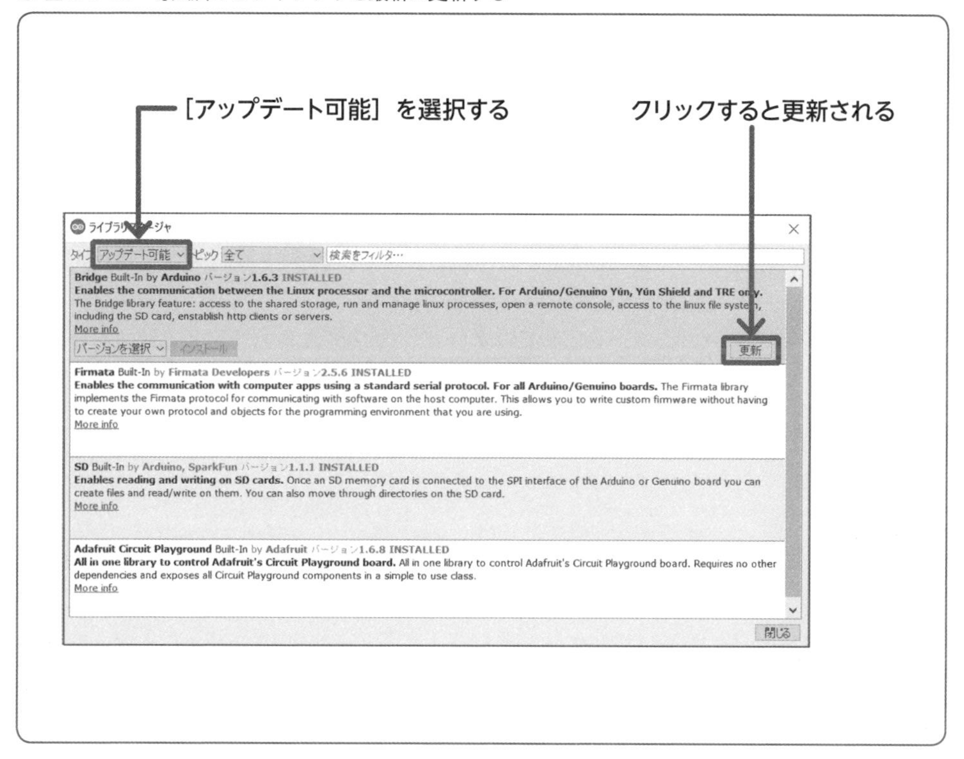

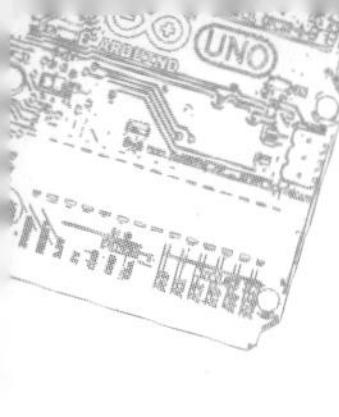

2-4

プログラミングの基礎

電子パーツを制御するには、C言語に似たプログラミング言語を使います。プログラミングといっても、ルールに則って制御する内容を記述していくことで電子パーツを制御できます。ここでは、Arduinoでのプログラミングの基本について紹介します。

基本を押さえれば電子パーツを制御できる

Arduinoは、パソコンのようにマイコンチップが搭載され、プログラムを実行するようになっています。このため、LEDを点灯する、スイッチの状態を確認するなど電子パーツを制御するにはプログラムを作る必要があります。

Arduino IDEでは、C言語に似た専用のプログラミング言語を利用します。C言語は古くから利用されているコンピュータ言語で、現在でもさまざまなアプリケーションの作成に利用されています。C言語を知っているユーザであれば、容易にArduinoのプログラムを開発できます。

プログラムの経験のないまったくの初心者であっても問題ありません。プログラムにはいくつかの重要な点があり、この点を押さえておけば、プログラムを作ることが可能です。

ここでは、Arduino IDEのプログラムで押さえておくべき基礎を説明します。サンプルプログラムを実行しながらプログラムの基礎を理解しましょう。ここでは、電子パーツを使わないプログラムを作成するため、Arduinoをつなぐだけでプログラムの基本を理解できます。

Arduinoでのプログラムの基本形

Arduino IDEを起動すると、**図 2-4-1** のようなプログラムのテンプレートが表示されます。テンプレートは、2つの部分からなります。

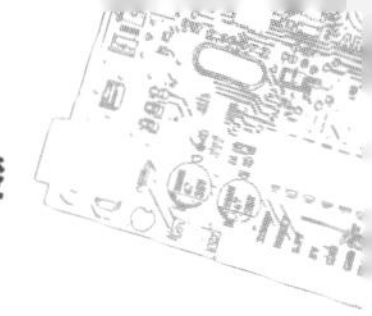

○ 図 2-4-1 新規作成した際に表示されるテンプレート

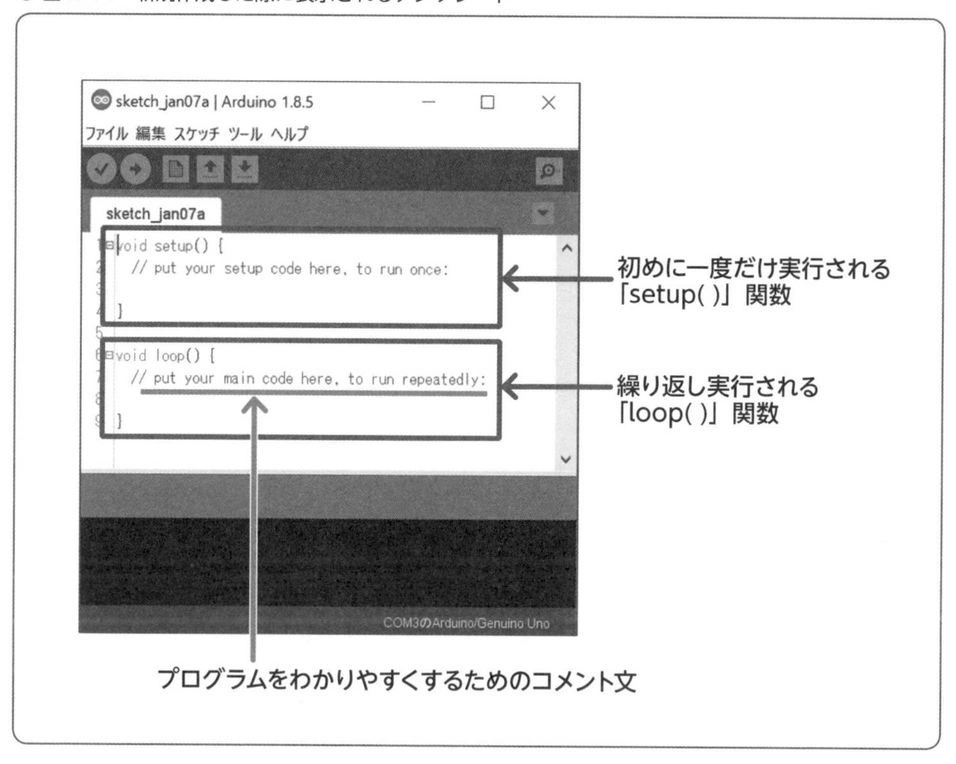

上に表示される「void setup( )」は、プログラムが起動した直後に実行される部分です。ここには、初期設定や一度のみ実行したい処理を記載しておきます。

下の「void loop( )」は、setup( )を実行した後に実行する部分です。最後まで達すると、loop( )の初めに戻り繰り返し実行します。ここには、プログラムの本体を記述します。

プログラムの内容はsetup( )やloop( )の後にある「{」と「}」の間に記述します。

setup( )やloop( )は、関数と呼ばれます。関数とは機能をまとめたもので、外部から関数を指定することで特定の機能を実行できます。Arduinoにはたくさんの関数があり、必要に応じて関数を指定して呼び出すことでさまざまな処理を実行できます。関数の詳しい内容については89ページで説明します。

なお、それぞれの関数内にある「//」から始まる文は「コメント」です。プログラムをわかりやすくするために、メモを書くのに利用します。「//」以下に記載された内容はプログラムとは判断されず、実行時には無視されます。

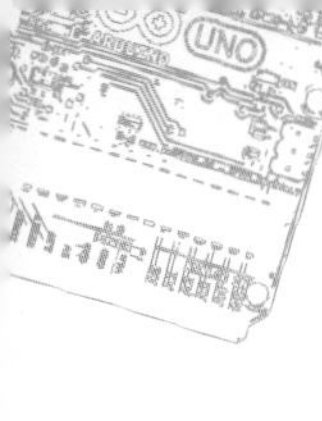

プログラムの実行中の状態を表示する

パソコンなどのアプリケーションを作成する場合は、プログラムを実行してその結果を画面上に表示できます。プログラムが正しく動作しない場合は、画面上にプログラムの状態を表示して確認することが可能です。

しかしArduinoでは、ディスプレイが接続されていないため、実行中の内容を表示することができません。作成したプログラムが正しく動作しない場合、プログラムの実行した状態を確認できないため、何が起きているか知ることができず、間違いを直すのが大変です。

そこで、Arduinoでプログラムを作成する場合、シリアル通信機能を使うことで、Arduinoの実行している状態をパソコン上で確認できます。そこで、シリアル通信を利用してプログラムで表示する内容を確認できるようにしましょう。

プログラムを**リスト2-4-1**のように作成します。setup( )関数では、「Serial.begin(9600);」と記述します。末尾の「;」を忘れないようにしましょう。こうすることで、USBケーブルを経由してパソコンと通信ができるようになります。

プログラムを実行中にシリアル通信でパソコンに表示したい場合は、「Serial.println( )」関数を利用します。この関数では、括弧内に記述した内容をパソコン上に表示できます。このプログラムでは、「Arduino Programming.」と表示するようにします。

○ リスト2-4-1 シリアル通信を使って文字列をパソコン上に表示するプログラム

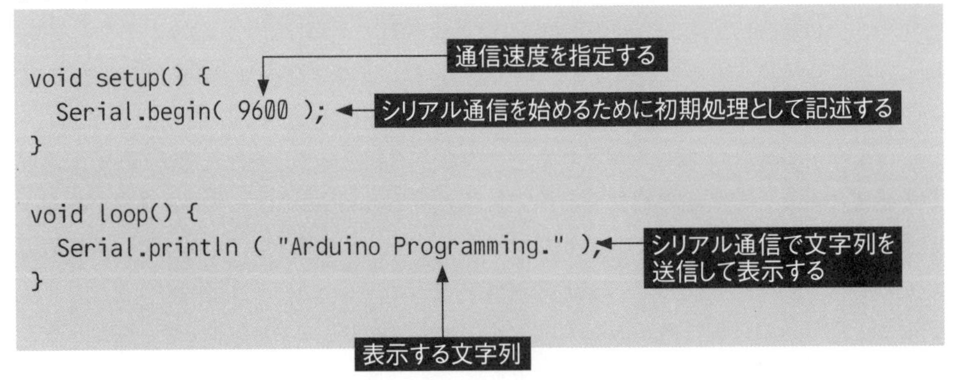

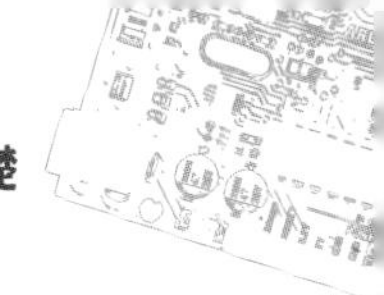

できあがったらツールバー上の［マイコンボードに書き込む］をクリックしてプログラムをArduinoに転送します。

正常に送り込めたら、プログラムで表示した内容をパソコン上で確認してみましょう。ツールバーの右にある［シリアルモニタ］ボタンをクリックします。すると［シリアルモニタ］ウィンドウが表示されます。ウィンドウ内にはプログラムで表示するように記述した「Arduino Programming.」と表示されます（**図2-4-2**）。何度も同じメッセージが表示されるのは、loop( )で繰り返し実行されるためです。正しく表示されない場合は、右下の通信速度が「9600bps」であることを確認します。もし、他の通信速度の場合はクリックして「9600bps」に変更します。

○ 図2-4-2　シリアル通信のプログラムの実行結果

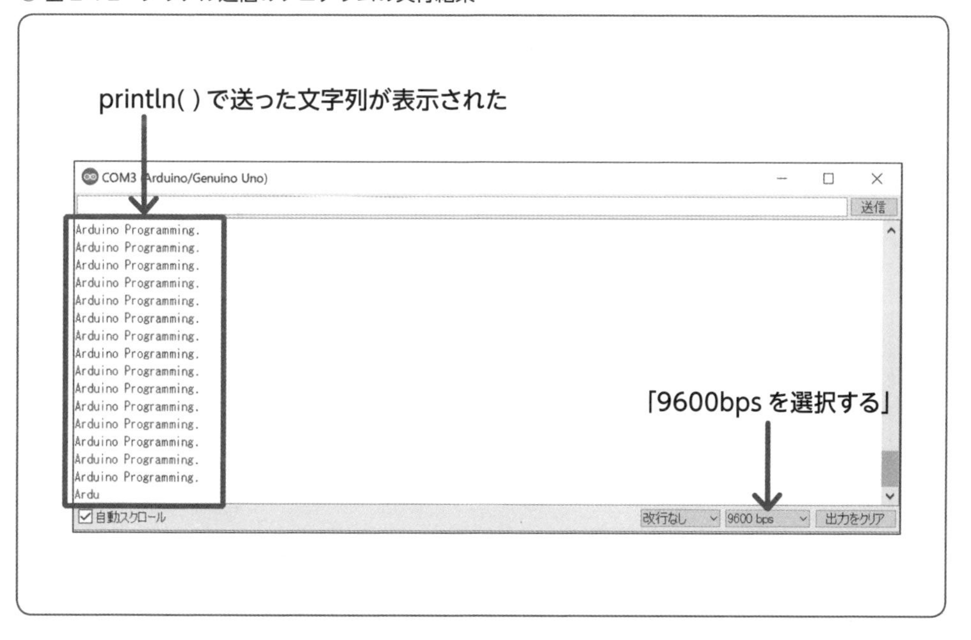

Serial.println( )は、文字列の他に変数の内容を表示できます（変数について詳しくは73ページを参照）。変数の内容を確認できれば、センサで計測した値が正しいかなどを確認するのに役立ちます。たとえば、**リスト2-4-2**のプログラムでは、valueという変数の内容を表示します。プログラム内ではvalue変数には「10」を格納しているため、プログラムを実行してシリアルモニタで確認すると、10と表示されます（**図2-4-3**）。

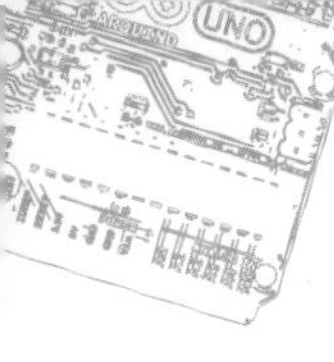

○ リスト 2-4-2　変数の値をシリアル通信で転送するプログラム

```
void setup() {
  Serial.begin( 9600 );
}

void loop() {
  int value = 10;        ← 変数に数値を入れる

  Serial.println ( value );
}                 ↑ 表示する変数を指定する
```

○ 図 2-4-3　変数の内容が表示される

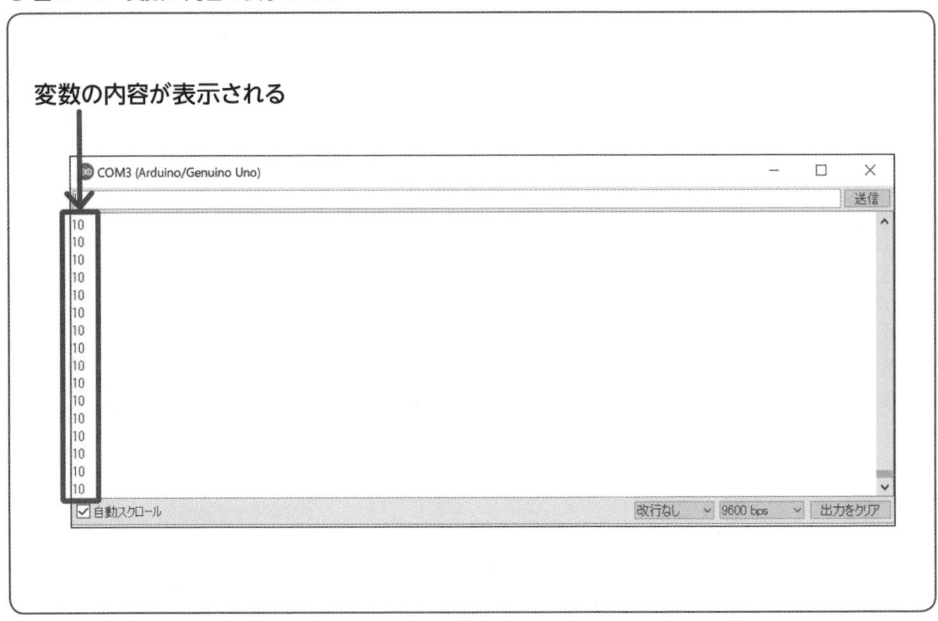

もし、同じ行に文字列を一緒に表示したい場合は、「Serial.print( )」関数を使います。Serial.print( )は、文字列などを表示した後に改行をしないので、同じ行に別の文字列などを表示できます。たとえば、**リスト 2-4-3** のようにプログラムを作れば、「Value:」と文字列を表示した後に、value変数の内容を表示できます（**図 2-4-4**）。この方法を使えば、どの変数の内容を表示しているかがわかります。

○ リスト 2-4-3　文字列と変数の値を続けて表示するプログラム

```
void setup() {
  Serial.begin( 9600 );
}

void loop() {
  int value = 10;

  Serial.print ( "Value: " ); ← 改行しないで文字列を表示する
  Serial.println ( value ); ← 変数の内容を表示してから改行する
}
```

○ 図 2-4-4　文字列の後に変数の値が表示される

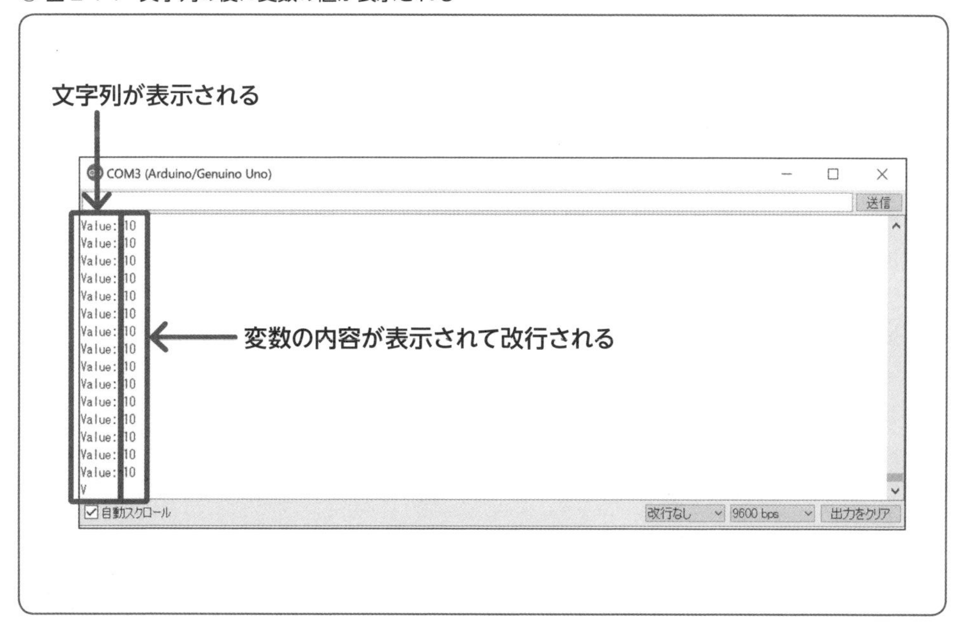

値を一時的に格納しておく「変数」

Arduinoでは、各種センサから取得した値やボタンの状態、プログラムの実行している状態などといったさまざまな値を扱います。この際、センサから取得した値などを一

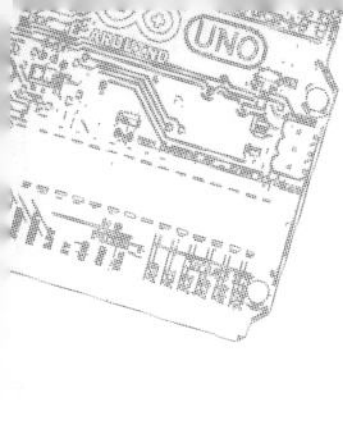

時的に保存しておく必要があります。保存しておくと、計算や結果の表示などに利用できるためです。

このとき、値を格納するのに「変数」を利用します。変数を使えば、センサの計測結果を保存し、その値を使ってディスプレイに表示したり、値の状態によってLEDを点灯させるかを判断したりするのに利用できます。

変数の宣言

Arduinoで変数を利用するには、あらかじめ変数を宣言して使用できる状態にする必要があります。宣言は、次のような形式で記述します。

```
int var;
```

Arduinoでは、変数を宣言する際にどのような値を格納するかを指定する必要があります。これを「データ型」といいます。この例では、「int」がデータ型です。Arduinoでは、**表2-4-1**に示すデータ型を利用できます。たとえば、1、10、54、－236といった整数の値を利用する場合には「int」型、0.1、3.1415、－2.79のように小数の値を利用する場合は「float」型を使います。また、各データ型は表現できる値の範囲が決まっています。「char」型であれば－128から127、「int」型であれば－32768から32767までです。

○表2-4-1　変数に利用できるデータ型

データ型	利用できる範囲	説明
boolean	0、1	0（FALSE）または1（TRUE）のいずれかの値
char	－128～127	1バイト分の値。負の数値も表現可能
int	－32768～32767	2バイト分の値。負の数値も表現可能
long	－2147483648～2147483647	4バイト分の値。負の数値も表現可能
float	3.4028235×10^{38}～$-3.4028235 \times 10^{38}$	小数を格納可能
unsigned char	0～256	1バイト分の値。正の数値のみ
unsigned int	0～65535	2バイト分の値。正の数値のみ
unsigned long	0～4294967295	4バイト分の値。正の数値のみ限定

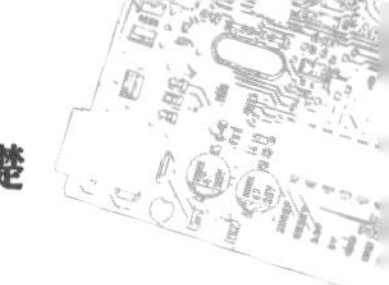

通常は整数を扱う場合は「int」型、小数を扱う場合は「float」型を使えばよいと覚えておきましょう。

宣言では、型の後に実際に利用する変数の名称を記述します。「value」や「i」、「sensor」など自由に指定可能です。また、次のようにカンマ（,）で区切ることで複数の変数を一度に宣言できます。

```
int value, i , sensor;
```

変数の宣言を記述する場所は、変数を使う部分によって異なります。プログラムの全体で使いたい変数の場合は、setup( )関数の前に記述します（**リスト 2-4-4**）。このように関数の外に宣言する変数を「グローバル変数」といいます。グローバル変数は、setup( )関数、loop( )関数のどちらでも利用できます。

○ リスト 2-4-4　全体で利用できる「グローバル変数」

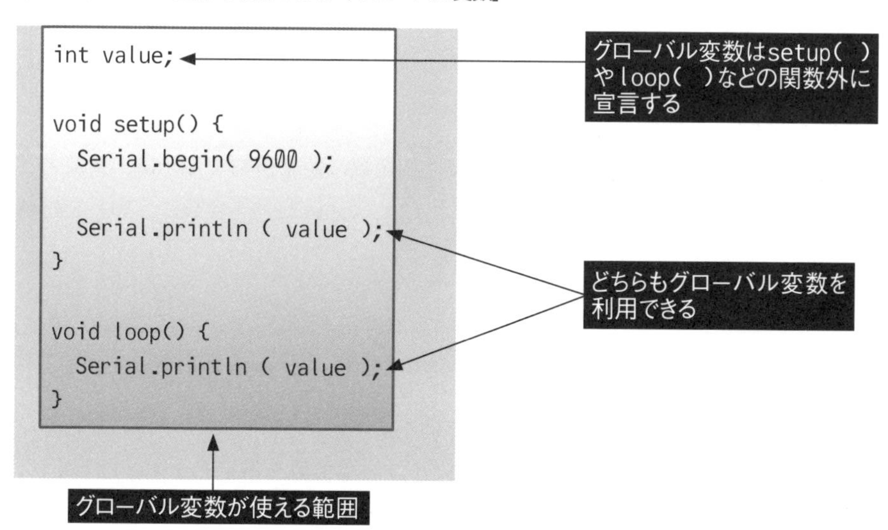

一方、変数は、関数の中でも宣言できます（**リスト 2-4-5**）。このような変数を「ローカル変数」といいます。ローカル変数は、宣言した関数内だけで利用され、別の関数では利用できません。たとえば、setup( )関数内で宣言したvalue変数は、loop( )関数では

使えません。ローカル変数は一時的に値を保持したいときに使います。

○ リスト 2-4-5　関数内のみに限定される「ローカル変数」

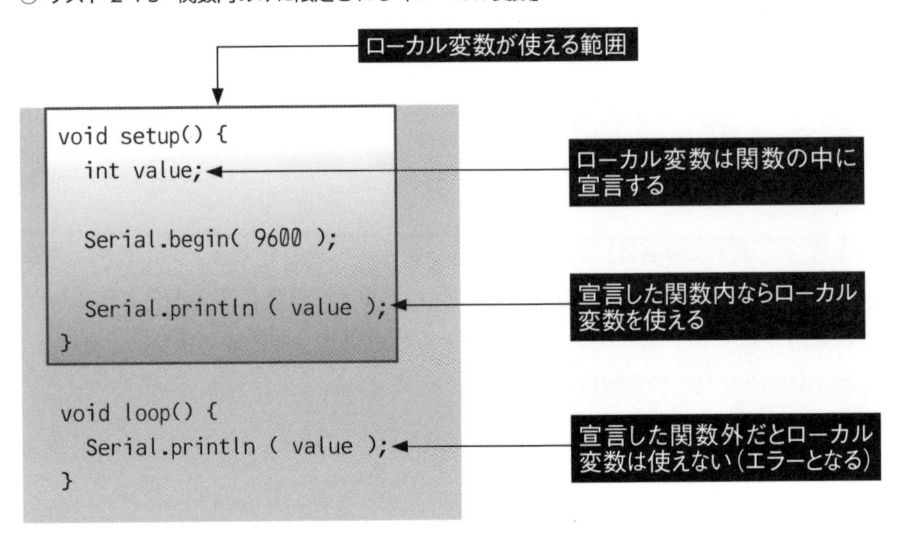

変数へ値を格納して利用する

変数を宣言できたら実際に利用してみましょう。変数に値を格納するには、変数名と格納する値をイコール（=）でつなぎます。たとえば、valueという変数に「10」を格納するには、次のように指定します。

```
value = 10;
```

また、別の値を格納し直したい場合は、同様にイコールで値を指定します。たとえば、10が格納されているvalue変数に20を格納し直す場合は、次のように指定します。

```
value = 20;
```

格納した変数の値を利用したい場合は、利用したい場所に変数名を指定します。たと

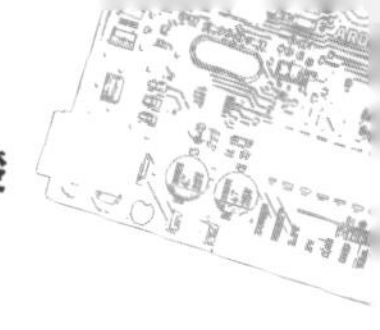

えば、value変数をシリアル通信で表示したい場合は**リスト2-4-6**のようなプログラムを作成します。プログラムではvalueに10を格納しているため、**図2-4-5**のように「10」と表示されます。

○ リスト2-4-6 変数の利用方法

```
void setup() {
  Serial.begin( 9600 );
}

void loop() {
  int value;

  value = 10;

  Serial.println ( value );
}
```

変数を宣言する

イコールで変数に値を入れる

変数を利用したい場所に変数名を記述する

○ 図2-4-5 変数を利用した実行結果

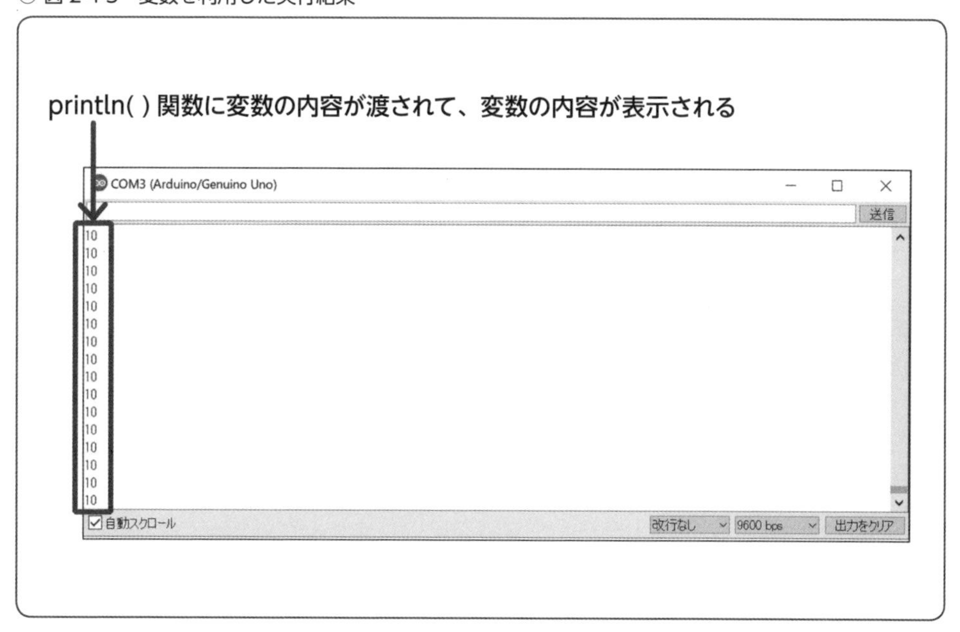

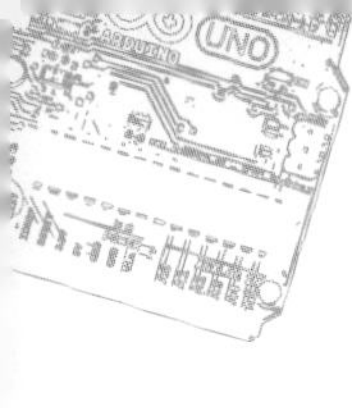

決まった値に名前を付ける「定数」

Arduinoで電子パーツを制御するには、電子パーツを接続したデジタル入出力端子の番号を指定します。この番号は、デジタル入出力端子のモードの設定やデジタル入出力端子の出力を変更するたびに指定しなければなりません。数値で指定することもできますが、こういった場合に定数を使うと便利に利用できます。

「定数」とは、特定の値に名前を付ける方法です。たとえば、LEDを接続した端子に「LED_PIN」という名前を付けることができます。値に名前を付ければ、デジタル入出力のモード設定や出力の変更などといった場合に、端子の番号をいちいち変更するのではなく、定数の名称を記述するだけで済みます。

また、定数に端子番号を設定することで、接続する端子を変更した場合に、定数の値を変更するだけですべての値を変えられる利点があります。もし定数を利用しないと、接続する端子を変更した場合に、プログラム内のすべての関連する端子番号を変更しなければなりません。1つでも変更をし忘れると、プログラムを正しく実行できなくなってしまいます。

定数の指定は、「#define」を利用します。次のように、定数の名称の後に、関連する値を指定します。また、行の最後には「;」を付けません。

```
#define LED_PIN 13
```

定数は、setup( )関数の前に記述します。たとえば、**リスト 2-4-7** のように記述すれば、LED_PINを定数として扱えます。接続する端子を変更した場合は、#defineに指定した値を変更するだけで対応できます。

○ リスト 2-4-7 定数の宣言と利用方法

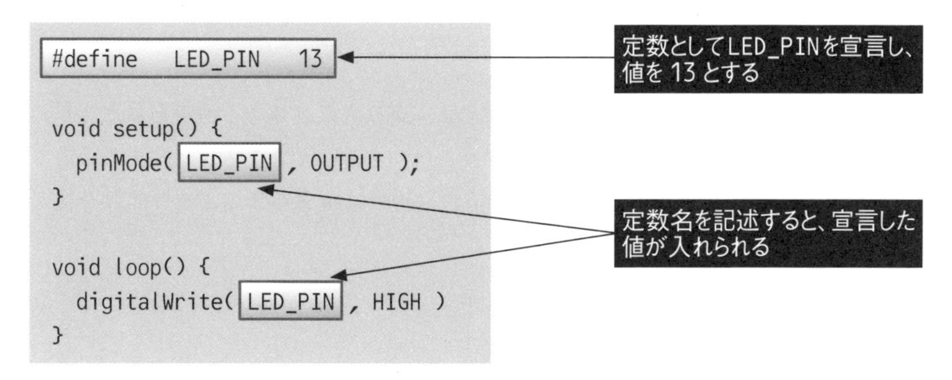

COLUMN 変数への書き込みを禁止する「const」

Arduinoの言語では、変数の書き込みを禁止する「const」があります。変数の宣言の前に「const」と指定すると、その変数への書き込みが禁止されます。この方法で宣言した変数は、「#define」を使った定数と同様に利用可能です。constを指定した変数は、単に書き込み禁止になるだけで、それ以外の動作は通常の変数と同じです。そのため、宣言する場所によって、変数が有効になる範囲が異なります。たとえば、setup( )関数の中に宣言すれば、loop( )関数など他の関数では利用できなくなります。また、変数の型も格納する値に合わせて宣言する必要があります。

constを利用する場合は、次のように記述します。この際、格納する値も指定しておきます。たとえば、次のように記述すると、valueに10が格納され、書き込み禁止になります。

```
const int value = 10;
```

宣言後、value変数の値は変更できなくなります。

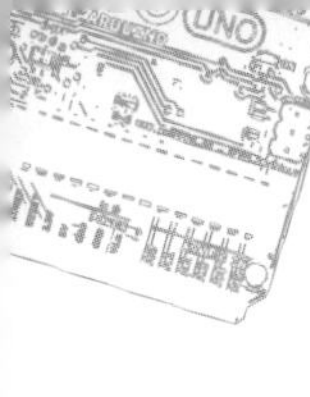

計算をする

プログラムでは頻繁に計算をします。たとえば、LEDを点灯させる回数を数えたり、センサから入力した値から実際の計測値に変換したりするなどさまざまです。このような計算には四則演算等を利用します。Arduinoの言語では**表 2-4-2** のような演算を使えます。

○ 表 2-4-2　計算に利用できる演算子

演算子	意味	利用例
＋	加算（足し算）	1 ＋ 2
−	減算（引き算）	3 − 1
＊	乗算（かけ算）	2 ＊ 5
／	除算（割り算）	6 ／ 3
%	剰余（割り算の余り）	5% 2

たとえば、valueに1を足すには、次のように記述します。

```
value = value + 1;
```

計算式をイコールで変数とつなぐことで、計算した値を変数に格納し直せます。**リスト 2-4-8** のようにプログラムを作ると、変数を1ずつカウントしてシリアル通信で表示できます。

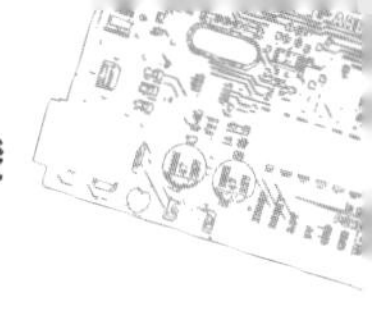

○ リスト 2-4-8　1 ずつカウントアップするプログラム

```
int count; ◀――― グローバル変数として宣言する

void setup() {
  Serial.begin( 9600 );
  count = 0; ◀――― 実行したら変数に 0 を入れる
}

void loop() {
  Serial.println ( count ); ◀――― 変数の値を表示する

  count = count + 1; ◀――― 変数を 1 増やす
}
```

また、1 を足すまたは引く演算は「++」や「--」を使って表すことができます。value に 1 を足す場合は、

```
value++;
```

1 を引く場合は、

```
value--;
```

と表すことができます。

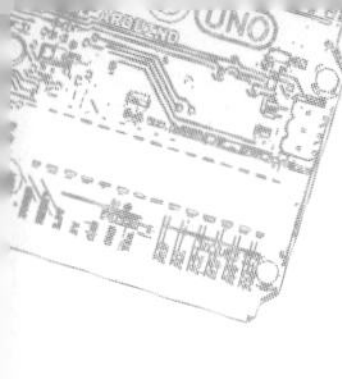

条件によって処理を分ける「条件分岐」

プログラムの基本的な処理の1つとして「条件分岐」があります。条件分岐とは、特定の条件によって実行する処理を分けられる命令のことです。たとえば、スイッチがオンになっているか、オフになっているかを判断してそれぞれの状態で処理を分けられます。

条件分岐には「if」文を利用します。if文は次のように記述します。

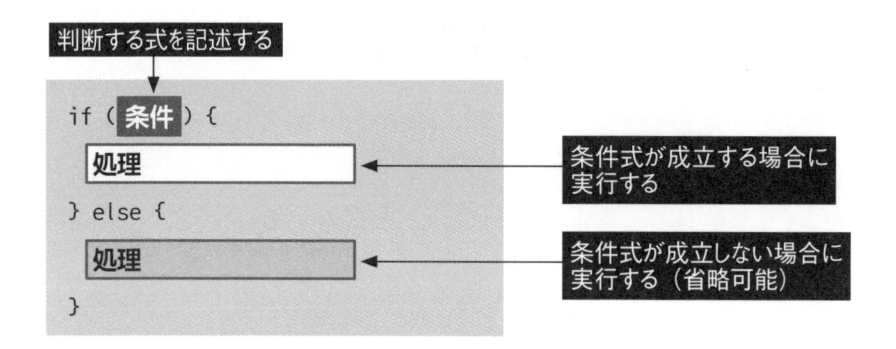

ifの後ろの括弧の中に条件を記述します。条件が成立した場合には、その後の「{ }」で囲んだ処理が実行されます。

また、条件が成立しない場合に実行する処理も記述できます。ifの後にelseを記述し、その後の「{ }」内に実行する処理を記載します。なお、条件が成立しないときに特に処理が不要な場合、elseを省略しても問題ありません。

さらに、複数の条件で分岐処理をすることもできます。次のようにifとelseの間に「else if」を挿入して、条件や処理内容を同様に記述します。たくさんの条件がある場合でも何個でも記述できます。

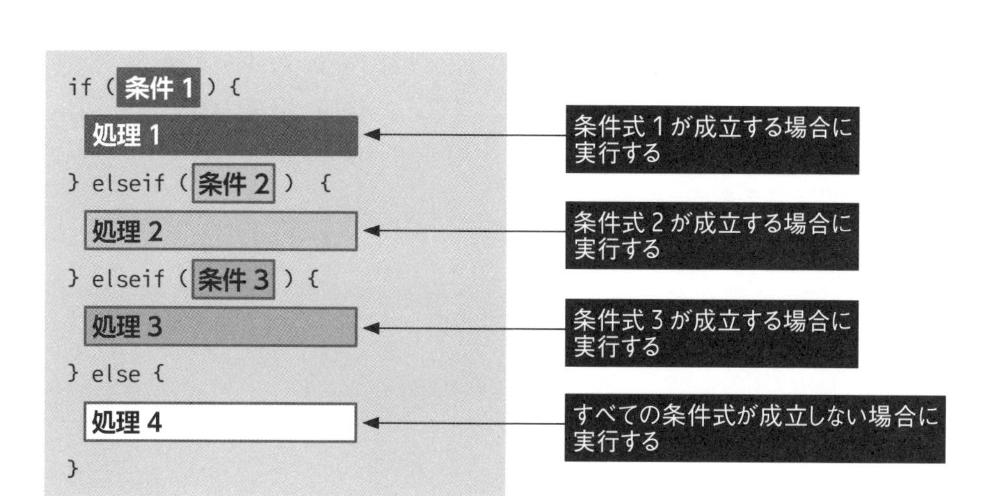

条件式

if文では、条件の状態が「0」または「0 以外」のどちらかを判断します。「0 以外」の場合は条件が成立したとみなされ、その後の処理が実行されます。また、「0」の場合は条件が成立しないと判断され、「else」の処理が実行されます。なお、「0」を「FALSE」、「0 以外」を「TRUE」と記述することができます。

たとえば、**リスト 2-4-9** のようなプログラムでは、条件が「1」となっているので、次の命令が実行され「TRUE.」と表示されます。また、条件を「0」に変更すればelse以下の命令が実行され「FALSE.」と表示されます。

○ リスト 2-4-9　if 文で条件によって処理を変えるプログラム

```
void setup() {
  Serial.begin( 9600 );
}

void loop() {
  if ( 1 ) {
     Serial.println ( "TRUE." );
  } else {
     Serial.println ( "FALSE." );
  }
}
```

条件式が 0 か 0 以外で実行する処理が変わる

0 以外の場合に実行

0 の場合に実行

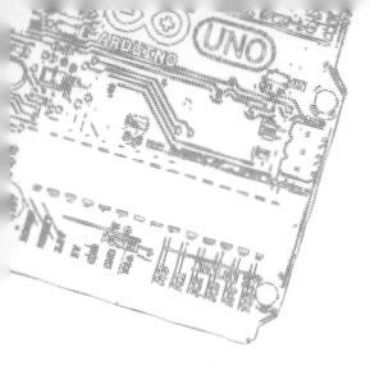

if文の条件には、「条件式」を利用できます。たとえば、変数「value」の値が「100」であるか、「1000」以上であるかなどを判断し、条件式が成立していれば「1」(TRUE)、成立していない場合は「0」(FALSE)を返すことができます。条件には**表2-4-3**のような条件式が利用できます。

たとえば、変数valueの値が100以上であるかを判断したい場合には次のように条件式を記述します。

```
value >= 100
```

○表2-4-3　条件式に利用できる比較演算子

比較演算子	意味
A == B	AとBが等しい場合に成立する
A != B	AとBが等しくない場合に成立する
A < B	AがBより小さい場合に成立する
A <= B	AがB以下の場合に成立する
A > B	AがBより大きい場合に成立する
A >= B	AがB以上の場合に成立する

さらに複数の条件式を合わせて判断することもできます。たとえば、数値が特定の範囲内であるかや、光センサの状態とスイッチの状態を合わせて判断することなどが可能です。この際、条件式には**表2-4-4**に示した演算子を利用します。

たとえば、100から200の間であるかを判断するには「&&」演算子を利用することで表現できます。

```
( value >= 100 ) && ( value <= 200 )
```

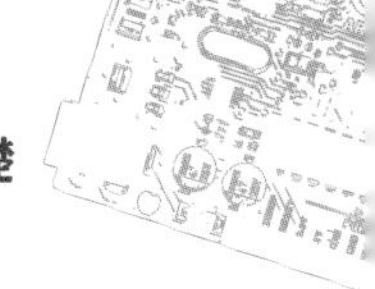

○ 表 2-4-4 複数の比較演算子を合わせて判別できる演算子

演算子	意味
条件式 1 && 条件式 2	両方の条件式が成立している場合のみ成立する
条件式 1 || 条件式 2	どちらかの条件式が成立した場合に成立する
! 条件式	条件式の判断が逆になる。条件式が不成立な場合に成立したことになる

リスト 2-4-10 は、条件分岐を利用したプログラムの例です。プログラムではvalueに格納した値を確認し、正の数であれば「Positive」、負の数であれば「Negative」、0であれば「Zero」と表示します（**図 2-4-6**）。valueの値を変更してプログラムを書き込んで、変化があるか確認してみましょう。

○ リスト 2-4-10 条件式を利用した条件分岐プログラム

```
void setup() {
  Serial.begin( 9600 );
}

void loop() {
  int value;

  value = 136;  ← 判断する数値を入れる

  if ( value > 0 ) {  ← 0よりも大きいかを確かめる
    Serial.println ( "Positive" );  ← 正の数の場合に実行
  } else if ( value < 0 ) {  ← 0よりも小さいかを確かめる
    Serial.println ( "Negative" );  ← 負の数の場合に実行
  } else {
    Serial.println ( "Zero" );  ← 正の数でも負の数でもない場合に実行
  }
}
```

○ 図 2-4-6　条件式を利用した条件分岐プログラムの実行結果

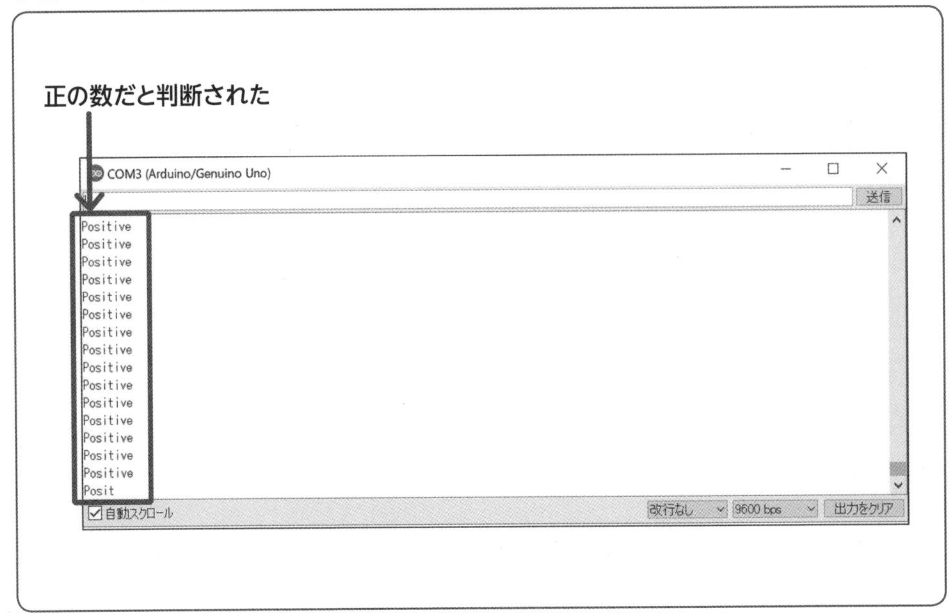

繰り返し同じ処理を実行する「繰り返し」

条件分岐と同様に、重要な処理の１つに「繰り返し」があります。繰り返しとは同じ処理を何度も繰り返し実行できる文のことです。スイッチやセンサなどの状態を逐次確認したり、LEDを点滅したりする場合などは、繰り返し同じ処理を実行することで実現します。

条件を満たしている間繰り返す「while」文

代表的な繰り返し文として「while」があります。whileは、括弧内にある条件が満たされている間、その後の「{ }」内に記述した命令を繰り返し処理し続けます。条件が合わなくなると繰り返しをやめ、「{ }」の後ろの処理に移ります。

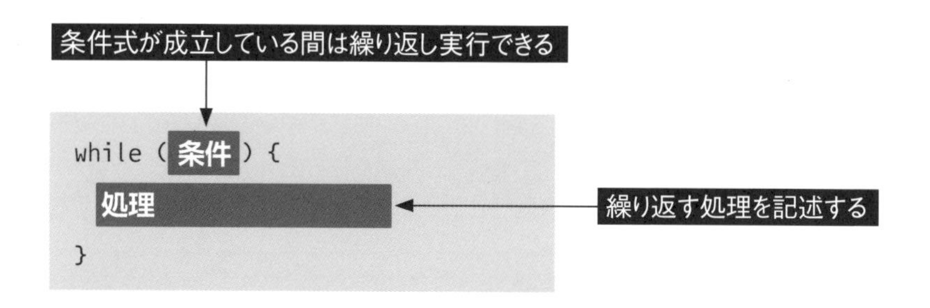

たとえば、0から10までカウントするプログラムは**リスト2-4-11**のように作成します。変数「count」を準備して、while文の前に0を設定しておきます。繰り返しの条件は、「count <= 10」とし、countが10以下の場合は繰り返すようにします。現在のcountの値を表示した後に、countに1を加えます。こうすることで、countが11になると、条件を満たさなくなり、繰り返しを抜けます。

プログラムを転送すると**図2-4-7**のようにカウントが表示されます。

○ リスト2-4-11　0から10までカウントアップするプログラム

```
void setup() {
  Serial.begin( 9600 );
}

void loop() {
  int count;

  count = 0;
  while ( count <= 10 ){
    Serial.println( count );
    count = count + 1;
  }
}
```

- `count = 0;` ← カウントに利用する変数を0に設定する
- `while ( count <= 10 ){` ← countが10以下の場合は繰り返し続ける
- `Serial.println( count );` ← countの値を表示する
- `count = count + 1;` ← countの値を1増やす

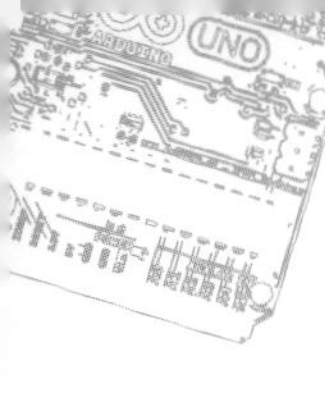

○ 図 2-4-7　カウントアッププログラムの実行結果

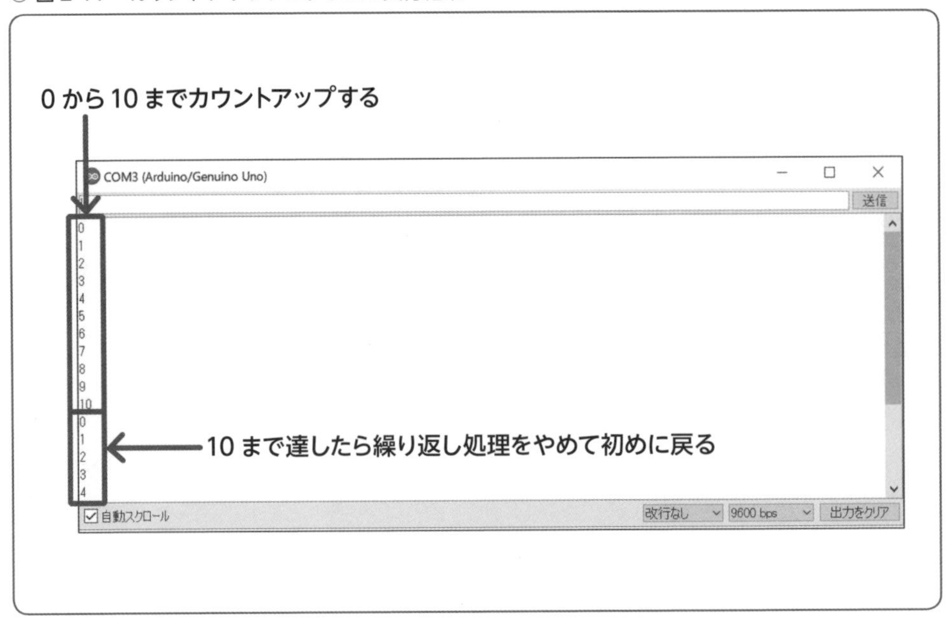

初期化や変数の変更も同時にできる「for」文

while 文の例では、繰り返しの前に count を 0 に初期化して、繰り返す処理を実行した後に count の値を変更しました。繰り返し処理ではこのように変数の初期化と変数の値の変更をセットで記述することが多くあります。このような繰り返しは「for」文を利用すると簡略化した形式で記述できます。

for 文では、その後ろの括弧に繰り返しの条件のほか、初期化や変数の値の変更についても記述します。for を使えば、リスト 2-4-11 のプログラムは**リスト 2-4-12** のように簡略化して表すことができます。

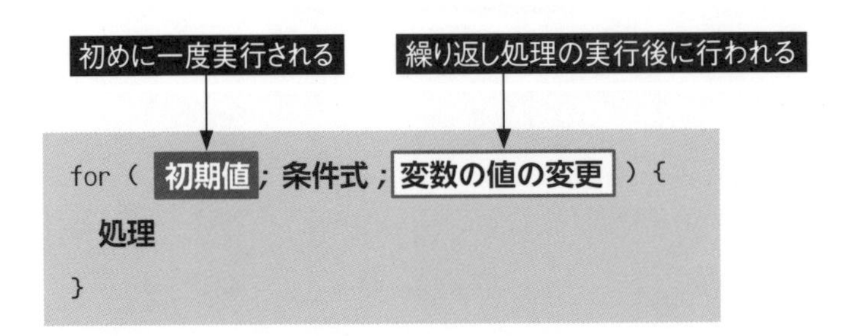

○ リスト 2-4-12 while 文を for 文に置き換えたプログラム

```
void setup() {
  Serial.begin( 9600 );
}

void loop() {
  int count;

  for ( count = 0; count <= 10; count = count + 1 ){
    Serial.println( count );
  }
}
```

繰り返しを始める際にcountに0を入れる

繰り返し続ける条件

繰り返し処理をした後にcountの値を1増やす

特定の機能をまとめる「関数」

プログラムでは、同じような処理を何度も実行することがあります。たとえば、温度センサから計測値を取得して、実際の温度に変換するといった処理などです。さまざまな場所で温度の値を使う場合、温度を使いたい場所に温度センサから値を取得する処理、取得した値を温度に変換する処理をいちいち記述する必要があります。

このような場合は、よく利用する処理を「関数」としてまとめておくと便利です。関数とは、プログラムを機能としてまとめておき、必要に応じて呼び出す仕組みのことです。Arduinoの言語では、シリアル通信で文字を表示するなど、さまざまな機能を実現するために関数を呼び出しています。

関数は、ユーザが独自に作成することも可能です。setup( )やloop( )の外側に、次のような形式で記述します。

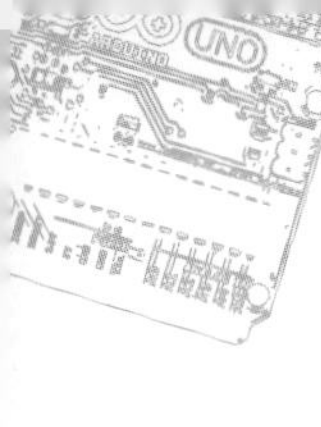

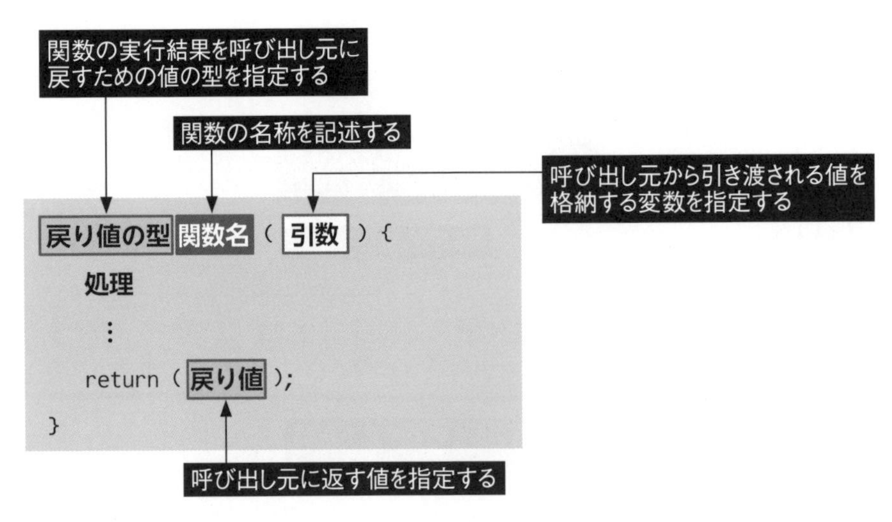

関数は処理した結果を、関数の呼び出し元に引き渡すことができます。たとえば、センサから値を取得する関数であれば、取得したセンサの値を引き渡します。この値の型を関数の初めに「戻り値の型」として指定しておきます。整数値を返す場合は「int」、小数値を返す場合は「float」などです。なお、何も値を返さない場合は「void」を指定します。

次に「関数名」を指定します。関数名は任意の名称でかまいません。しかし、print( )のようにすでに利用されている関数名を指定することはできません。どちらの関数が呼び出されるかわからなくなるため、トラブルの原因になります。

関数名の後ろの括弧内には「引数」を列挙します。引数とは、関数の呼び出し元から関数に引き渡す値のことです。たとえば、2つの値を比較してどちらが大きな値かを返す関数の場合は、比較する2つの値を引数として関数に渡します。引数は「型 変数名」のように記述します。複数の引数を指定する場合はカンマで区切って列挙します。

その後の「{ }」の中に関数の処理の内容を記述します。もし、関数から呼び出し元に値を返したい場合は、「return」文で戻り値を指定します。

たとえば、3つの整数値を比較して一番大きな値を返す関数は**リスト 2-4-13**のように作ります。この関数では、a、b、cの3つの引数で値を受け取り、関数内でif文を利用して一番大きな整数をreturnで返します。また、整数の引数を受け取り、整数の戻り値を返すため、関数の型は「int」です。

○ リスト 2-4-13　関数の利用例

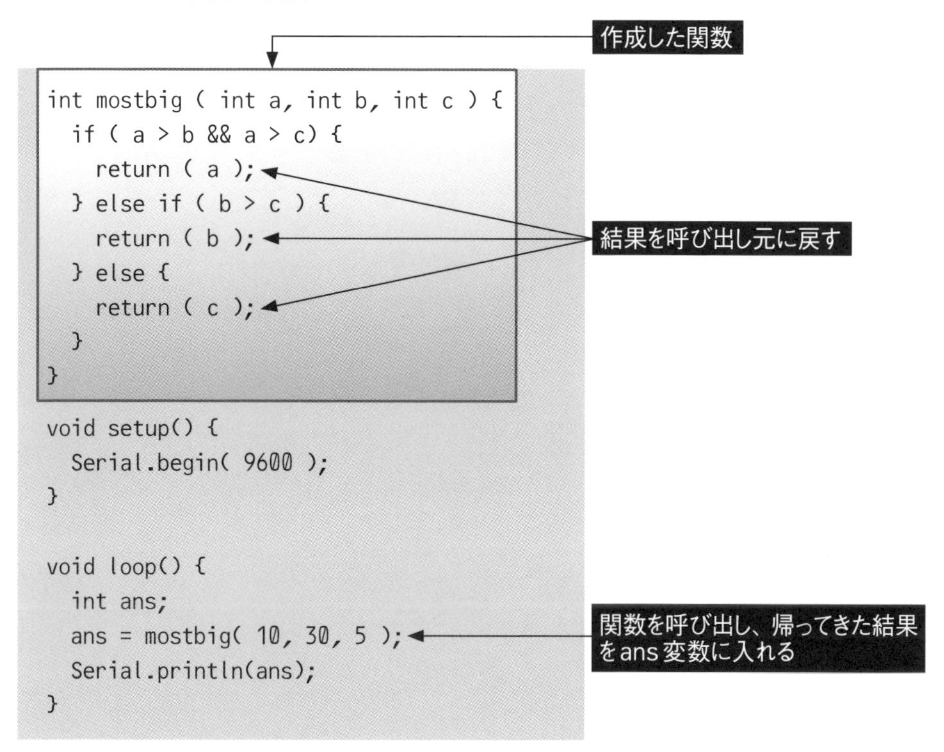


```
int mostbig ( int a, int b, int c ) {
  if ( a > b && a > c) {
    return ( a );
  } else if ( b > c ) {
    return ( b );
  } else {
    return ( c );
  }
}
void setup() {
  Serial.begin( 9600 );
}

void loop() {
  int ans;
  ans = mostbig( 10, 30, 5 );
  Serial.println(ans);
}
```

関数を呼び出すには、関数名と、引数として渡す値を括弧内に記述します。たとえば、10、30、5を引き渡すには、「mostbig(10, 30, 5)」のようにカンマで区切って列挙します。この関数は処理の結果を返すので、「ans」変数をイコールでつなぎ、結果を変数内に格納しています。

Chapter 3

電子回路を制御

Arduinoを使えば、さまざまな電子パーツを制御できます。手始めに、LEDを使った電子工作にチャレンジしてみましょう。

3-1 Arduinoで電子パーツを制御
3-2 電気の基礎
3-3 LEDを点灯する
3-4 スイッチの状態を読み取る
3-5 LEDの明るさを変化させる
3-6 暗くなったらLEDを点灯する

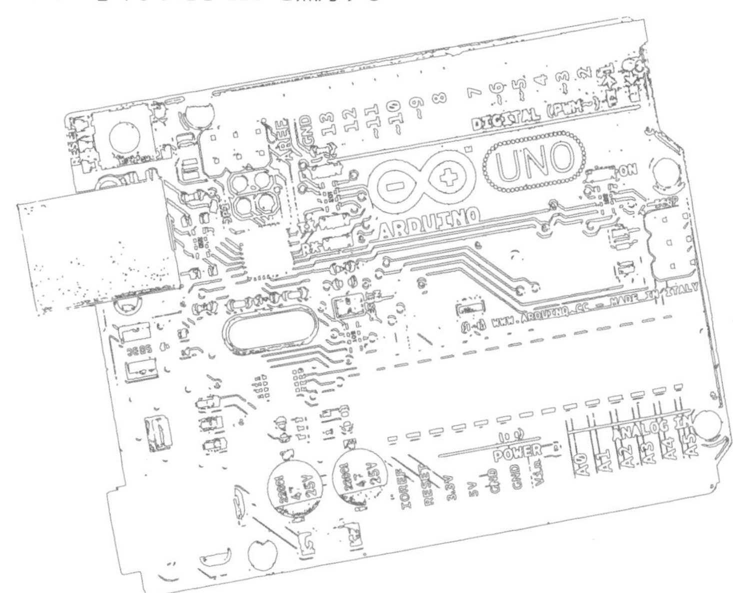

3-1 Arduinoで電子パーツを制御

Arduinoには、デジタルおよびアナログのインターフェースが搭載されています。ここに電子パーツを接続することで、光らせたり、入力したり、周囲の状態を確認したり、動かしたりすることができます。さらに、複数の電子パーツを組み合わせれば工作の用途が広がります。

Arduinoで電子パーツを制御する

Arduinoの主な用途は、電子パーツを動かすことです。電子パーツには、点灯するLEDや、切り替えることができるスイッチ、温度や湿度、距離などを調べるセンサ、ものを動かすモータなどさまざまな種類があります。

これらを組み合わせて制御させることができれば、さまざまな応用につながります(**図3-1-1**)。たとえば、周囲の明るさを調べて暗くなってきたらランプを点灯する、障害物までの距離を調べてぶつかりそうになったら止める、室温を調べて暑すぎる場合は自動的に扇風機を動かす、などさまざまです。

○ 図3-1-1　電子パーツを組み合わせればさまざまな応用につながる

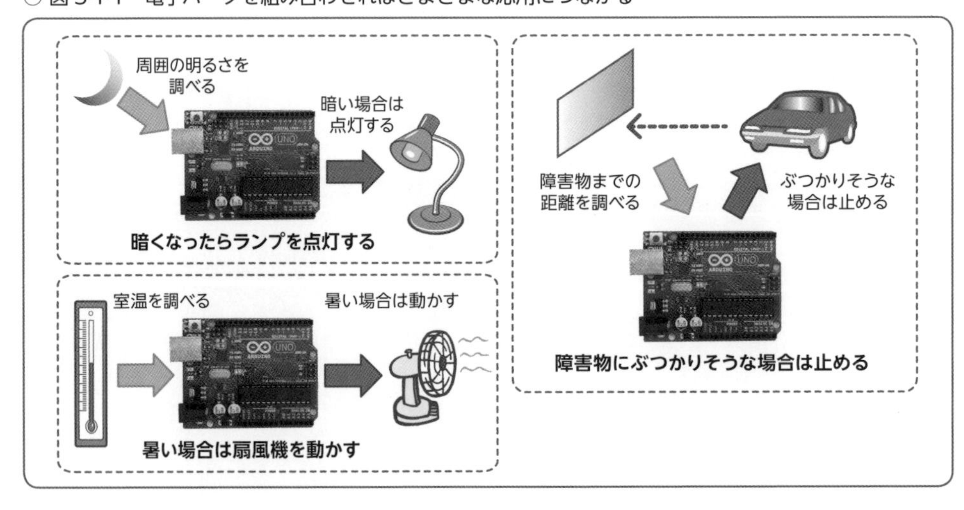

これらの応用は、身の回りにある電化製品で実現されています。たとえば、街灯は周囲の明るさを調べて暗い場合に点灯しています。掃除ロボットは、壁までの距離を調べてぶつからないように移動します。さらに、エアコンは、設定温度に従って室内温度がそれ以上になったときに冷やすようにしています。

これらの制御は、Arduinoが担うことで同等の応用が可能になります。Arduinoでは、電子パーツから送られてきた入力に対し、その内容をもとにプログラムで処理し、結果を他の電子パーツに出力することができます。

Arduinoで電子パーツを扱う場合には、「入力」か「出力」かを理解しておくと作りやすくなります（**図3-1-2**）。たとえば入力は、スイッチやボリュームといった、人が操作する電子パーツや、温度や湿度、明るさ、位置などを調べるセンサに当たります。一方、出力は、光を点灯するLED、文字や絵などを表示する表示器、音を鳴らすスピーカーといった、人に知らせるための電子パーツや、回転するモータ、特定の角度まで動かせるサーボモータなどの電子パーツに当たります。

○ 図3-1-2　Arduinoは各電子パーツを接続して、入力、出力する

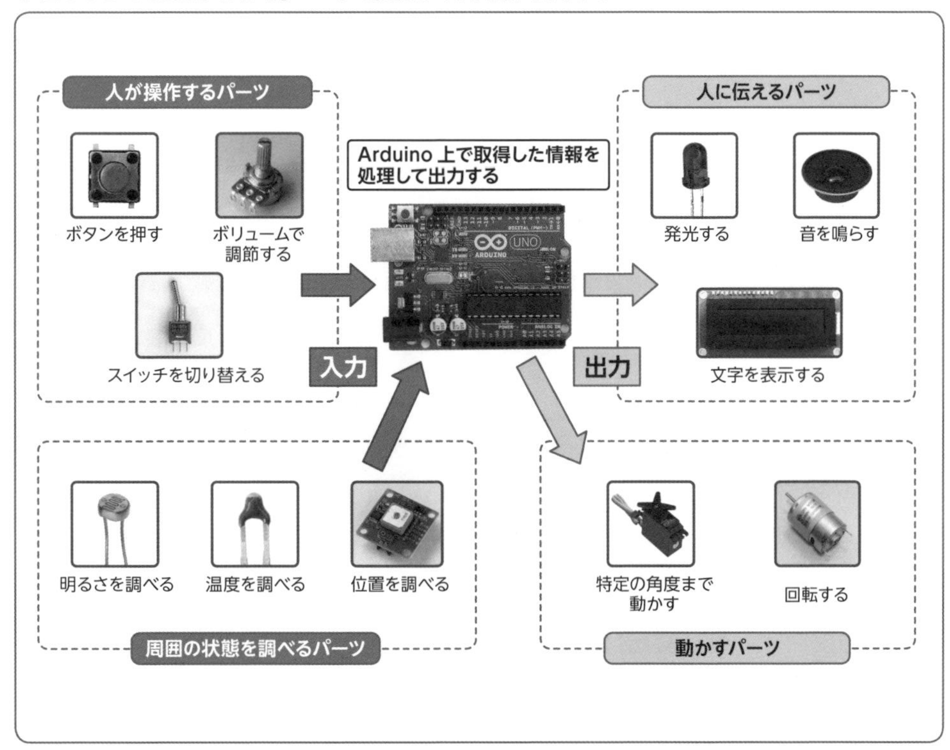

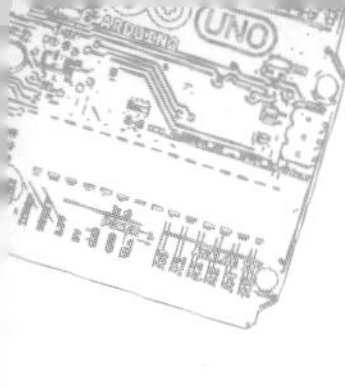

作りたい作品で、何を入力してその結果をどう出力するかを判断できれば、どの電子パーツを選択すればよいかわかります。あとはそれぞれの用途に合った電子パーツを選択するだけです。たとえば、明るさによってLEDを点灯させる場合は、入力は「周囲の明るさを調べる」、出力は「LEDを点灯させる」となります。次に、入力は周囲の明るさを調べられる「光センサ」、出力は「LED」を電子パーツとして選択すればよいことになります。実際にパーツを探す場合は27ページで説明した電子パーツショップで「光センサ」や「LED」と検索すると関連する製品が表示されます。ここから利用したい電子パーツを購入しましょう。

Arduinoで入力、出力をする

電子パーツをArduinoで制御するには、利用する電子パーツをつなぐ必要があります。Arduinoでは、電子パーツをつなげるインターフェースが用意されています（**図3-1-3**）。Arduino Unoの上部と下部に32個のソケット状の端子が搭載されており、ジャンパー線を利用して電子パーツなどに接続することが可能です。

○図3-1-3　Arduinoに搭載されているインターフェース

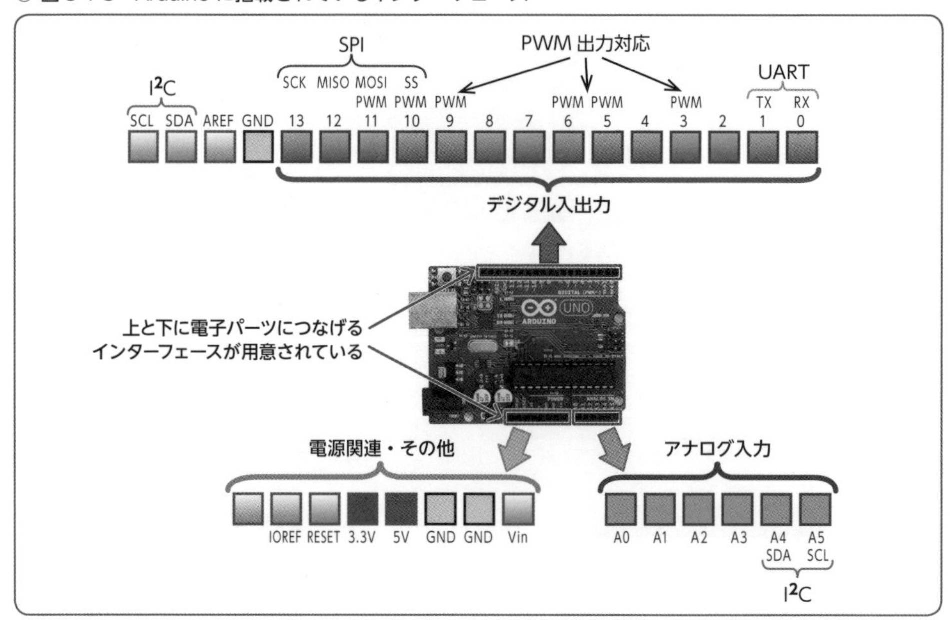

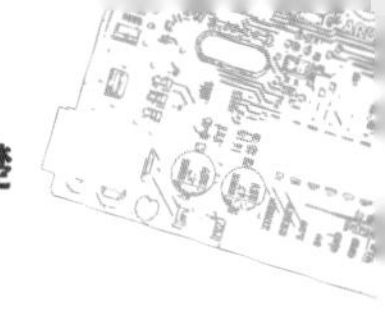

Arduinoのインターフェースはそれぞれの用途が決まっています。「DIGITAL」と書かれた上部の右端から14個の端子はデジタル入出力に利用します。オン、オフを切り替えたり、電圧が高いか低いかの2つの状態を調べたりする用途に利用します（107ページ、117ページを参照）。「ANALOG IN」と書かれた右下の6本の端子はアナログ入力に利用します。デジタル入力とは異なり、電圧の高低まで測ることが可能です（131ページを参照）。

「POWER」と書かれた左下には、電源関連の端子が並んでいます。電池のように電圧を出力できるのが「3.3V」と「5V」です。それぞれ3.3V、5Vの電圧が出力されます。電池の－（マイナス）側に当たるのが「GND」です。この端子は0Vとなります。GNDはPOWERに2端子、DIGITALに1端子ありますが、どこに接続しても同じ効果があります。

端子によっては他の用途に切り替えて利用することも可能です。DIGITALの端子番号の横に「～」が付いている端子は、擬似的なアナログ出力ができる「PWM」での出力に切り替えられます（125ページを参照）。また、DIGITALの0番、1番端子は2本の配線で通信できる「UART」に切り替えて利用できます。

ICなどの電子パーツとの間でデータのやりとりができる通信規格である「I^2C」や「SPI」での通信もArduinoで利用できます。I^2Cの場合は、DIGITALの右側にある「SDA」と「SCL」端子に接続します（145ページを参照）。また、ANALOG INのA4、A5端子をI^2Cの用途に切り替えることもできます。

通信規格のSPIを利用する場合は、DIGITALの10から13番端子を切り替えて接続します（148ページを参照）。

Arduinoの各端子に電子パーツを接続する場合には、Arduinoの電源を切った状態で差し込むようにします。もし誤って配線してしまうと、思わぬ電気がArduinoや電子パーツに流れ込んで破壊してしまう恐れがあるためです。電源を切るにはUSBケーブルとACアダプタをArduinoから抜いておきます。

3-2 電気の基礎

Arduinoで電子パーツを制御するには適切な接続が必要です。電気の基本中の基本を押さえておくことが、正しく電子パーツを利用する手助けとなります。

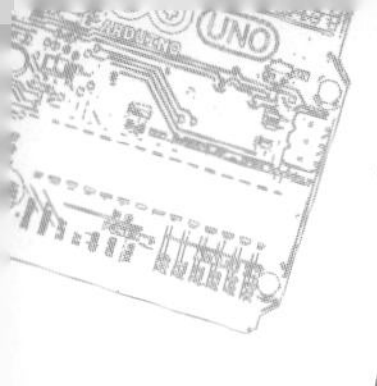

電子パーツは電気で動作する

LEDなどの電子パーツは、電気を供給することで点灯させるなどの動作が可能になります。たとえば、電球やモータであれば、電池の＋（プラス）側と－（マイナス）側に配線をつなぐだけで、点灯や回転をさせることができます（**図3-2-1**）。

○ 図3-2-1　電子パーツを電源につなぐと動作する

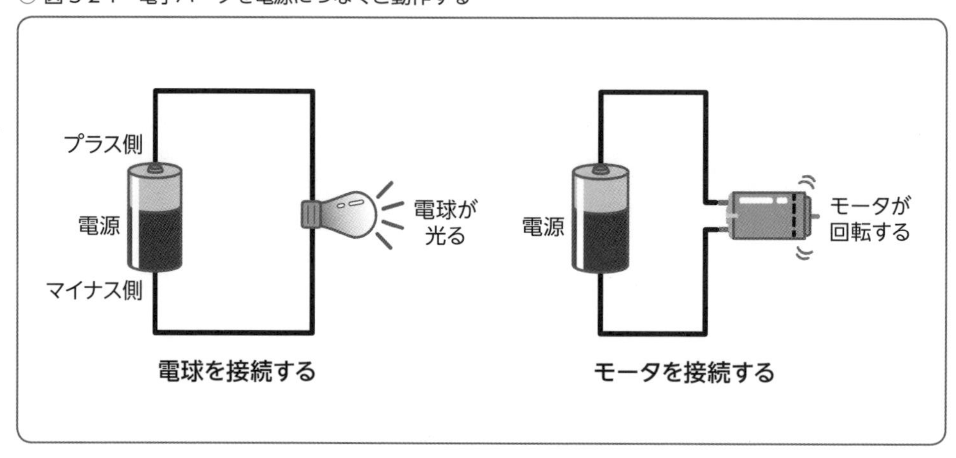

しかし、やみくもに電子パーツを電源やArduinoにつなぐだけでは正しく動作しません。場合によっては、発熱したり壊れたりする恐れもあります。発熱している電子パーツに不用意に触れてしまえばやけどする危険性があります。また壊れてしまえばたとえ正しく接続し直しても動かなくなってしまいます。このため、電子パーツを正しく接続して制御する必要があります。

正しく接続するには、電子パーツの使い方だけでなく、基本的な電気の特性の理解が必要です。電気の特性がわかっていれば、誤った接続をする恐れが少なくなるほか、回路の応用の方法も理解できます。たとえば、本書では1個のLEDの制御方法を説明しますが、電気の特性がわかれば複数のLEDの点灯方法も理解可能です。

ここでは、電気の基本の基本となる、「電流」「電圧」「抵抗」の3つの言葉の意味と、2つの電気の法則､1つの計算式について説明します。これらを知っておくだけでもさまざまな応用につながります。

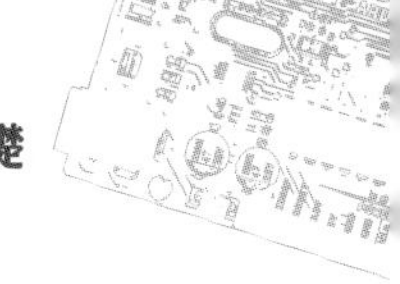

これだけは知っておきたい電気の用語

電気でよく利用される用語として「電圧」「電流」「抵抗」の3つがあります。それぞれについて意味を理解しておきましょう。

電気が流れる「電流」

電気は金属製の導線内に「電荷」と呼ばれる電気のもとが流れています。プラスの電気を帯びた電荷を「プラス電荷」、マイナスの電気を帯びた電荷を「マイナス電荷」または「電子」といいます。この電荷が導線内のどの程度流れているかを表すのが「電流」です（**図3-2-2**）。流れる電荷の量が多くなれば電流が大きくなり、少なくなれば電流が小さくなります。

○ 図3-2-2　金属内の電荷の流れが「電流」

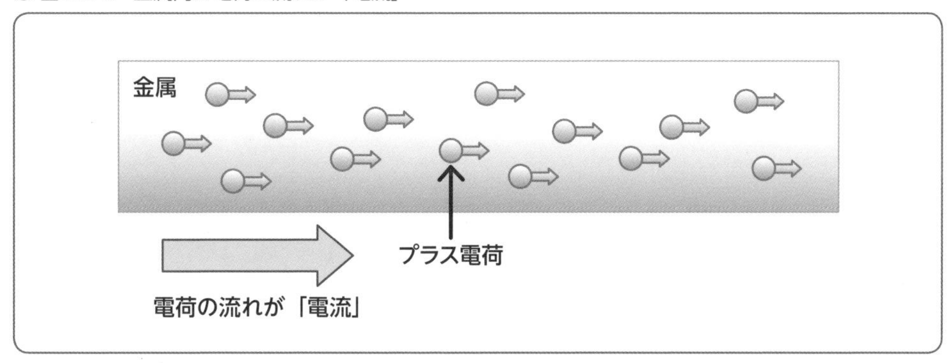

電流は電子パーツにどの程度電気を送り込めるかを示しています。たとえば、LEDにたくさんの電流が流れればその分明るく光ります。逆に電流が少ないと暗くなったり動作しなくなったりします。

電流は「A（アンペア）」という単位を使って数値化します。家庭内にあるブレーカーに「30A」と記載されていたり、モバイルバッテリの容量に「5000mAh」と記載されていたりするのを見たことがあるかもしれません。これは、ブレーカーであれば30Aまでの電流を流すことができることを表し、モバイルバッテリであれば1時間で5000mAの電流を流すだけの電気をためることができることを表しています。

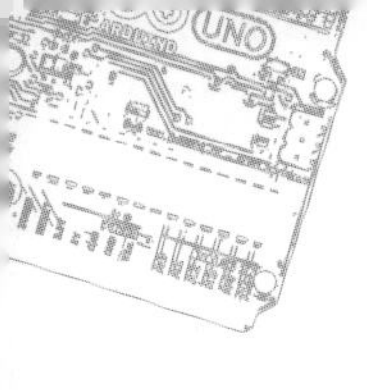

一般的に電子回路では数mA（千分の一）から数百mA（十分の一）程度の電流を流して動作させます。そのため、1Aは非常に大きな電流であると覚えておきましょう。もし、1Aもの電流が流れている場合は、配線が間違っているなどの恐れがあるため、すぐに動作をやめて確認してください。

なお、電流はプラス電荷の流れる方向を表しています。電池を接続した場合、プラス側からマイナス側に向かう方向が電流の流れる方向です。一方、マイナス電荷（電子）は電流とは逆方向に流れます。

COLUMN 導線内は「電子」が動く

電流はプラス電荷の流れだと説明しましたが、実際にはプラス電荷は導線内を流れません。金属はたくさんの原子で構成されています。それぞれの原子には中心にプラスの電気を帯びている原子核があり、その周りをマイナスの電気を帯びている電子が回っています。例えると、地球と月のような惑星と衛星の関係に似ています。電気が流れるとき、原子核はその場にとどまり、周りを回っている電子が別の原子に移動します。この電子の動きが電流となり、実際の電気の流れからすれば電流は逆方向に向いていることになってしまいます。

これは歴史的に電流のほうが先に定義されたことに由来します。電流が定義された1752年当時に、雷から電気現象が発見されました。当時の実験には電気をためるライデン瓶という瓶を利用しました。この瓶の中には毛皮と琥珀を取り付けてあります。雷雨の際にライデン瓶をたこで上空に上げると、毛皮に電気がたまる現象が発見されました。また、電気のたまっている毛皮に琥珀をくっつけるとたまっていた電気がなくなりました。このとき、毛皮側にたまった電気をプラス、電気が失われた琥珀側をマイナスと定義したのです。また、毛皮側から琥珀側に電気が流れているとみなし、電流はプラスからマイナスへと流れると決めています。

後世になり原子や電子が見つかり、実際に流れているのは電子とわかりましたが、電流はすでに定着して利用されていたため、電流の向きは電子の動きとは逆の向きとしたまま利用されています。

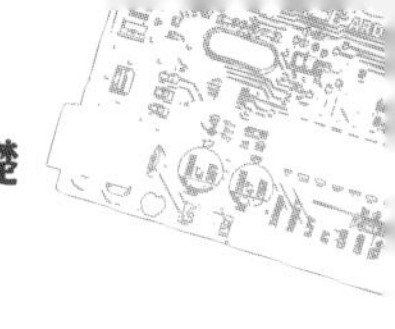

電気を押し出す力を表す「電圧」

電流は電荷の流れですが、何らかの力を加えなければ電荷は移動しません。電気的な力を金属にかけることで、電荷は金属内を移動して電流が生まれます。この電荷を動かす（押し出す）力のことを「電圧」と呼びます（**図3-2-3**）。電池や宅内に付いているコンセントは電気を押し出す力を供給しており、ここに電子機器などをつなぐことで、電流が流れて動作させることができます。

○ 図3-2-3 電荷を押し出す力を表す「電圧」

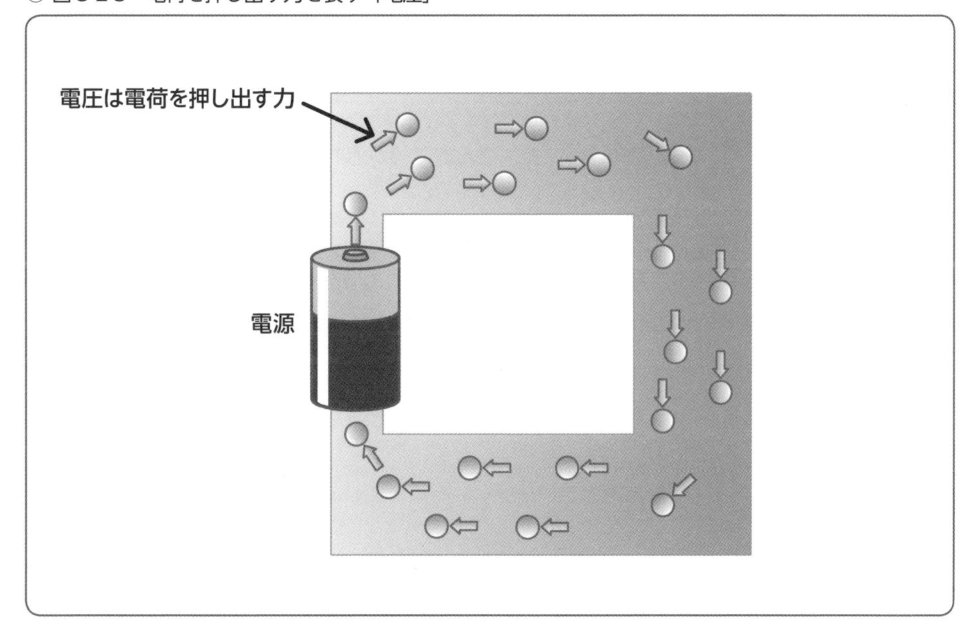

電圧は「V（ボルト）」という単位を使って数値化します。電圧が大きければ大きいほど押す力が大きくなり、たくさんの電流を流すことができます。電池であれば1.5V、家庭用のコンセントであれば100Vと、家庭用コンセントのほうがたくさんの力を加えられることがわかります。

電子回路では、数V程度の電圧を利用するのが一般的です。多くの電子パーツは数V程度の電圧にしか対応できず、100Vと大きな電圧をかけてしまうと、壊れてしまいます。このため、電子パーツにかける電圧には注意する必要があります。

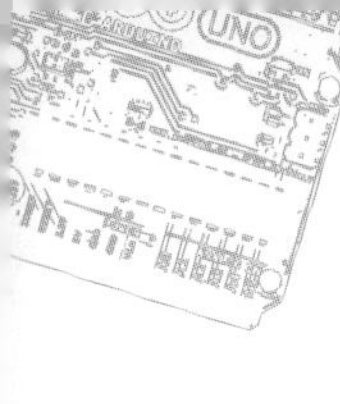

電気の流れを抑止できる「抵抗」

ホースで水を流すとき、太いホースと細いホースでは、細いホースのほうが太いホースより流れる水の量が少なくなります。これは、細いホースは水が流れる場所が狭く、水の流れを阻害するためです。

同じように、電気でも電荷の流れやすいものと流れにくいものがあります。それぞれの物質には電気的な「抵抗」が存在し、抵抗が大きいほど電荷が流れにくくなります（**図3-2-4**）。金属は抵抗値が小さく、電荷をたくさん流すことができますが、石やガラスなどは抵抗値が非常に大きいため、電荷がほとんど流れません。

○ 図 3-2-4　電荷の流れを邪魔する「抵抗」

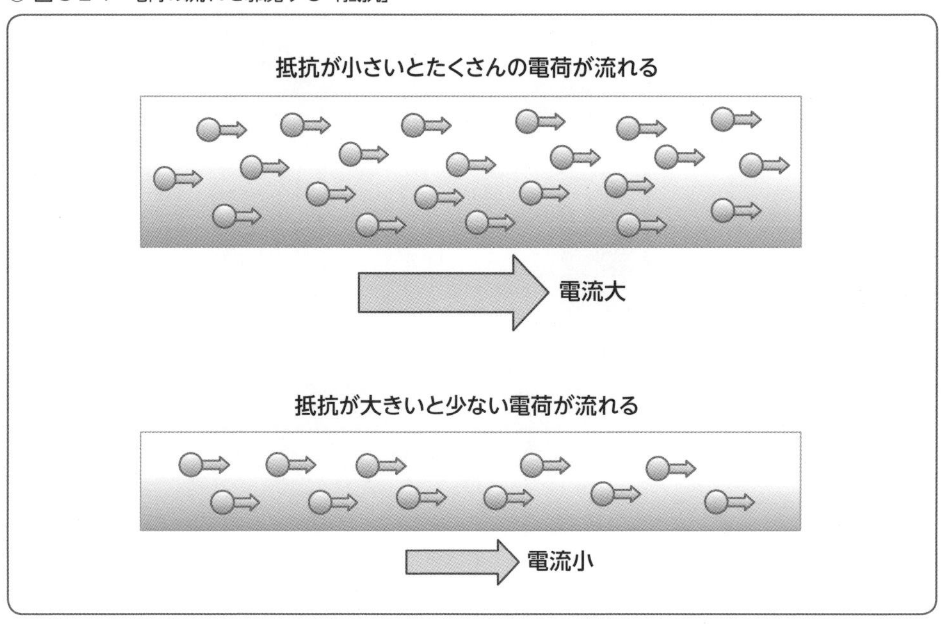

物質の抵抗は「Ω（オーム）」という単位で数値化されます。1Ωのように抵抗値が小さいと電流がたくさん流れ、1MΩ（百万Ω）だと微量な電流しか流れないことになります。

なお、電子工作では、意図的に電気を流れにくくする「抵抗」という電子パーツを回路内に接続し、意図する電流が流れるようにします。

これだけは知っておきたい電気の法則

電気の法則として知っておきたいのが電圧と電流の法則です。電圧や電流の計算に使うので覚えておきましょう。

電子回路では、複数のパーツを並べて接続する「直列接続」と平行につなぐ「並列接続」があります（**図3-2-5**）。接続する方法によって、それぞれの電子パーツにかかる電圧や流れる電流が変わります。この際、電流と電圧の法則を覚えておけば、どの程度電圧がかかるかなどを知ることができます。

○図3-2-5　直列接続と並列接続

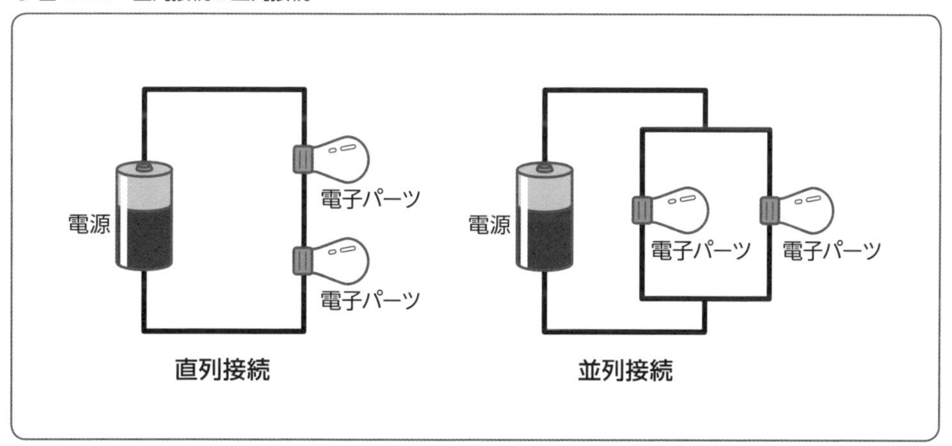

電流の法則

電流は電荷が流れる量を表します。豆などの粒に例えると、どの程度豆の粒が流れているかが電流に当たります。

電子パーツを直列に接続した場合、どちらの素子にも同じ電流が流れます（**図3-2-6**）。これは、1本の坂に豆を流した場合、上の部分でも下の部分でも同じ数の豆が流れるのと同じで、電流が増減することはありません。たとえば、電池から20mAの電流が流れ出している場合、直列接続された電子パーツAとBはどちらも20mA流れます。

○ 図 3-2-6　直列接続時の電流の関係

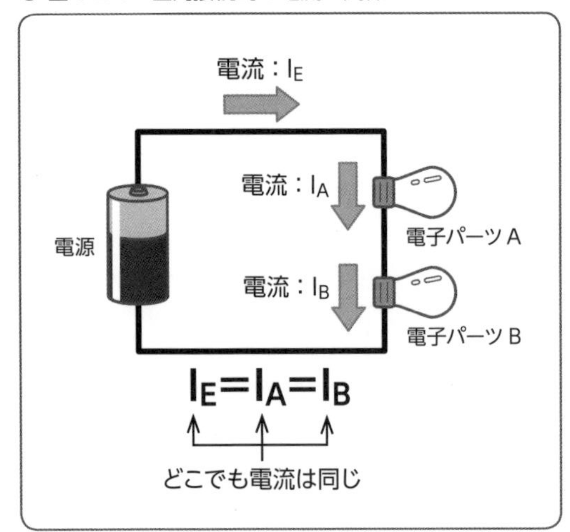

一方、並列回路の場合は、分岐点で流れていた電流が分かれます（**図 3-2-7**）。このため、分かれる前の電流と分かれた後の電流の総和は等しくなります。流れる道に分岐があると、流れてきた豆はどちらかに流れます。分かれるだけで増えたり減ったりはしないので、流れる前の豆の数と、分かれた後の豆の数の総和は同じになります。たとえば、分かれる前の電流が 20mA の場合、電子パーツ A に 5mA 流れれば、電子パーツ B には 15mA 流れることになります。

なお、この電流の法則は「キルヒホッフ第 1 法則」と呼びます。複数の配線が交わった点の電流の流入（正の数）と流出（負の数）の総和は 0 となることを定義しています。

○ 図 3-2-7　並列接続時の電流の関係

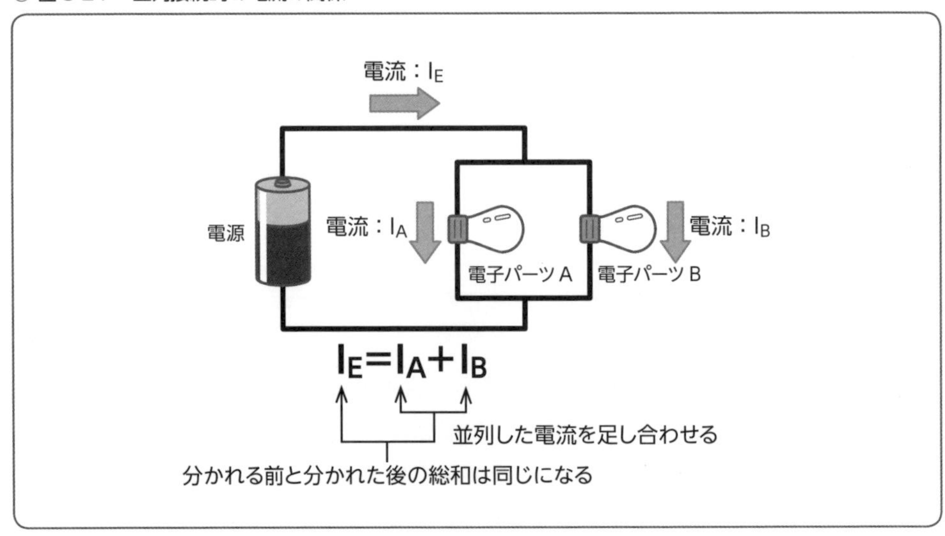

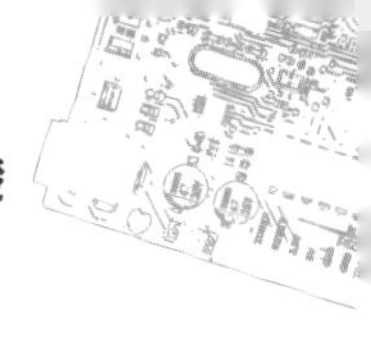

電圧の法則

電圧についても直列、並列接続でそれぞれの素子にかかる電圧が変わります。

電子パーツＡとＢを並列接続した場合、どちらの電子パーツにも同じ電圧がかかります（**図 3-2-8**）。これは、高さで考えるとわかりやすくなります。Ａという道とＢという道があり、ある地点で分かれた場合、その後、麓までの道の高低差はＡの道でもＢの道でもどちらも同じです。たとえば、電源の電圧が5Vで、電子パーツＡと電子パーツＢを並列接続した場合、どちらの電子パーツにも5Vの電圧がかかることになります。

○ 図 3-2-8　並列接続時の電圧の関係

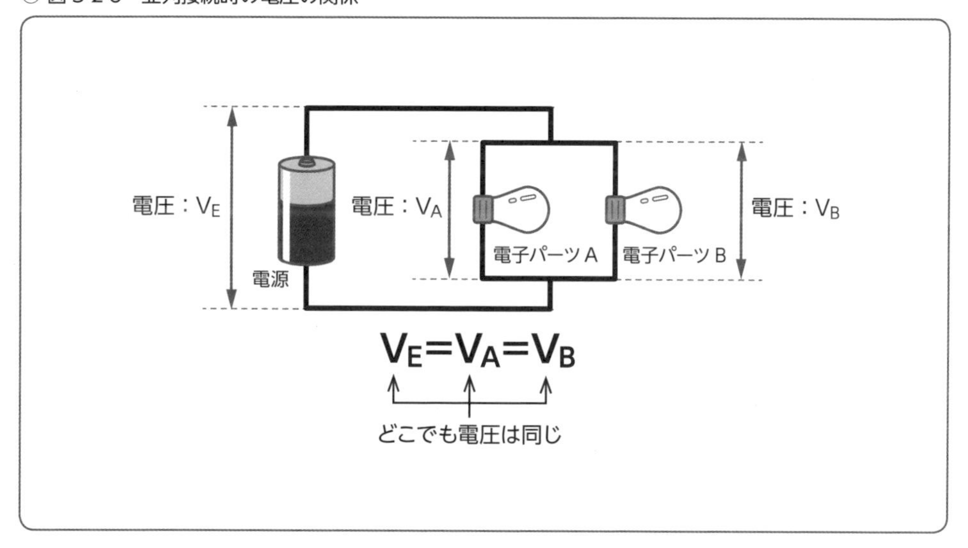

一方、電子パーツを直列接続した場合は、それぞれの電子パーツにかかる電圧の総和が電源と同じ電圧になります（**図 3-2-9**）。これは、一本道の坂を２つの区間に分けた場合、それぞれの区間を足し合わせた高さが上から下った高さと同じになるからです。たとえば、5Vの電源を接続した場合、電子パーツＡの電圧が2Vならば電子パーツＢの電圧は3Vとなります。

なお、この電圧の法則を「キルヒホッフ第２法則」と呼びます。切れ目がなく１周する回路は、回路上の電圧の総和は０となることを定義しています。

○ 図 3-2-9 直列接続時の電圧の関係

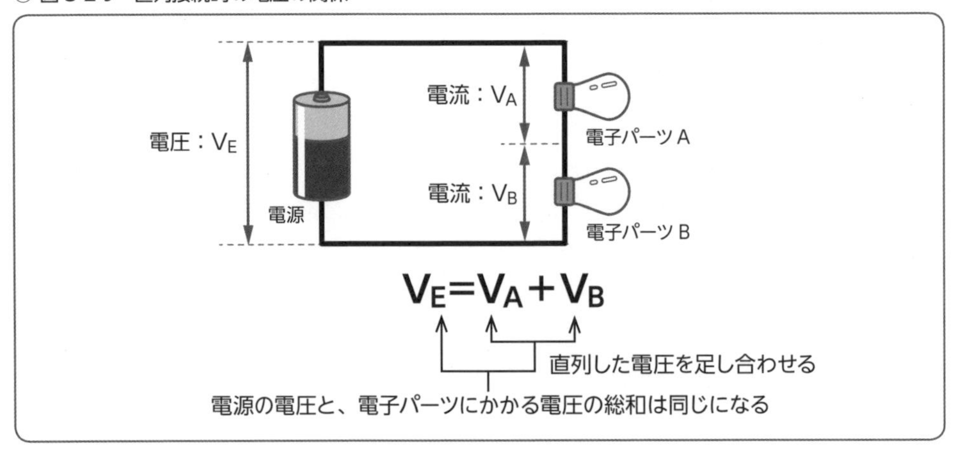

これだけは知っておきたい電気の計算式

電子回路を利用するにはさまざまな計算をして、適切な電子パーツを選択します。このとき、最も大切でよく利用する計算式として「オームの法則」があります。この法則を知っておくだけで、多くの電子回路の計算ができるようになります。

オームの法則とは、電圧と電流、抵抗についての関係を示した式です。ある素子に電圧をかけた場合、流れる電流と素子の抵抗を掛け合わせた数が電圧と等しくなります（**図 3-2-10**）。この式を知っておけば、電圧、電流、抵抗のうち２つがわかっていれば、残りのもう１つも計算式から導き出すことができます。

○ 図 3-2-10 素子にかかる電圧と流れる電流、抵抗の関係

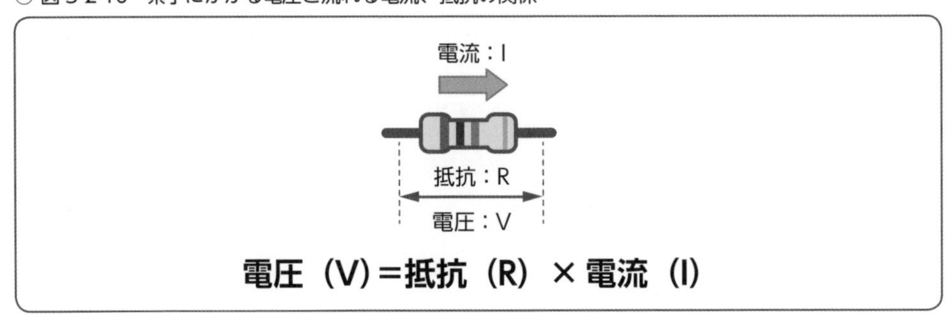

たとえば、抵抗が100Ωの素子に10mAの電流が流れた場合は、次のように計算でき、かかる電圧は「1V」と求まります。

$$100\Omega \times 10mA = 100\Omega \times 0.01A = 1V$$

このとき、電流がmAであればAにしてから計算します。

また、電流を求めたい場合は電圧を抵抗で割ります。5kΩの抵抗を持つ素子に5Vの電圧をかけた場合、次のように計算でき、電流は「1mA」と求まります。

$$5V \div 5K\Omega = 5V \div 5000\Omega = 0.001A = 1mA$$

このとき、抵抗の値がkΩ単位である場合は、Ω単位（kΩの数値部分を1000倍した値）にしてから計算します。

ただしオームの法則が成り立つのは、抵抗といった一部の電子パーツに限ります。LEDといった電子パーツでは利用できないので注意しましょう。

オームの法則は、LEDに接続する抵抗を求める際などに利用します。

3-3 LEDを点灯する

Arduinoでは、LEDといった電子パーツのオン、オフを切り替えるデジタル出力に対応しています。オン、オフを制御できるため、明かりを点灯する、モータを動かすなどさまざまな用途に活用できます。

オン、オフを出力して電子パーツを制御する

家庭の照明などは、壁面に取り付けたスイッチのオン、オフを切り替えることで、点灯したり消灯したりすることができます。スイッチを入れることで、照明に電気が流れ、光る仕組みです。

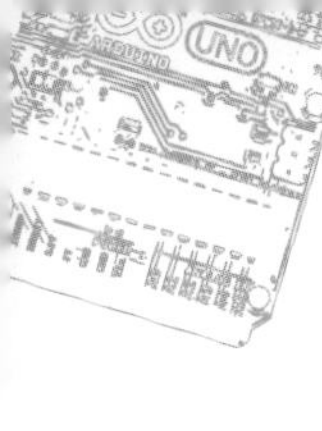

Arduinoでも同様の動作を制御することができます(**図3-3-1**)。LEDといった光る電子パーツの点灯、消灯の制御が可能です。また、LEDだけでなく、モータなどといった電子パーツの動作も制御できます（モータの制御については、150ページを参照)。

○図3-3-1　スイッチのようにArduinoでもオン、オフの制御が可能

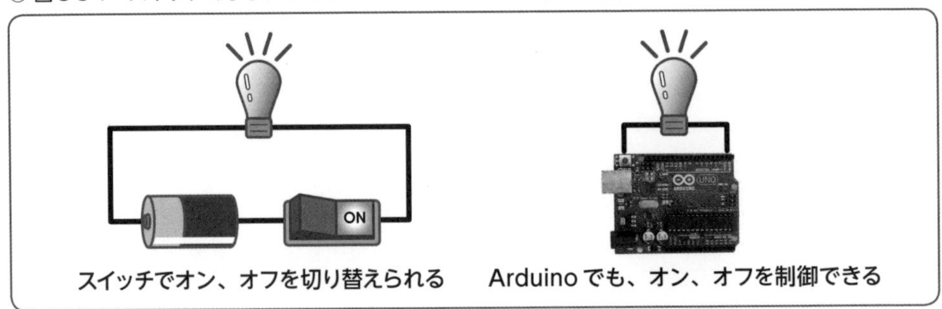

この制御に利用するのが、「デジタル出力」です。Arduinoのデジタル出力では、出力する電圧の状態を5Vか0Vの2通りの状態で出力できます（**図3-3-2**)。たとえば、5Vを出力すれば、LEDなどの電子パーツが電池につながった状態と同じになり、LEDを点灯させることができます。逆に0Vを出力すれば、電池がつながっていないのと同じになり、LEDが点灯しないようにすることが可能です。

○図3-3-2　Arduinoでのデジタル出力

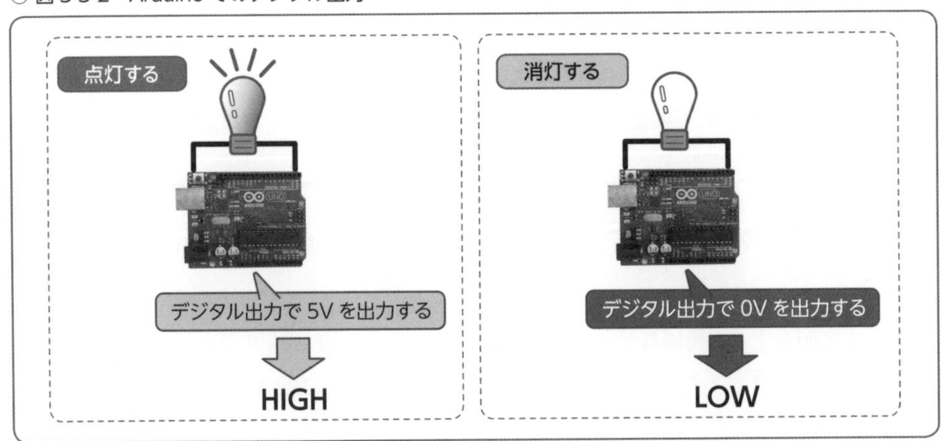

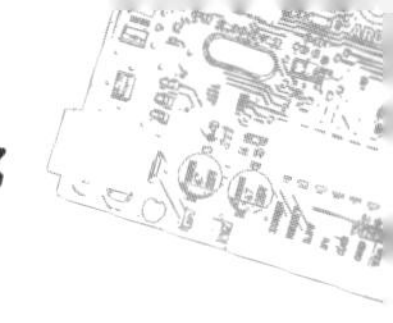

なお、5Vを出力する場合は電圧が高い状態となるため、プログラム内では「HIGH」と表します。逆に0Vの出力は電圧が低い状態となるため「LOW」と表します。

Arduino Unoでは、上部に「DIGITAL」と記載されている端子から出力ができます（**図3-3-3**）。0から13までの14端子が用意されており、それぞれに接続してデジタル出力が可能です。ただし、0番端子と1番端子はパソコンとの通信に利用しているため、通常は利用しないようにします。DIGITAL端子は、後述するデジタル入力やPWM出力、SPI出力にも利用されます。

○ 図3-3-3　Arduino Unoでデジタル出力できる端子

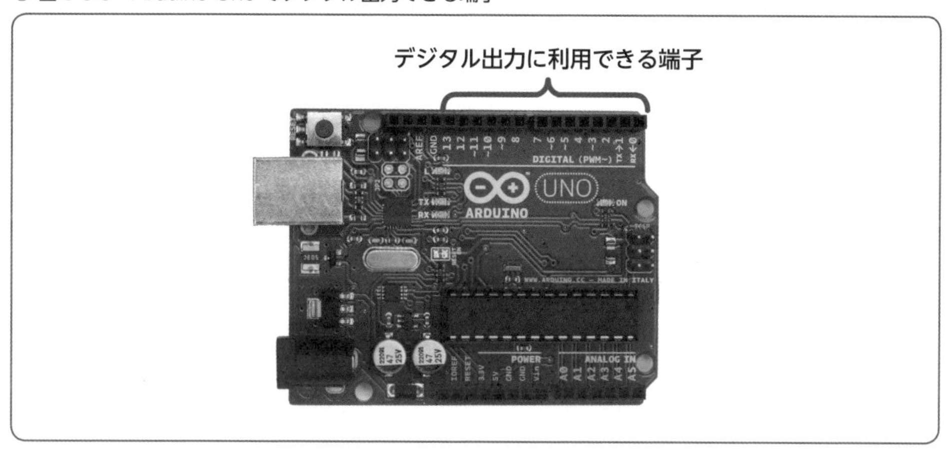

点灯・消灯できるLED

LEDとは、電気をかけることで発光する電子パーツです。最近では電光掲示板や省エネ照明などに利用されており、日常生活で目にしたことがあるでしょう。さまざまなLEDが電子パーツショップで販売されており、赤や青、黄、白といったさまざまな色や明るさで発光します。

LEDは**図3-3-4**のような形状をしています。上部の円筒状の部分の中にLEDの素子が封入されており、ここに電気をかけると発光するようになっています。また、電気をLEDの素子にかけるために2本の端子を備えています。LEDは接続する向きが決まっています。「アノード」と呼ばれる端子に電源の＋側を、「カソード」と呼ばれる端子に電

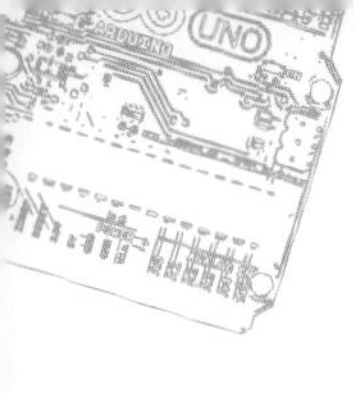

源の－側を接続することで点灯します。もし逆に接続してしまうと、点灯することはできません。なお、逆に接続してもLEDは壊れません。

LEDはアノードとカソードがわかりやすいように、端子の長さが異なっています。長い端子がアノード、短い端子がカソードとなっています。逆に接続しないよう注意しましょう。

○図3-3-4　点灯できる電子パーツ「LED」

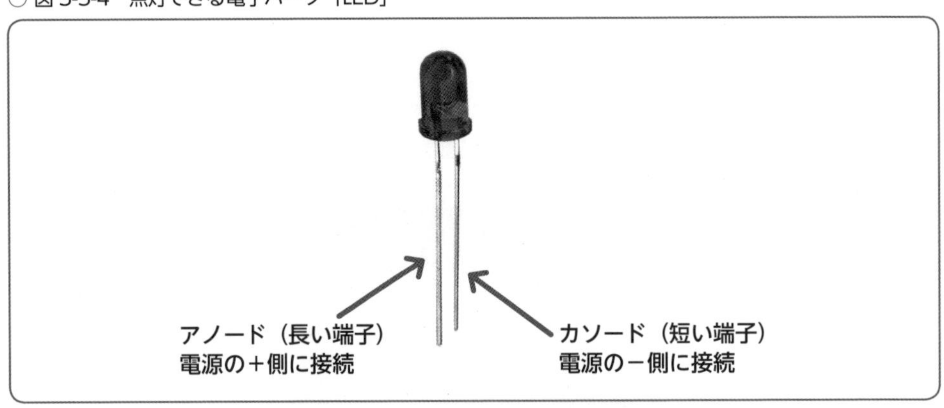

LEDに流れる電流を制限する

LEDはある一定の電圧をかけると点灯を開始します。しかし、点灯を始めるとLEDの内部の抵抗が非常に小さくなり、少し電圧を高くしただけで大量の電流が流れてしまいます。大量の電流が流れすぎると、LEDの素子が壊れてしまいます。また、発熱や発煙をすることもあるため、電流がたくさん流れているときに手で触ってしまうとやけどをする危険性もあります。このため、LEDを点灯するには、適度な電流を流すように制限する必要があります。

LEDに流れる電流を制限するために、LEDと抵抗を直列に接続します。抵抗をつなげることでLEDに電流が流れすぎないようにできます。なお、このような抵抗のことを「電流制限抵抗」と呼びます。

LEDの販売ページやLEDの使い方などが記載されたデータシートには、順電流（If）と順電圧（Vf）が記載されています。この値は、LEDを最もうまく点灯させるためにかける電圧と流れる電流を表します。この値よりも小さな電流の場合は暗くなり、逆に大きな電流が流れると明るくなります。

電流制限抵抗を求めるには、記載された順電圧と順電流の値を利用します。**図3-3-5**のように接続した場合、電流制限抵抗は図内に示した数式で求めることが可能です。

○図3-3-5 LEDに流れる電流を制限する電流制限抵抗の求め方

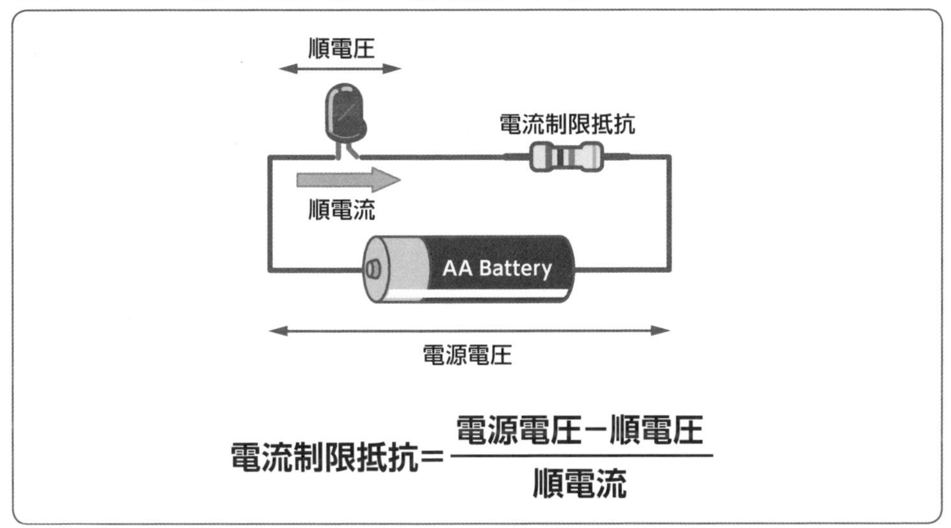

たとえば、順電圧が2V、順電流が20mAのLEDを点灯するのに、5Vの電源を接続した場合は、それぞれの値を式に代入すると、

(5 − 2) ÷ 0.02 = 150

電流制限抵抗は「150Ω」と求まります。ただし、一般的に150Ωの抵抗はあまり利用されません。そこで、150Ωより大きく、150Ωに近い値の抵抗を選択します。たとえば、「220Ω」の抵抗です。逆に低い抵抗を選択すると流れる電流が増えてLEDを壊してしまう恐れがあるため、必ず求めた値よりも大きな抵抗を選択するようにしましょう。

ArduinoでLEDを制御する

では、ArduinoでLEDの点灯制御をしてみましょう。

利用する電子パーツは次のとおりです。このほか、30ページで説明したブレッドボードやジャンパー線が必要となります。

- LED×1個（秋月電子通商「I-11655」、20円）
- 抵抗220Ω×1個（秋月電子通商「R-25221」、100円［100本入り］）

つなぐ抵抗は330Ωなど近い抵抗に変えても問題なく点灯します。ただし、10kΩなど大きな抵抗になると電流が足りずにLEDが点灯しなくなるので注意しましょう。

LEDを接続する

実際にLEDをArduinoに接続しましょう。図3-3-6のように接続します。

○図3-3-6　LEDの点灯制御をする接続回路

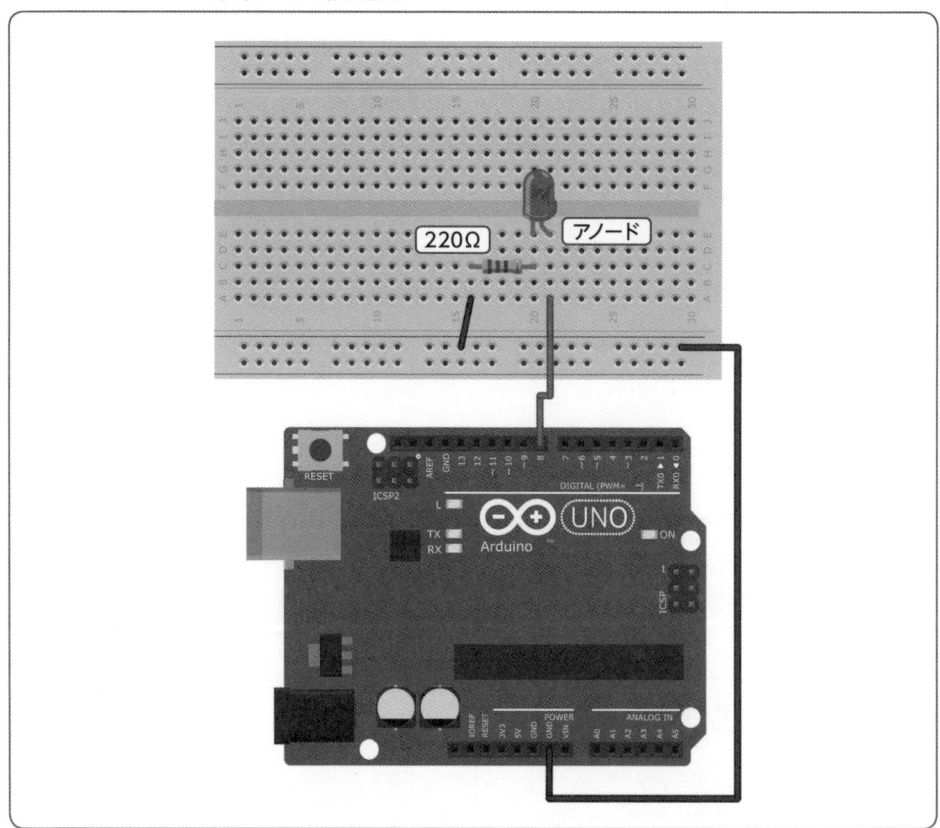

Arduinoでは、デジタル出力の8番端子を利用します。ここからLED、抵抗の順につなぎ、ArduinoのGNDに戻ってくるようにつなぎます。また、前述のようにLEDには端子に役割があります。アノード（長い端子）をArduinoのデジタル出力端子側に、カソード（短い端子）を抵抗側にしてつなぎます。逆に接続すると点灯しないので注意しましょう。

プログラムでLEDを点灯する

回路ができたらプログラムでLEDを点灯させてみましょう。プログラムは**リスト3-3-1**のように作成します。

○ リスト3-3-1 LEDを点滅するプログラム「led.ino」

```
#define   LED_PIN   8  ← LEDを接続したインターフェースを指定する

void setup(){
  Serial.begin( 9600 );

  pinMode( LED_PIN, OUTPUT ); ← LEDを接続した端子をデジタル出力に設定する
}

void loop(){
  digitalWrite( LED_PIN, HIGH ); ← LEDを点灯する
  delay( 1000 ); ← 1秒間待機する

  digitalWrite( LED_PIN, LOW ); ← LEDを消灯する
  delay( 1000 ); ← 1秒間待機する
}
```

初めにLEDを接続したデジタル出力の端子番号を「LED_PIN」に定義しておきます。こうすることで、LEDを接続する端子を変更した場合でも、「LED_PIN」の値を変更するだけで、プログラム内の各処理についても変更内容が適用されます。もし、プログラ

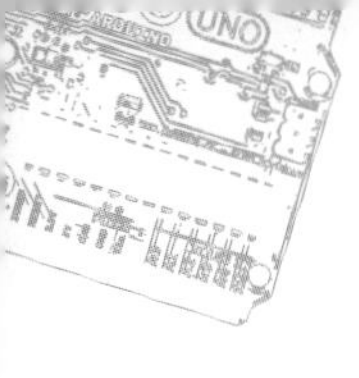

ムのそれぞれの場所で直接端子番号を指定していると、すべてを変更しない限り正しく動作しなくなってしまいます。

setup( )では、デジタル出力端子の動作方法を指定します。デジタル出力は後述するデジタル入力の用途にも利用されます。出力モードにするか入力モードにするかをあらかじめ設定しておく必要があります。設定は「pinMode( )」で指定します。対象となる端子番号と、出力を表す「OUTPUT」を列挙して指定します。今回は端子番号をLED_PINに定義しているので、「pinMode(LED_PIN, OUTPUT)」と記述します。

LEDの点灯のための出力は「digitalWrite( )」を利用します。digitalWrite( )は、対象となるデジタル出力端子の番号、出力の内容の順に指定します。5Vを出力する場合には「HIGH」、0Vを出力する場合には「LOW」と指定します。

LEDを点灯させる場合には「digitalWrite(LED_PIN, HIGH)」と指定すればよいことになります。

プログラムでは、一定時間経過したらLEDを消灯しています。「delay( )」では、指定した時間だけ待機して、次の命令を実行するようになっています。時間の単位はミリ秒（千分の一秒）です。もし、1秒間待機させたい場合は「1000」と指定します。

待機後、LEDを消灯します。その際には、digitalWrite( )で「LOW」を指定します。

その後同様に一定時間待機させることで、5V、0Vを繰り返して出力するようになり、LEDが点滅します。

もし、点滅の間隔を変更したい場合は、delay( )に指定した時間を変更します。

プログラムができあがったらArduinoへ転送します。しばらくするとLEDの点滅が開始します。

3-4 スイッチの状態を読み取る

スイッチはオン、オフを切り替えられる電子パーツです。Arduinoとスイッチを組み合わせれば、スイッチのオン、オフでプログラムの動作を変化させることが可能です。

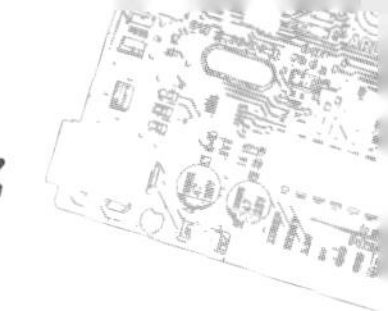

オン、オフを切り替えられるスイッチ

宅内の照明を点灯する、パソコンの電源を入れる、テレビのチャンネルを変えるといった操作には「スイッチ」を利用します。スイッチとは、オン、オフを切り替えられる電子パーツです。端子が内部で接続される、切り離されることで、電気を通す、止めるといった操作ができるようになります。

スイッチには、照明のように、オン、オフを切り替えてその状態を保つスイッチと、押している間はオンになり、離すとオフになるスイッチがあります。前者のようなスイッチを「オルタネートスイッチ」、後者のようなスイッチを「モーメンタリスイッチ」と呼びます。

照明の点灯消灯にはオルタネートスイッチ、キーボードやリモコンにはモーメンタリスイッチが使われる傾向があります。

電子パーツにもさまざまなスイッチがあります。たとえば、オルタネートスイッチならば、照明のスイッチなどに使われている「ロッカースイッチ」、スティック状の切り替え部分を操作する「トグルスイッチ」などがあります（**図3-4-1**）。一方、モーメンタリスイッチには、ボタン状の「プッシュスイッチ」や基板に直接取り付けて利用できる「タクトスイッチ」があります（**図3-4-2**）。中でもタクトスイッチはブレッドボードに差し込んで回路を作れるので、動作を試すにはうってつけです。そこで、本書ではタクトスイッチを使ってスイッチの動作をArduinoで入力してみます。

○図3-4-1　オルタネートスイッチの例

ロッカースイッチ

トグルスイッチ

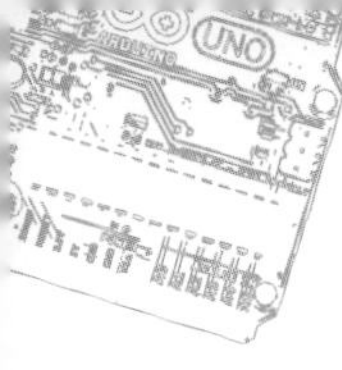

○ 図 3-4-2　モーメンタリスイッチの例

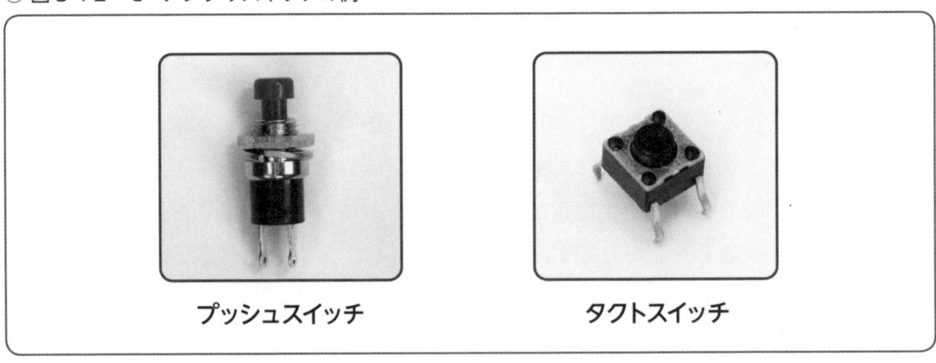

タクトスイッチは、**図 3-4-3** のように、上部にスイッチを押す部分と、4 つの端子が付いています。前後両側に端子が出るように配置した場合に、右と左の端子間がスイッチとなります。また、前と後ろの端子はつながった状態です。電子回路でスイッチを読み取るには、左右の端子に回路をつないで利用します。

○ 図 3-4-3　押すとスイッチがオンになる「タクトスイッチ」

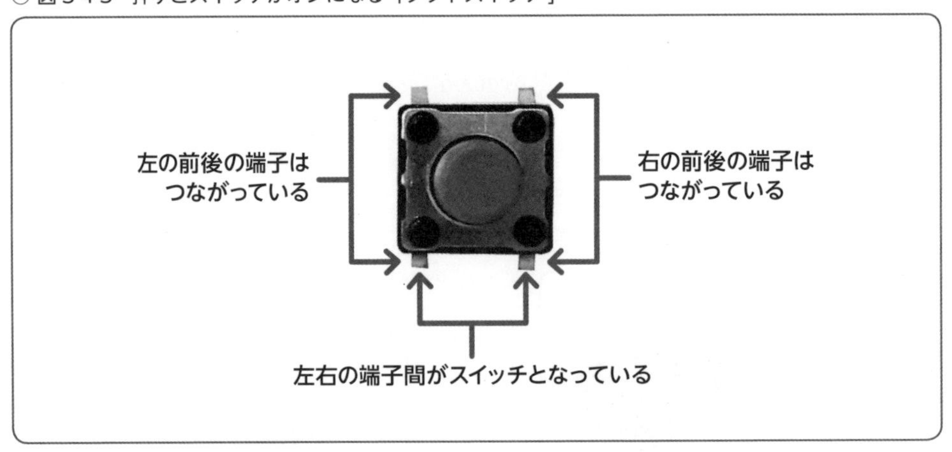

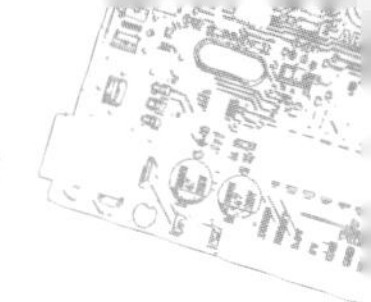

デジタル入力でスイッチの状態を取得する

Arduinoの上部に搭載するインターフェースは、LEDの点灯に利用したデジタル出力だけでなく、デジタル入力にも対応しています（**図3-4-4**）。デジタル入力モードに切り替えると、端子の電圧の状態を確認します。もし、5Vになっている場合は「HIGH」、0Vになっている場合は「LOW」として入力できます。入力した状態を確認することでスイッチのオン、オフを確認することが可能です。

○図3-4-4　Arduino Unoでデジタル入力できる端子

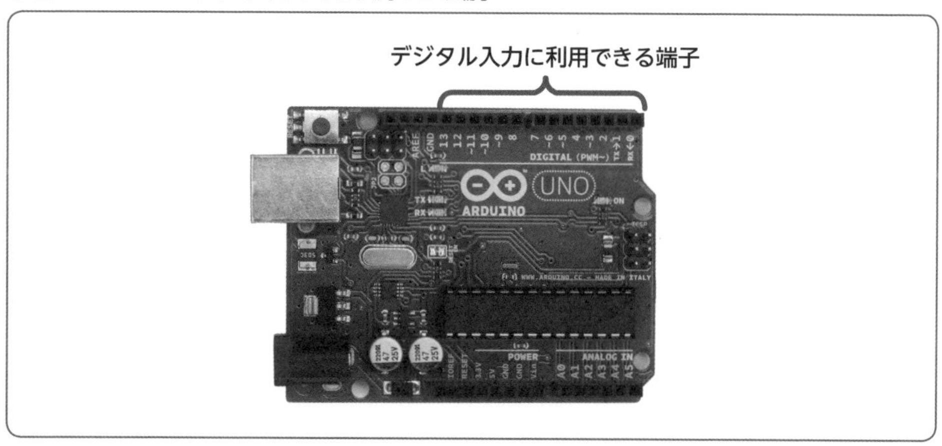

デジタル入力には、デジタル入出力端子の0番から13番までどの端子でも使えます。ただし、0番と1番はシリアル通信に利用するため、利用しないようにしましょう。どの端子を利用するかは任意です。ここでは例として4番端子をデジタル入力として利用する方法を説明します。

スイッチをArduinoの入力に利用するには、スイッチを押すことでデジタル入出力端子にかかる電圧を0Vまたは5Vに変化させる必要があります。しかし、直接スイッチをつないだだけでは、スイッチを押しても電圧は変化しません。そこで、スイッチが押されたら5Vになるようにスイッチのもう一方の端子を5V電源に接続しておきます（**図3-4-5**）。これで、スイッチを押すと、デジタル入力端子が5V電源と直結した状態となり、HIGHと判断できます。

○図3-4-5　スイッチの状態を読み取る方法

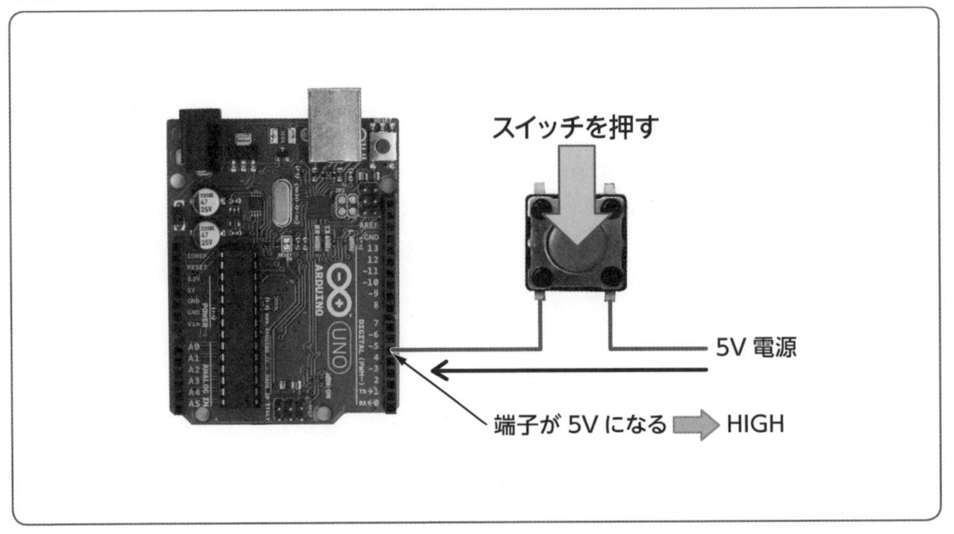

このとき、スイッチがオフの場合は何も接続されていない状態になります。何も接続されていない状態では、周りの状況によってデジタル入力端子の電圧が変化してしまいます。たとえば、指を端子に近づけるだけで電圧が変化してしまい、スイッチが押されたと判断されてしまいかねません。

そこで、抵抗を利用して、スイッチがオフの場合でも状態を安定させます（**図3-4-6**）。デジタル入力端子に接続しているスイッチの端子部分に10kΩ程度の抵抗を使ってGNDに接続しておきます。こうすると、スイッチがオフの状態では抵抗を介してGNDに接続された状態になり、LOWの状態を保てます。なお、このような抵抗のことを「プルダウン抵抗」といいます。また、逆に5V電源に接続してHIGHの状態にしておく抵抗を「プルアップ抵抗」といいます。

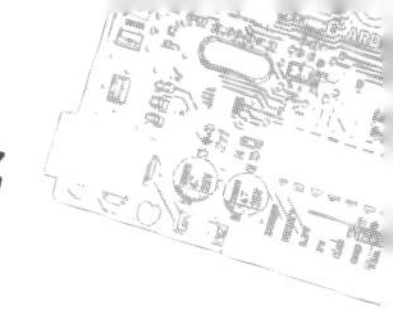

○ 図 3-4-6　スイッチを押していない場合に入力を安定させる

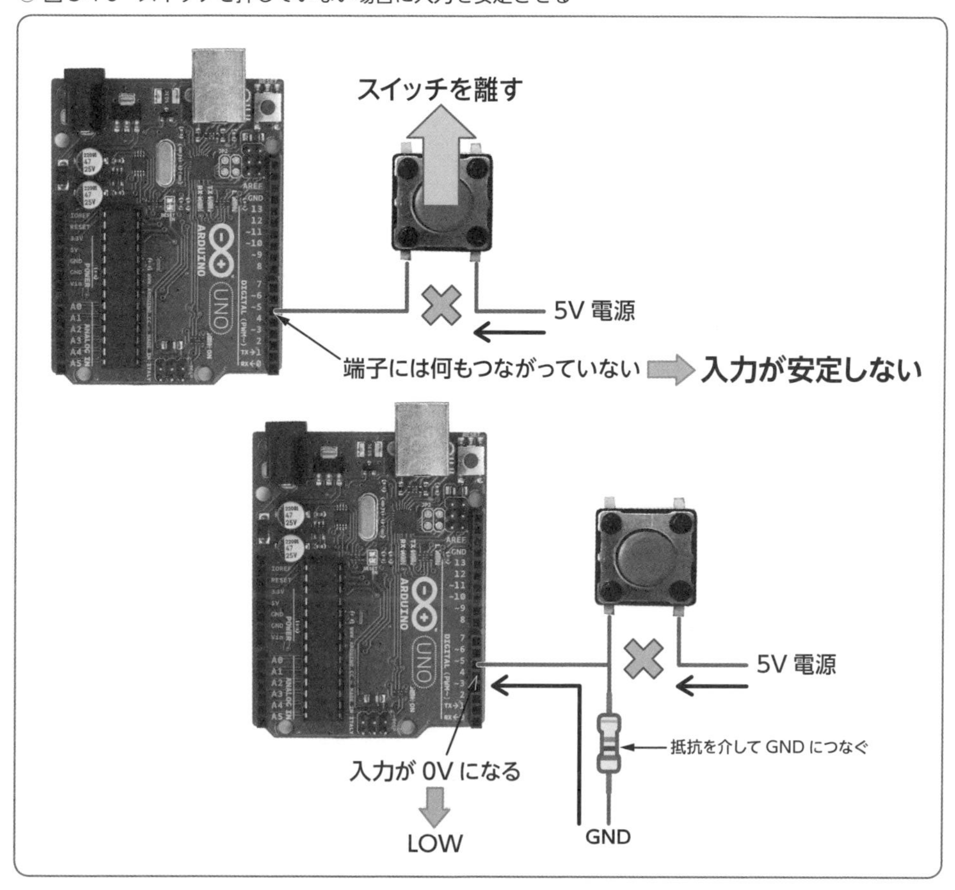

Arduinoでスイッチの状態を読み取る

では、スイッチの状態をArduinoで読み込んでみましょう。

利用する電子パーツは次のとおりです。このほか、30ページで説明したブレッドボードやジャンパー線が必要になります。

- タクトスイッチ×1個（秋月電子通商「P-03646」、10円）
- 抵抗 10kΩ×1個（秋月電子通商「R-25103」、100円［100本入り］）

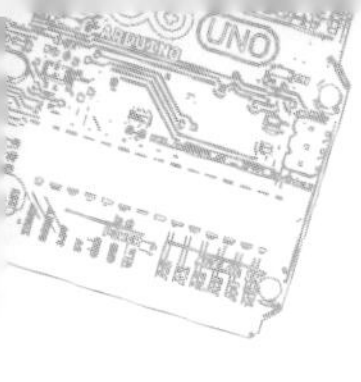

スイッチを接続する

スイッチをArduinoに接続してスイッチの状態を読み込んでみましょう。タクトスイッチを利用する場合は**図3-4-7**のように接続します。

○ 図3-4-7　スイッチの状態を読み取る接続回路

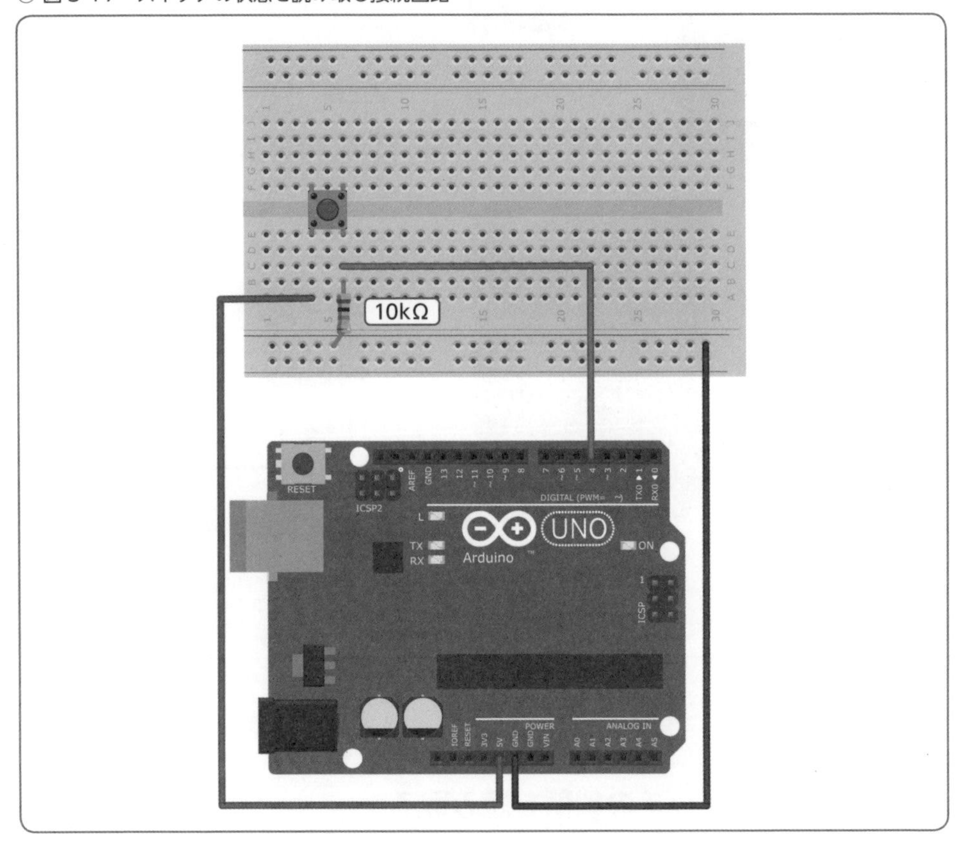

タクトスイッチは4つの端子が付いています。端子が出ている方向を前向きにして中央の溝をまたぐようにすることでぴったりと差し込むことができます。

また、タクトスイッチの一方を5V電源に、もう一方をデジタル入出力端子の4番に接続します。このとき、スイッチがオフの状態で安定するよう、10kΩの抵抗を使ってGNDへプルダウンしておきます。

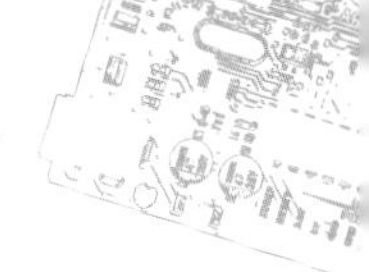

プログラムでスイッチの状態を読み取る

回路ができたらプログラムでスイッチの状態を読み込んでみましょう。プログラムは**リスト 3-4-1** のように作成します。

○ リスト 3-4-1　スイッチの状態を読み取るプログラム「switch.ino」

```
#define SW_PIN 4

void setup(){
  pinMode( SW_PIN, INPUT );
  Serial.begin(9600);
}

void loop() {
  if ( digitalRead( SW_PIN ) == HIGH ){
    Serial.println( "ON" );
  } else {
    Serial.println( "OFF" );
  }
  delay( 1000 );
}
```

スイッチを接続したインターフェースを指定する

スイッチを接続したインターフェースを入力モードに切り替える

入力がHIGH(5V)であるかを確かめる

HIGHの場合はスイッチが押されているとみなし「ON」と表示する

HIGHでない場合はスイッチが押されていないとみなし「OFF」と表示する

スイッチを接続したデジタル入出力端子の番号を「SW_PIN」に指定しておきます。今回は4番端子にします。

setup( )では、スイッチを接続したデジタル入出力端子の動作モードを変更します。「INPUT」と指定することで入力モードとなり、端子の電圧によって入力が変化するようになります。

スイッチの読み取りは「digitalRead( )」を使います。読み込むデジタル入力端子の番号を指定することで入力できます。5Vの場合は「HIGH」、0Vの場合は「LOW」を返します。スイッチが押されている場合はHIGHとなるので、if文でHIGHであるかを確認します。HIGHの場合はシリアルモニタに「ON」、LOWの場合は「OFF」と表示するようにします。

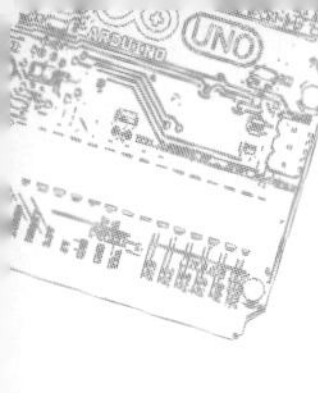

プログラムができあがったらArduinoへ転送します。シリアルモニタを表示すると「OFF」と表示されスイッチが押されていないことがわかります（**図3-4-8**）。スイッチを押すと、出力が「ON」に変わります。

○図3-4-8　スイッチを読み取った結果

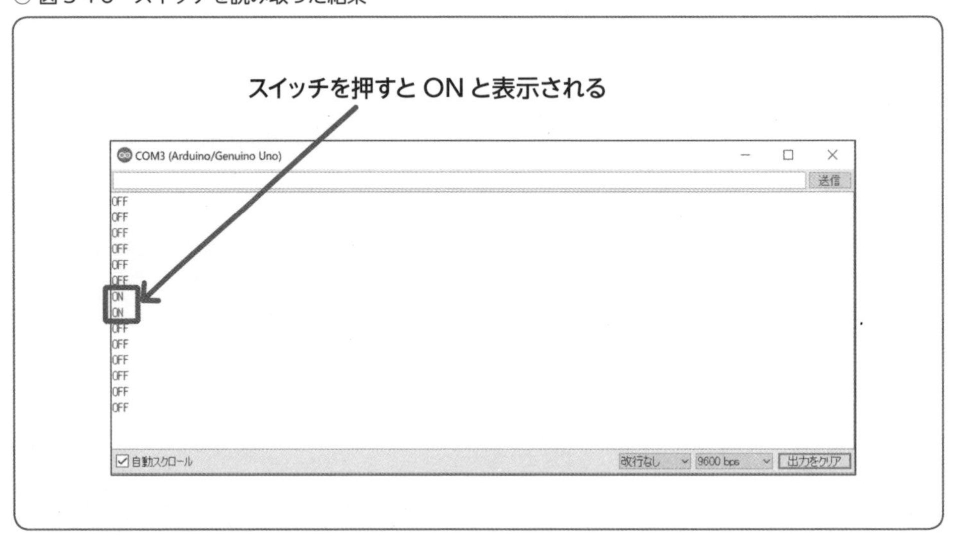

スイッチを押した回数を数える

スイッチを押したかどうかを判断できると、何回スイッチを押したかといった処理もできるようになります。スイッチを押した回数によってLEDの点滅パターンを変更したり、動作を切り替えるなどさまざまな応用につながります。

そこで、例としてスイッチを押した回数を数えてみましょう。

回路は120ページで説明したスイッチの読み取りと同じです(図3-4-7)。タクトスイッチをプルダウンしておき、スイッチを押したらHIGHになるようにしておきます。

プログラムは**リスト3-4-2**のようにします。プログラムでは、スイッチを押したと判断したら、while文でスイッチを離すまで処理を待機します。もし、待機の処理を省略してしまうと、スイッチを押している間は次々とカウントを増やしてしまうためです。

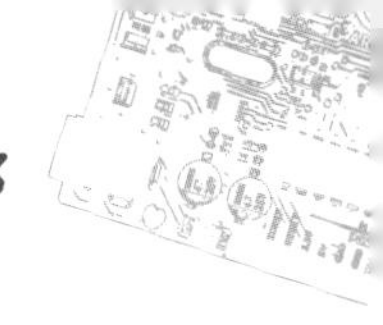

○ リスト 3-4-2 押された回数をカウントするプログラム「count.ino」

```
#define SW_PIN 4

int count = 0; ◀── スイッチを押した回数を保管しておく変数

void setup(){
  pinMode( SW_PIN, INPUT );
  Serial.begin(9600);
}

void loop() {
  if ( digitalRead( SW_PIN ) == HIGH ){
    while ( digitalRead( SW_PIN ) == HIGH){ ◀── スイッチから手を離すまで待機する
      delay(1);
    }
    count = count + 1; ◀── カウントを１増やす
    Serial.print( "Count:" );
    Serial.println( count ); ◀── カウントを表示する
  }
}
```

スイッチがオフになったらカウントを保存している「count」変数の値を１増やします。増やした値をシリアルモニタに表示するようにしています。

できあがったプログラムをArduinoに転送すると、**図 3-4-9** のようにスイッチを押すごとにカウントが１つずつ増えていきます。

しかし、利用するスイッチによっては、１回スイッチを押しただけなのに何回分もカウントされてしまうことがあります。これは、スイッチの構造によるものです（**図 3-4-10**）。スイッチは端子間にばね状の金属の板があり、この金属の板を押すことで端子間を接続するようになっています。また、指を離すとばねの力で端子から金属板が離れます。この金属の板が端子にくっついたり離れたりする場合に、金属板がバウンドします。非常に短い時間ですが、バウンドしている間は、スイッチのオン、オフを何度も繰り返していることとなります。このようなバウンドによって何度もスイッチが押されてしまう現象を「チャタリング」といいます。

○ 図 3-4-9 押した回数を表示する結果

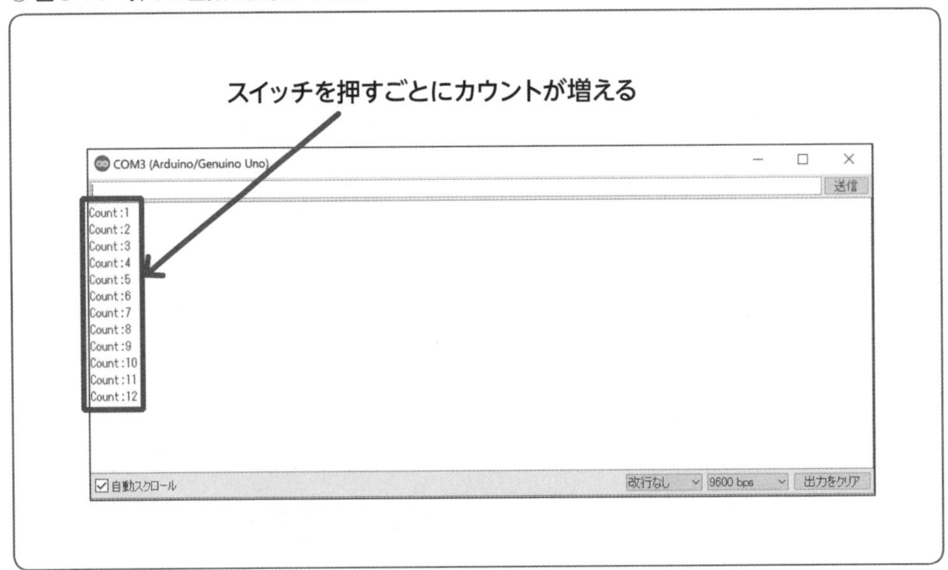

○ 図 3-4-10 金属板がバウンドすることでチャタリングが発生する

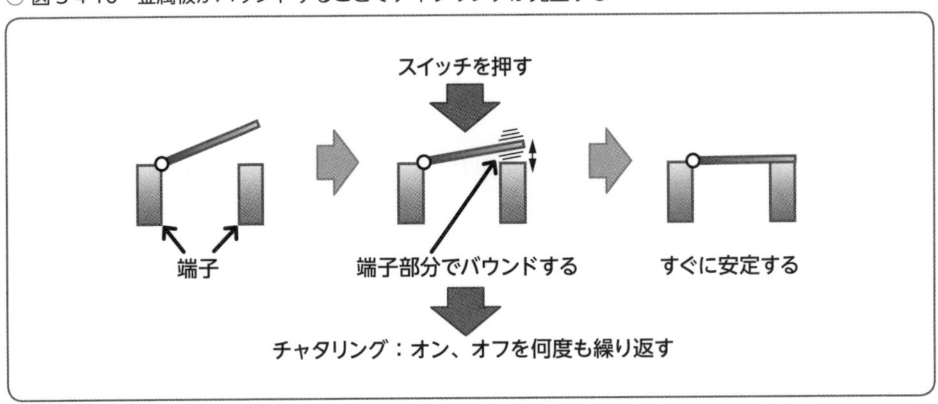

チャタリングを防止する方法として、「コンデンサ」を利用する方法があります（**図 3-4-11**）。コンデンサは絶縁物を金属板で挟んだような仕組みになっており、電気を加えると金属板に電気のもととなる電荷がたまるようになっています。チャタリングのような急激な電圧の変化があると、コンデンサに電荷をためたり放出したりすることで急激な変化を軽減する効果があります。

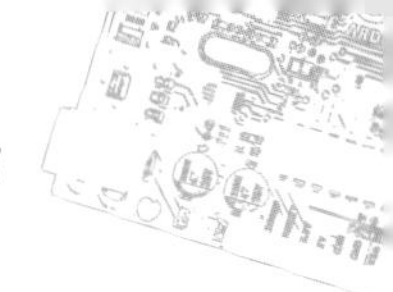

○ 図 3-4-11　コンデンサを使ってチャタリングを防止する

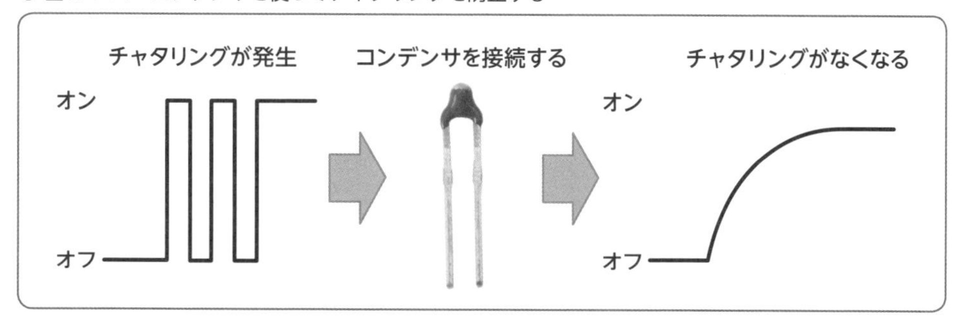

コンデンサを利用してチャタリングを軽減するには**図 3-4-12** のようにスイッチの端子間にコンデンサを取り付けます。

コンデンサは、次のショップから購入できます。

- コンデンサ 0.1 μF × 1 個（秋月電子通商「P-10147」、15 円）

これで、リスト 3-4-2 のプログラムを実行すると、何度もカウントされなくなります。

○ 図 3-4-12　チャタリングを防止する接続回路

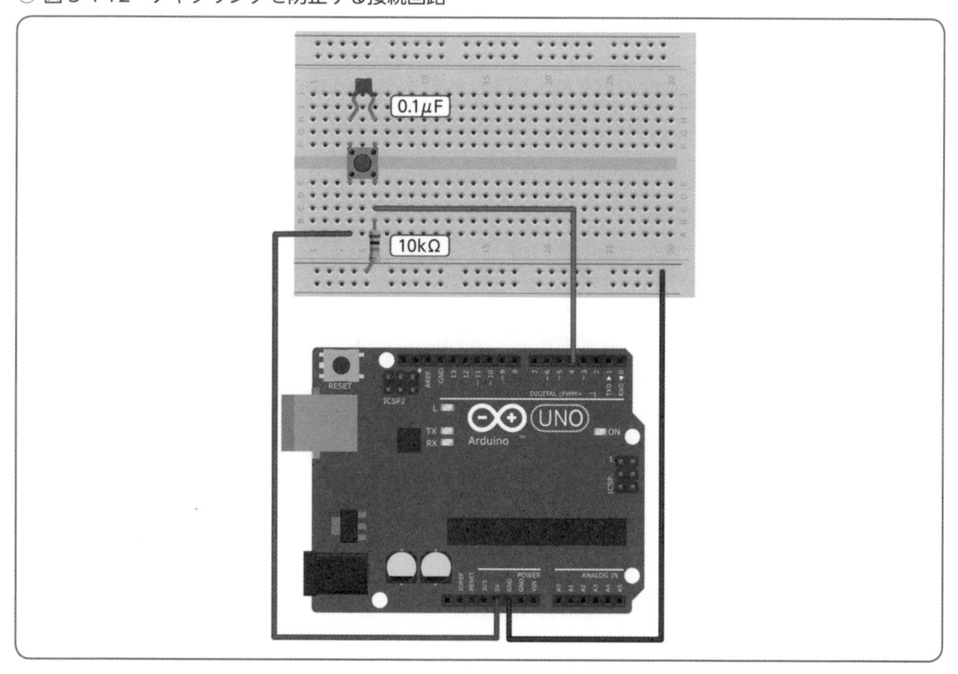

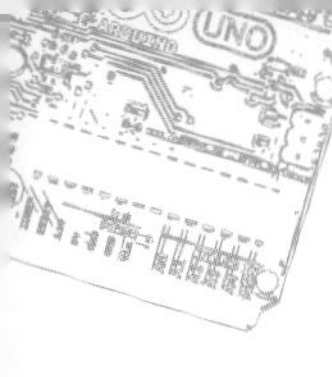

3-5

LEDの明るさを変化させる

デジタル出力では、高速でHIGH、LOWを切り替えられるPWMに対応しています。PWMで出力することで、LEDの明るさやモータの回転速度を変えるといった操作が可能です。

デジタル出力に変化を出せる「PWM」

LEDの点灯や消灯、モータの回転や停止といったオン、オフの切り替えだけでなく、深夜になったので照明を暗めに点灯させる、モータをゆっくり回転させて徐々に動かすといった制御をしたい場合もあります

LEDの点灯する明るさなどを制御したい場合は、LEDにかける電圧を変化させます。たとえば、5Vをかけると最も明るくなる場合でも、4V、3Vと電圧を下げると流れる電流が少なくなり、暗くなります。このため、Arduinoの出力で電圧を変化させられれば、LEDの明るさを調節できます。

しかし、Arduinoのデジタル入出力は、107ページで説明したように0Vか5Vのいずれかしか出力できません。このため、LEDを点灯するか消灯するか、モータを回転させるか停止させるかなどの2通りの状態しか制御できません。

この場合には、「PWM（Pulse Width Modulation）」という出力方法を利用することで（**図3-5-1**）、明るさを調節することが可能です。PWMとは、HIGH（5V）とLOW（0V）の状態を高速で切り替える方法です。HIGHとLOWの1回の切り替えの際に、HIGHとLOWの時間の割合を変化させられます。割合が50％であれば出力は半分になりますが、HIGHの状態を80％にすれば、80％の電圧（Arduinoの場合は5Vの80％）で出力した場合と同じになります。

○ 図3-5-1 HIGHとLOWを高速に切り替えるPWM

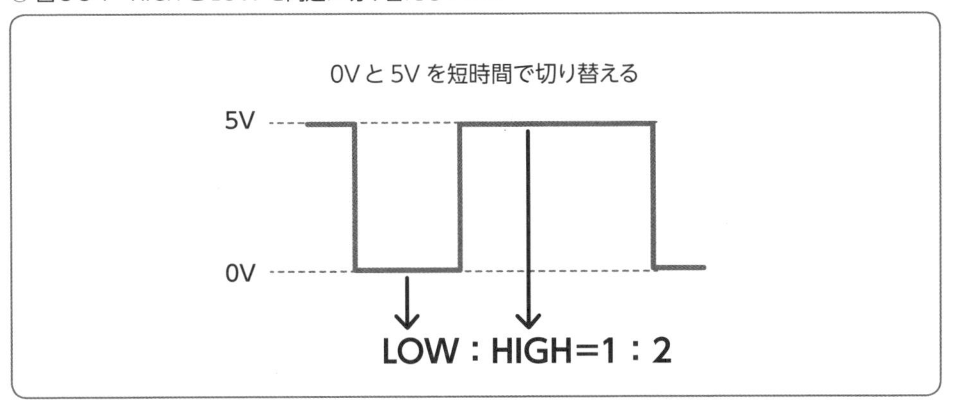

LEDを接続してPWMで出力すると明るさが変化します（**図3-5-2**）。100%で点灯すれば最も明るくなり、80%であれば少し暗く、50%であれば半分ぐらいの明るさ、20%では非常に暗く点灯させることが可能です。

○ 図3-5-2 HIGHとLOWの割合によってLEDの明るさが変わる

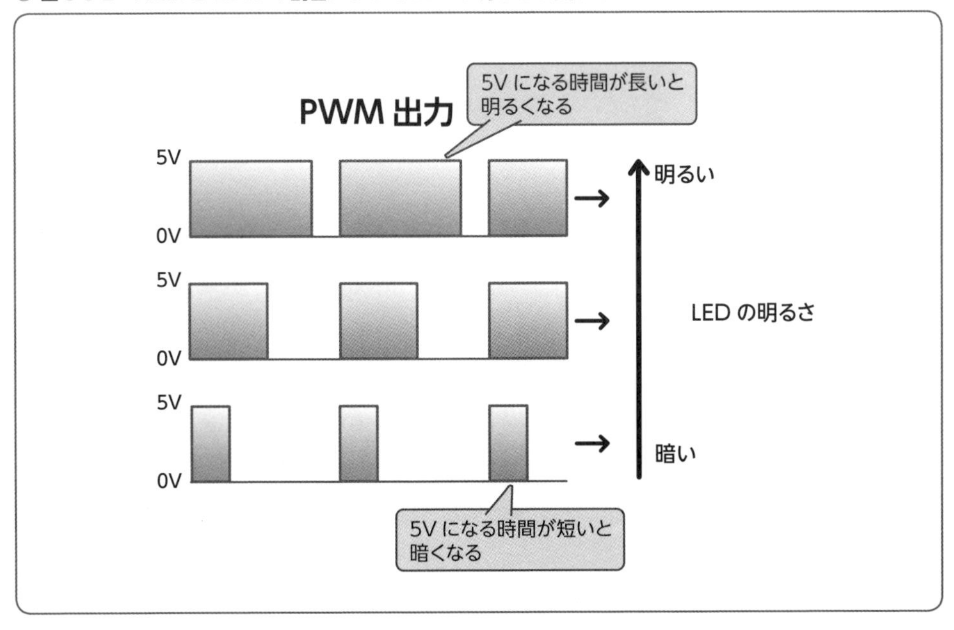

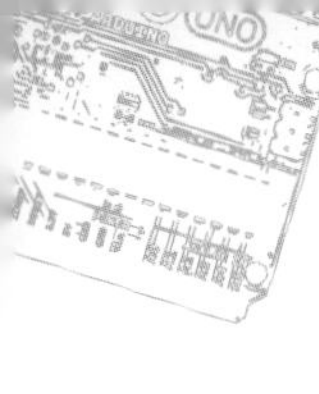

ArduinoでPWM出力する

ArduinoでPWM出力するには、デジタル入出力端子を利用します（**図3-5-3**）。14個の端子のうち、3、5、6、9、10、11番端子がPWM出力に対応しています。Arduino Unoのデジタル入出力端子のうち番号の横に「～」が付いている端子がPWMに対応している端子です。その他の端子は、PWMで出力できないので注意しましょう。

○ 図3-5-3　Arduino UnoでPWM出力できる端子

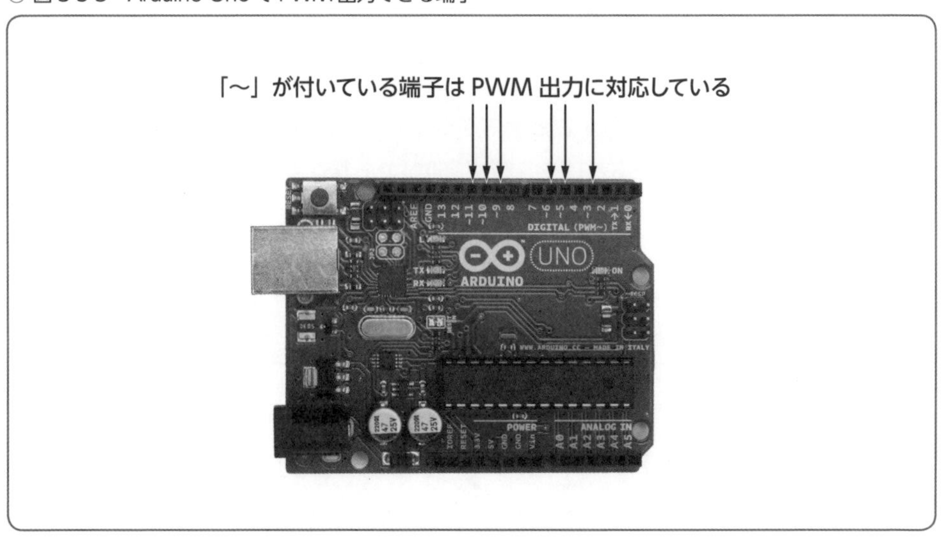

LEDの明るさを調節する

では、PWM出力でArduinoからLEDを点灯してみましょう。

利用する電子パーツは、112ページで説明したLEDの点滅と同じです。接続についても、**図3-5-4**のようにArduinoのデジタル入出力端子からLED、抵抗、GNDの順に接続します。この際、デジタル入出力端子は「～」のマークのある端子に接続してください。ここでは、10番端子に接続するようにします。

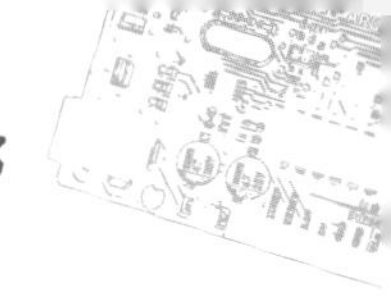

○ 図 3-5-4　LED の明るさを変化させる接続回路

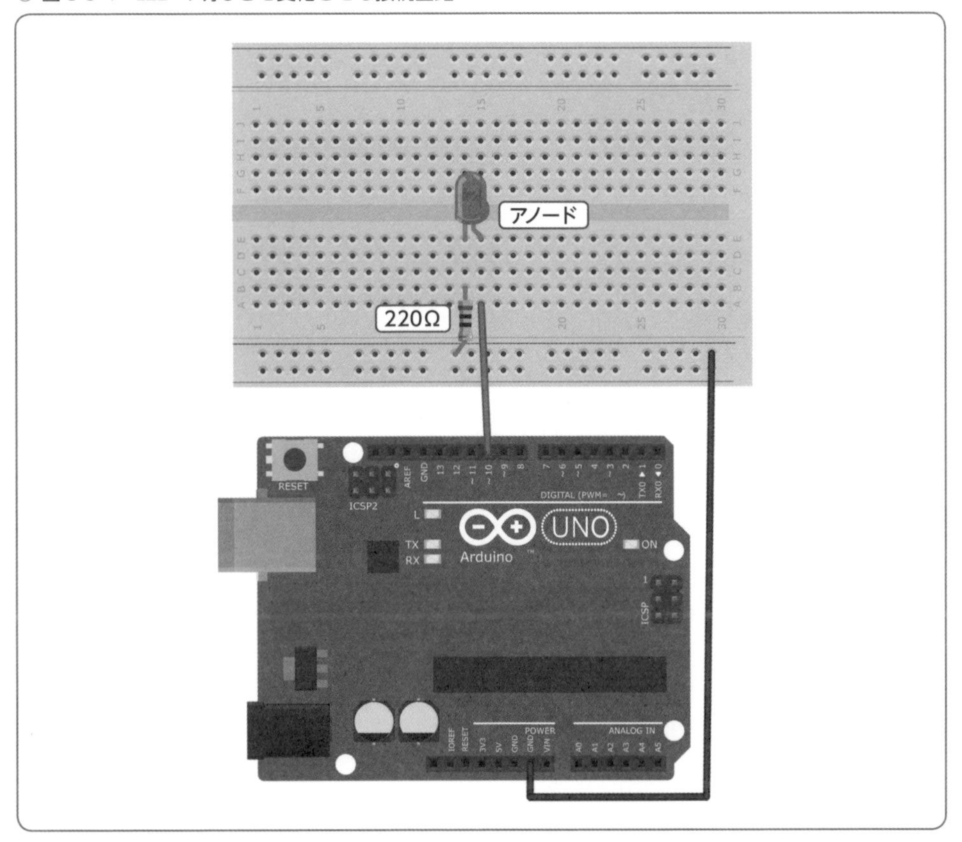

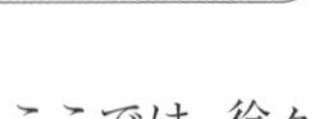

プログラムでLEDの明るさを変化させる

回路ができたらプログラムでLEDの明るさを変化させてみましょう。ここでは、徐々に明るく点灯するようにしてみます。プログラムは**リスト 3-5-1** のように作成します。

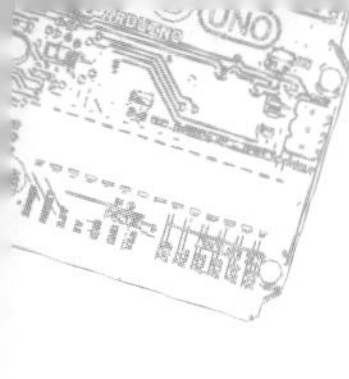

○ リスト 3-5-1 LED を徐々に明るくするプログラム「pwm.ino」

```
#define  LED_PIN   10      ← LEDを接続したインターフェースを指定する

void setup(){
  pinMode( LED_PIN, OUTPUT );   ← LEDを接続したインターフェースを出力モードに切り替える
}

void loop() {
  int output;
  output = 0;                   ← 出力はoutput変数に格納する 初めは0に設定する
  while ( output < 256 ){       ← outputが256になるまで繰り返す
    analogWrite( LED_PIN, output );   ← PWMで出力する
    output = output + 4;        ← 出力を4増やす
    delay( 500 );
  }
}
```

LED_PINにはLEDを接続した端子番号を指定します。今回は「10」とします。setup( )では、デジタル入出力端子のモードを設定します。PWMの場合も出力するため「OUTPUT」と指定します。

LEDの点灯のための出力は「analogWrite( )」を利用します。analogWrite( )はdigitalWrite( )とは異なり、多段階で出力を指定できます。指定する範囲は0～255です。0を指定した場合は、HIGHとLOWの割合は0：100、255を指定した場合は100：0になります。50：50で出力したい場合は半分の「127」、25：75で出力する場合は「63」を指定します。記述する際は、対象の端子番号の後に、出力の程度を0～255の範囲で指定します。たとえば、63で出力したい場合は次のように記述してください。

```
analogWrite( LED_PIN, 63 )
```

このプログラムでは、output変数を用意し、0～255の範囲で4ずつ出力を増やしています。

プログラムが作成できたらArduinoに転送します。すると、LEDが徐々に明るくなることを確認できます。

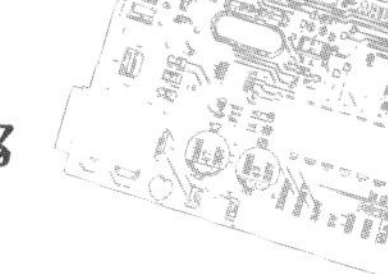

3-6

暗くなったらLEDを点灯する

Arduinoは、デジタルだけでなく、アナログの入力もできます。アナログで入力できれば、ボリュームのように出力を調節する電子パーツでも入力ができます。光センサなどではアナログ出力ができ、適当な明るさで他の電子パーツを制御させることも可能です。

電圧の強弱を入力できる「アナログ」入力

117ページで説明したデジタル入力では、スイッチのオン、オフといった2つの状態が切り替わる電子パーツの状態を入力するのに役立ちました。

電気は、スイッチのようなオン、オフという2つの状態だけでなく、その間の状態を変化させることができます。たとえば、スイッチでは、0VをLOW、5VをHIGHとしていましたが、実際の電気では2.3V、4.2Vとさまざまな電圧があります。この電圧の状態を読み取る方式が「アナログ入力」です。アナログ入力では、0V～5Vの電圧の範囲の強弱を読み取り、どの程度の電圧であるかを値として入力できます（**図3-6-1**）。

○ 図3-6-1　電圧の変化を取り込める「アナログ入力」

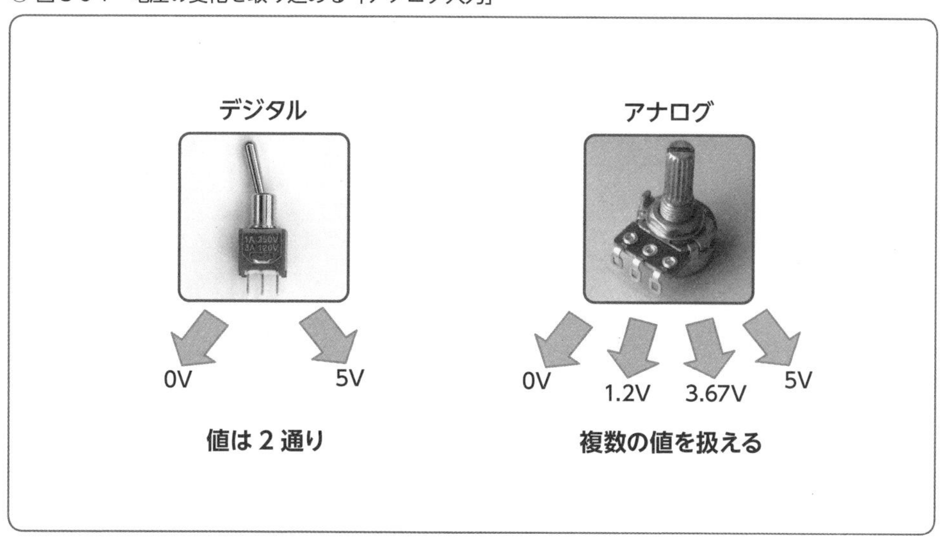

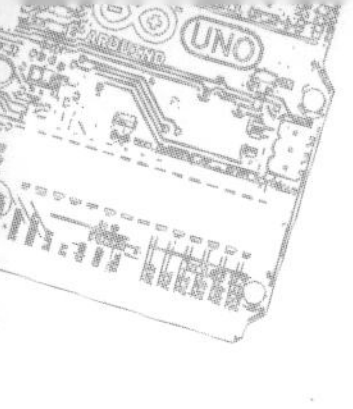

電圧を変換するADコンバータ

電圧は、ADコンバータと呼ばれる機能を利用して、コンピュータで扱える数値に変換して入力します。Arduinoでは、0～5Vの範囲を1023等分し、電圧が最も近い値に変換します（**図3-6-2**）。5Vを1023分割すると、0.0048Vごとに入力する数値が1ずつ変化します。たとえば、3Vが入力されると、「614」が入力値となります。この数値を確認することで、どの程度の電圧であるかを確認することができます。

また、入力した値から電圧に変換したい場合は、次の計算をすることで求まります。

入力した電圧＝入力値÷ 1023 × 5

先ほど例に挙げた「614」を入力値に当てはめると、3Vと求まります。

○ 図3-6-2　ADコンバータで電圧を分割した値に変換する

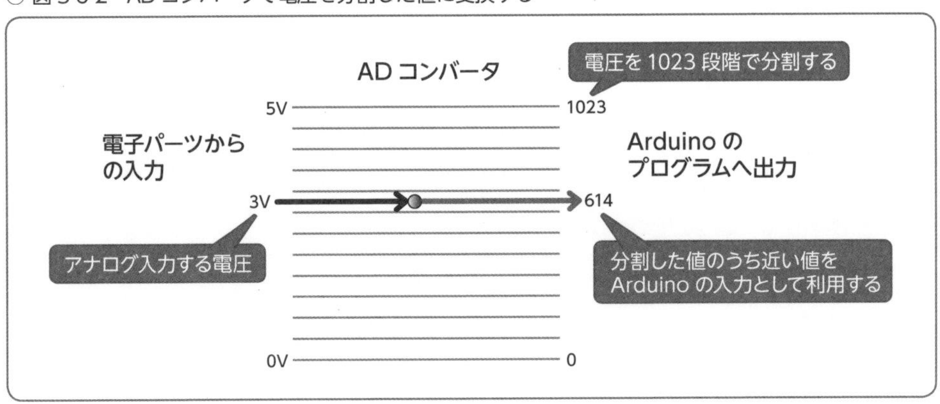

Arduinoでアナログ入力する

Arduino Unoでアナログ入力するには、本体の右下にある「ANALOG IN」と記載された6本の端子を利用します（**図3-6-3**）。それぞれにアナログ入力を差し込んで個別の値を取り込むことが可能です。

アナログ入力の端子には、「A0」から「A5」という端子番号が割り当てられています。プログラムではこの番号を指定して入力をします。

○ 図 3-6-3　Arduino Uno でアナログ入力ができる端子

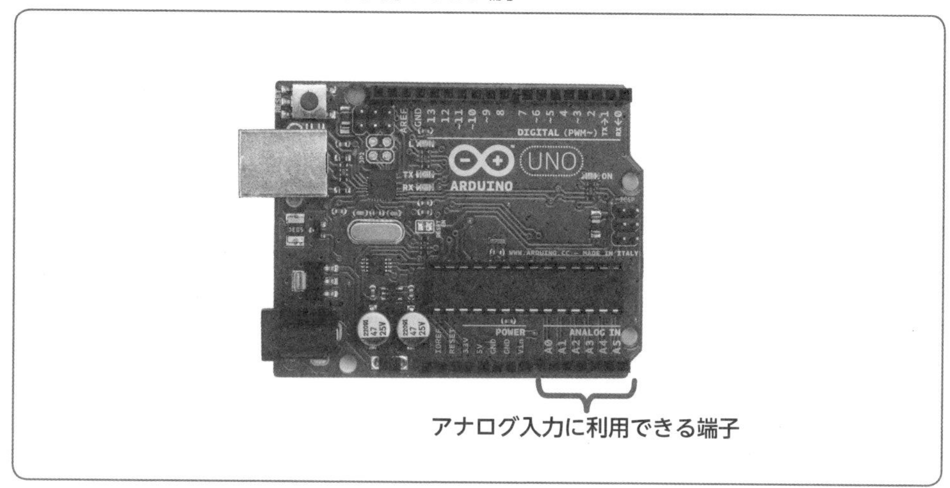

ボリュームの値を入力する

では、実際にアナログ入力をしてみましょう。アナログ出力する電子パーツの状態を調べる場合にアナログ入力端子へ接続します。代表的な電子パーツとして「ボリューム」があります（**図 3-6-4**）。ボリュームは、上部に付いたつまみを回転させることで、内部の抵抗を変化させられる電子パーツです。ボリュームには３つの端子が付いています。左右の端子が内部に格納されている抵抗の両端に接続されており、中央の端子が、抵抗の上を動かせるようになっています。抵抗は距離によって変化するため、中央の端子の場所によって、左または右の端子と中央の端子の間の抵抗値が変化します。

○ 図 3-6-4 つまみを回すことで抵抗が変化する電子パーツの「ボリューム」

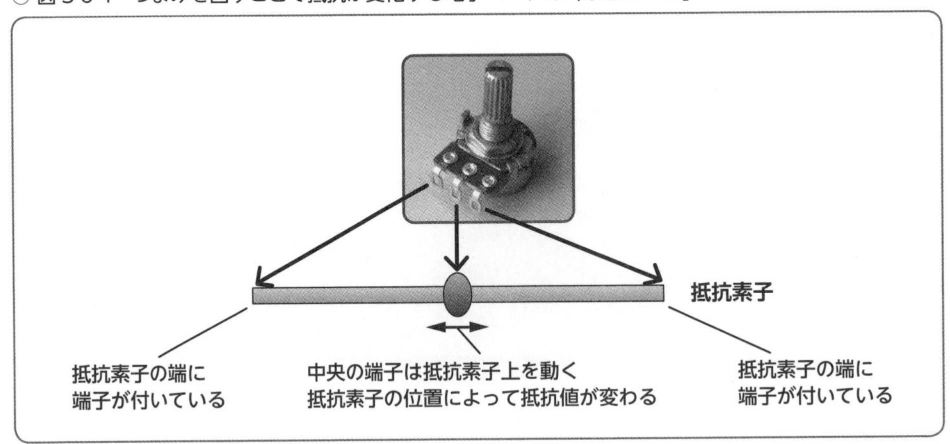

この抵抗の変化をArduinoで読み取ります。しかし、Arduinoのアナログ入力では電圧の変化を読み取れますが、抵抗の変化を直接読み取ることができません。そこで、左右の端子を電源（5V）とGND（0V）に接続することで、中央の端子が電圧を出力します（**図 3-6-5**）。出力する電圧は、ボリュームのつまみを動かすことで、変化します。GNDに接続した端子の方向に回転させれば電圧が低くなり、逆に電源に接続した端子の方向に回転させれば電圧が高くなります。電圧の変化の範囲は、両端に接続した電圧の範囲です。Arduinoの電源とGNDに接続した場合は、0V～5Vの範囲で変化します。

○ 図 3-6-5 ボリュームの状態を Arduino で読み取る

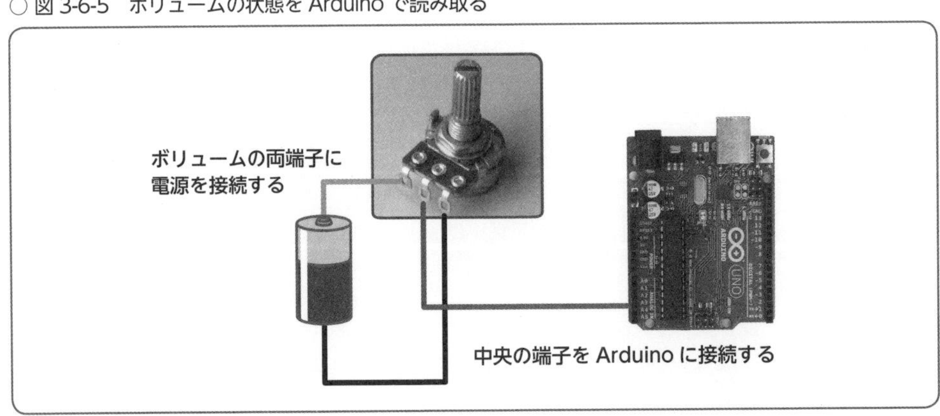

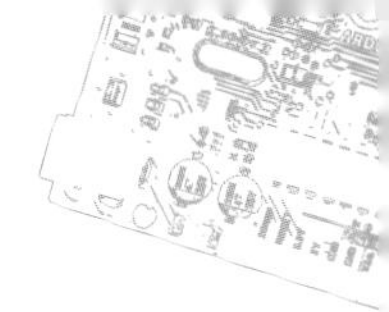

ボリュームを接続する

ボリュームをArduinoに接続して状態を読み取ってみましょう。

利用する電子パーツは次のとおりです。ボリュームは直接ブレッドボードに差し込めないので、みの虫クリップの付いたジャンパー線を利用して接続します。

- 小型ボリューム 10kΩ×1個（秋月電子通商「P-00246」、40円）
- コネクタ付コード（みの虫×ジャンパー線）（秋月電子通商「C-08916」、220円[4本入り]）

ボリュームを接続する回路

Arduinoとボリュームは、**図3-6-6**のように接続します。ボリュームの端子との接続は、みの虫クリップの付いたジャンパー線を利用します。クリップ状になっている部分を指でつまむとクリップが開きます。このクリップをボリュームの端子に挟み込みます。このとき、隣のみの虫クリップの金属部分同士が触れないように注意します。

みの虫クリップの付いたジャンパー線は、メス型のコネクタになっているので、直接Arduinoに差し込めます。左右の端子は5VとGNDへ、中央の端子はA0に接続します。

○図3-6-6　ボリュームの状態を読み取る接続回路

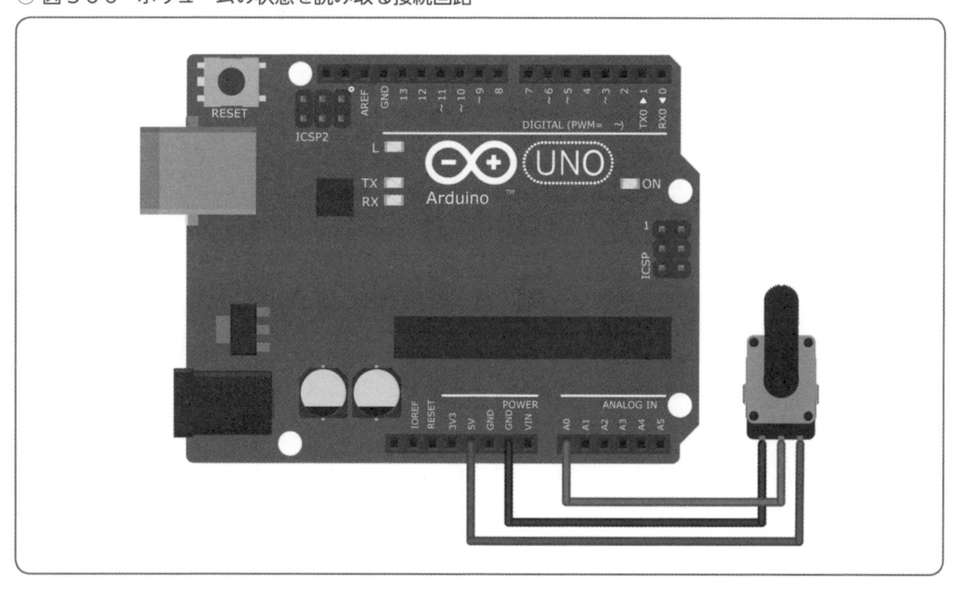

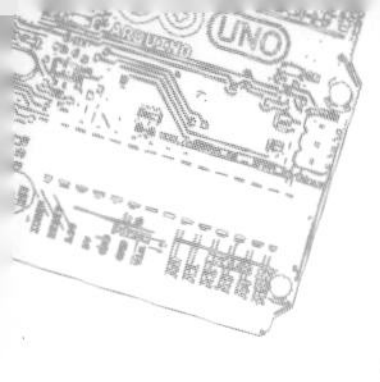

プログラムでボリュームの状態を読み取る

回路ができたらプログラムでボリュームの状態を読み取ってみましょう。プログラムは**リスト3-6-1**のように作成します。

○ リスト3-6-1 ボリュームの状態を表示するプログラム「volume.ino」

```
#define   VOL_PIN   0   ← ボリュームを接続したアナログ入力端子を指定する

void setup(){
  Serial.begin( 9600 );
}

void loop(){
  int value;
  float volt;

  value = analogRead( VOL_PIN );   ← アナログ入力でボリュームの状態を読み取る

  volt = float( value ) / 1023.0 * 5;   ← 入力した値を電圧に変換する

  Serial.print( "Value:" );   ┐
  Serial.print( value );      │← 入力値と電圧を表示する
  Serial.print( " Volt:" );   │
  Serial.println( volt );     ┘

  delay( 1000 );
}
```

ボリュームを接続したアナログ入力端子の番号を「VOL_PIN」に指定しておきます。今回はA0に接続したので、「0」と指定します。

アナログの入力には「analogRead( )」を使います。括弧の中に読み取る対象のアナログ端子の番号を指定します。ここでは「VOL_PIN」と指定します。読み込んだ値はvalue変数に格納しておきます。

アナログ値は0～1023の値となります。電圧として利用したい場合は、132ページで説明した計算をして電圧に変換しておきます。このとき、小数を扱えるようにfloat型に変換して計算をします。求めた値はvolt変数に格納します。

最後に入力したアナログ値と、変換した電圧値をシリアルモニタに表示します。

プログラムができあがったらArduinoへ転送します。シリアルモニタを表示するとボリュームから入力したアナログ値と、電圧が表示されます（**図3-6-7**）。ボリュームのつまみを変化させると、ADコンバータで変換したアナログ値と電圧が変わることがわかります。

○図3-6-7　ボリュームの読み取り値を表示

明るさを検知する

センサによっては、ボリュームのように内部の抵抗が変化するような電子パーツもあります。たとえば、照度センサの「CdS」では、照射する光の明るさによって内部の抵抗が変化します（**図3-6-8**）。明るければ抵抗が低く、暗ければ抵抗が高くなります。この抵抗の変化をボリュームと同じようにArduinoで読み取ることで、周囲の明るさを知ることができます。明るさによって照明を点灯させる、カーテンを開けるといった応用が可能です。

○図3-6-8　明るさを検知できるセンサー「CdS」

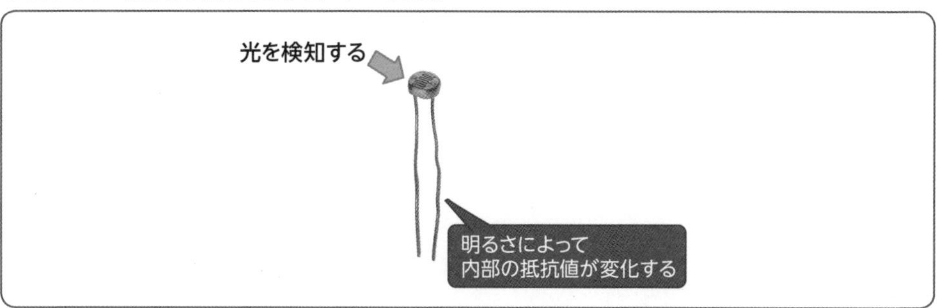

CdSには、2つの端子が搭載されています。明るさによってこの間の抵抗値が変化します。ボリュームは3つの端子を搭載しており、電源、GND、アナログ入力端子と接続しました。CdSは2つの端子しか存在しませんが、ボリュームのように接続できます。この場合は、別途抵抗を用意してCdSと直列に接続し、電源に接続します（**図3-6-9**）。すると、CdSの抵抗値が変化したときに、CdSと抵抗の間の部分の電圧が変化するようになります。この部分をアナログ入力することで、CdSの状態を知ることができます。

接続する抵抗はCdSによって異なります。1MΩのCdSを利用した場合は、10kΩの抵抗を利用します。なお、CdSの1MΩとは真っ暗の状態のCdSの抵抗値を表します。この抵抗値を「暗抵抗」と呼びます。

○図3-6-9　CdSは抵抗を使うことで抵抗の変化を電圧の変化に変えられる

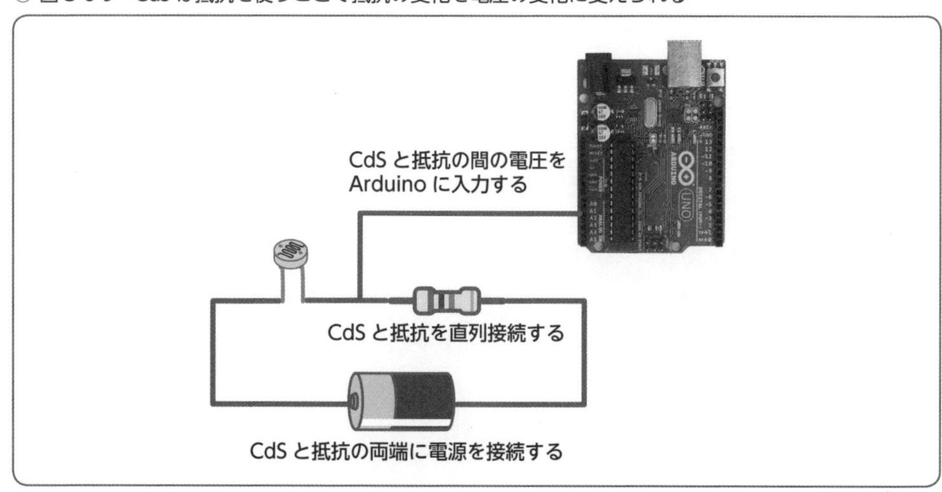

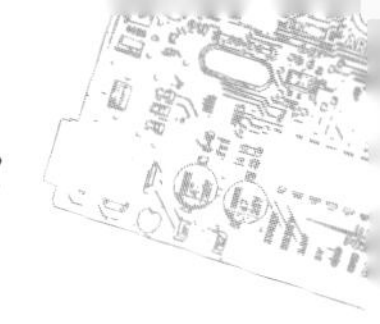

CdSを接続する

では、CdSを接続して周囲の明るさの状態を読み取ってみましょう。また、暗くなったらLEDを点灯してみます。

利用する電子パーツは次のとおりです。このほか、30ページで説明したブレッドボードやジャンパー線が必要になります。

- CdS（1MΩ）×1個（秋月電子通商「I-05859」、40円）
- 抵抗10kΩ×1個（秋月電子通商「R-25103」、100円［100本入り］）
- LED×1個（秋月電子通商「I-11655」、20円）
- 抵抗220Ω×1個（秋月電子通商「R-25221」、100円［100本入り］）

CdSを接続する回路

CdSとLEDをArduinoに接続しましょう。**図3-6-10**のように、CdSと10kΩの抵抗を直列に接続し、CdS側には電源、抵抗側にGNDを接続します。また、CdSと抵抗を接続した点をArduinoのアナログ入力端子に接続します。ここでは、「A0」に接続するようにします。

なお、LEDは、110ページで説明したように、電源制限用の抵抗を直列接続するようにします。ここでは、デジタル出力の8番端子に接続しています。

○ 図 3-6-10　CdS で明るさを検知して LED を点灯する接続回路

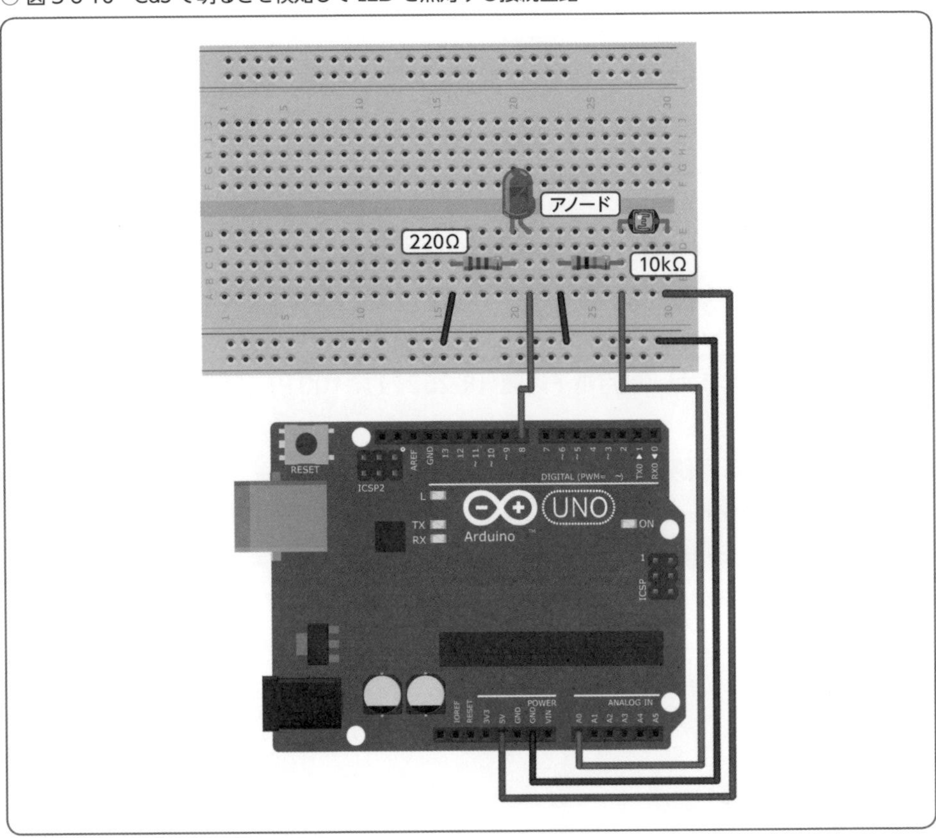

プログラムで暗い場合にLEDを点灯する

回路ができたらプログラムで明るさによってLEDを点灯させてみましょう。プログラムは**リスト 3-6-2** のように作成します。

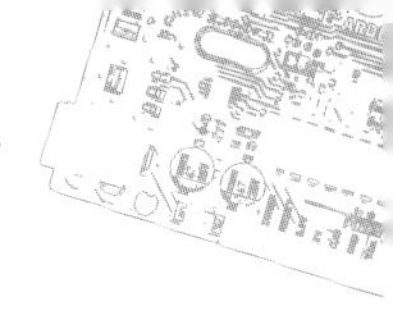

○ リスト 3-6-2　暗くなったらLEDを点灯するプログラム「cds.ino」

```
#define   CDS_PIN   0       ← CdSを接続したインターフェースを指定する
#define   LED_PIN   8       ← LEDを接続したインターフェースを指定する
#define   LED_ON    500     ← LEDを点灯する明るさを指定する

void setup(){
  Serial.begin( 9600 );

  pinMode( LED_PIN, OUTPUT );
}

void loop(){
  int value;

  value = analogRead( CDS_PIN );  ← アナログ入力でCdSの状態を読み取る

  if ( value < LED_ON ){  ← 入力値が所定の値より小さいかを確かめる
    digitalWrite( LED_PIN, HIGH );  ← 小さい（暗い）場合はLEDを点灯する
  } else {
    digitalWrite( LED_PIN, LOW );  ← 大きい（明るい）場合はLEDを消灯する
  }

  Serial.print( "Value:" );   ┐
  Serial.println( value );    ┘← 入力値を表示する

  delay( 1000 );
}
```

CdSを接続した端子を「CDS_PIN」に、LEDを接続した端子を「LED_PIN」に指定します。また、「LED_ON」にはCdSの状態によってLEDを点灯するタイミングの値を0～1023の範囲で指定します。初めは500程度にしておき、状況に応じて変更するようにしましょう。

「analogRead( )」でCdSの状態を読み取ります。読み取った値はvalue変数に格納しておきます。

if文を使って、読み取った値が所定の値「LED_ON」よりも小さいかを確認します。小さい場合は、LEDを接続したデジタル出力を「HIGH」にしてLEDを点灯します。逆

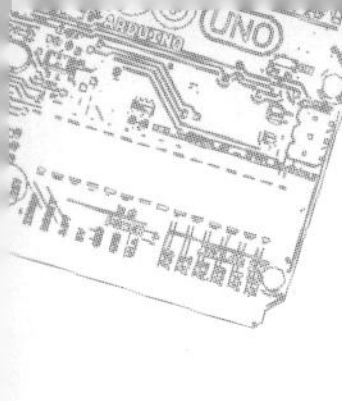

に大きい場合は「LOW」にしてLEDを消灯します。

プログラムができあがったらArduinoへ転送します。明るい場所ではLEDは消えていますが、部屋を暗くしたり、CdSを手で覆ったりすると、LEDが点灯します。もし、暗くしても点灯しない場合や明るくても点灯してしまっている場合は、LED_ONの値を調節してみましょう。なお、シリアルモニタを閲覧するとCdSからの現在の入力値を確認することができます。

Chapter 4

I^2C、SPI デバイスを使う

Arduinoは、I^2C、SPIなどの通信規格に対応しています。
これらの通信を利用して、モータの駆動、温度の計測、
文字の表示といった制御を実現しましょう。

4-1　デジタル通信でデータをやりとりする
4-2　モータを動かす
4-3　温度を計測する
4-4　文字を表示する

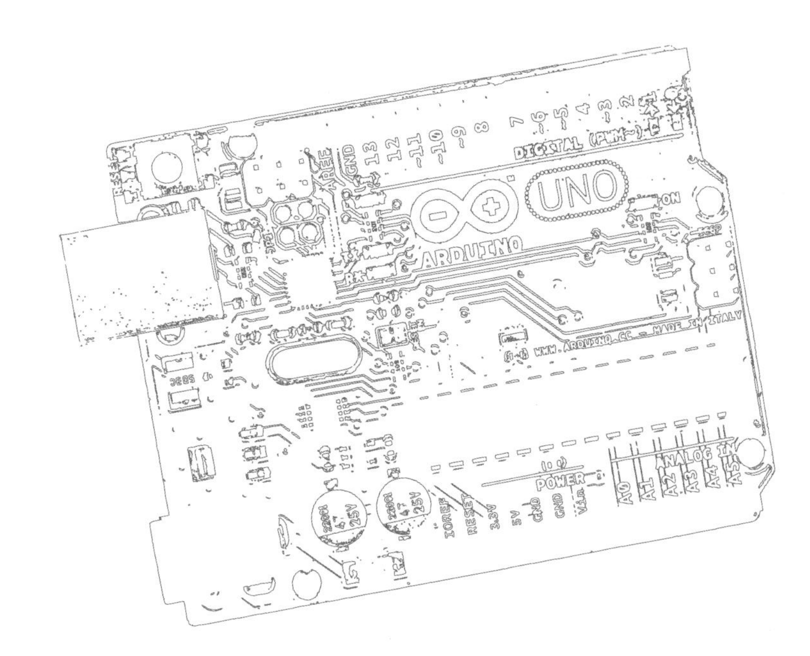

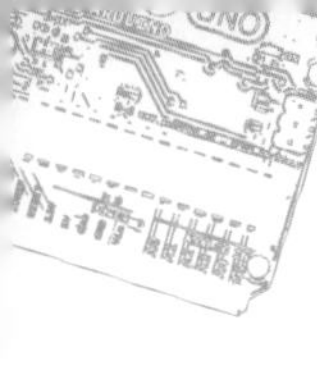

4-1

デジタル通信でデータをやりとりする

センサのような電子パーツでは、計測した状態を数値として扱う場合があります。この計測値をArduinoに転送するには、デジタル通信技術のI²CやSPIを使えます。I²CやSPIでは少ない配線で高速にデータの送信が可能となります。

データのやりとりを可能にするデジタル通信規格

Chapter 3で説明したデジタル入出力では、LEDの消灯・点灯や、スイッチのようにオン・オフの2通りの状態の入出力が可能です。また、アナログ入力では0～5Vの電圧を入力できます。

しかし、センサによってはデジタル入出力やアナログ入力ではまかなえない場合があります。たとえば、高精細に計測できる温度センサでは、アナログ入力を使って温度をArduinoに引き渡そうとしても、1023段階でしか送ることができないので、高精細な計測結果が渡せません。たとえば、0～100度の温度が計測できるセンサでは、0.1度間隔でしか送れないことになります。

また、ディスプレイのようにたくさんの情報を転送するような電子パーツの場合も、たくさんのデータの転送が必要となります。

このような場合、デジタル通信技術の「I²C」または「SPI」を利用するとデータを高速に転送できるようになります（**図4-1-1**）。どちらのデジタル通信技術も少ない線を接続することで、数百kbpsや数Mbpsでデータの転送が可能となります。前出したセンサのデータやディスプレイなどの機器との通信に利用可能です。

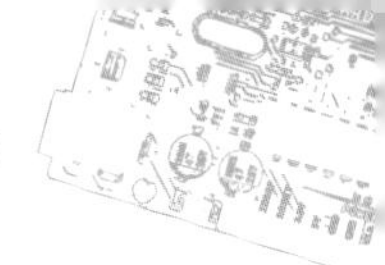

○ 図 4-1-1　デジタル通信技術で電子パーツとデータをやりとりできる

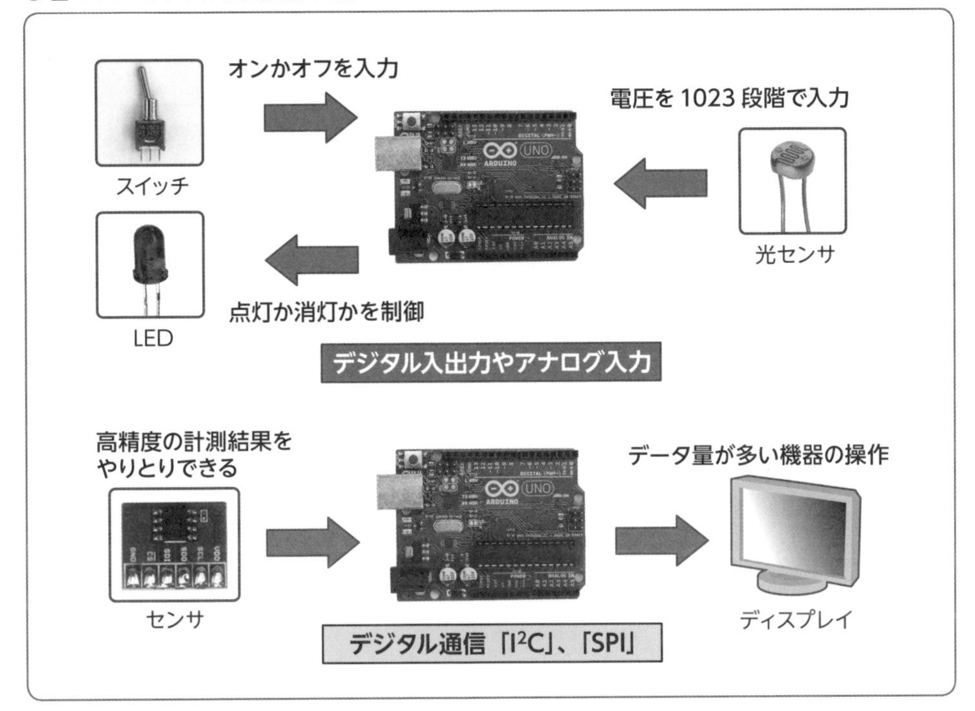

2 本の線で通信が可能な「I²C」

「I²C（Inter-Integrated Circuit）」は、ICなどの電子パーツとの通信をするために開発された通信規格です。2 本の配線で通信できるのが特徴です。また、10kbpsから 3.4Mbpsでの通信が可能となっています（電子パーツによって対応する通信速度は異なります）。

I²Cでは、Arduinoとセンサなどの電子パーツを 2 本の線で接続します（**図 4-1-2**）。1 つは「SDA（Serial Data）」で、データの内容をArduinoと電子パーツ間で送受信します。もう 1 つは「SCL（Serial Clock）」でArduinoと電子パーツでの同期用のクロック信号を送るのに利用します。また、実際には電子パーツを動作させるための電源が必要となるため、電源とGNDの 2 本の線も接続します。

○ 図4-1-2　2本の配線で通信できる「I²C」

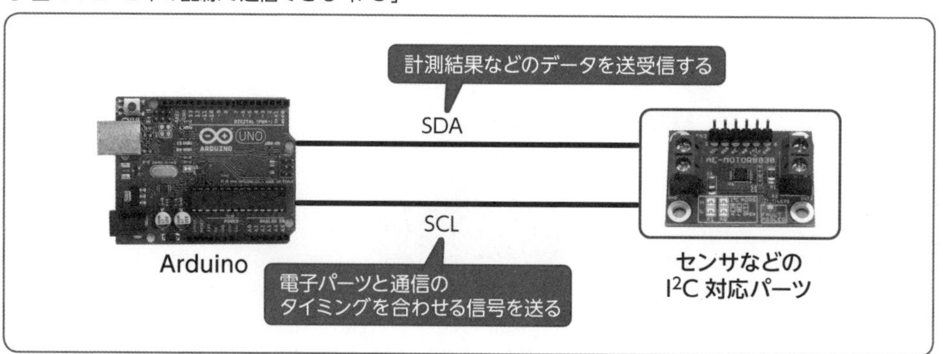

複数の機器を接続できる

I²Cの特徴は、複数の電子パーツを同時に接続できることです。たとえば、温度センサ、湿度センサ、気圧センサという3つのセンサを接続して気象データを取り込み、計測した結果を液晶ディスプレイに表示するといったことがすべて、I²Cに接続するだけで可能となります。

接続は、SDA、SCLのそれぞれの端子に枝分かれするように接続します（**図4-1-3**）。Arduinoは、デジタル入出力端子の左にある「SDA」「SCL」の端子に接続します。また、アナログ入力端子の4番がSDA、5番がSCLに割り当てられているので、この端子に接続しても通信可能です。

○ 図4-1-3　I²Cで複数の機器を接続できる

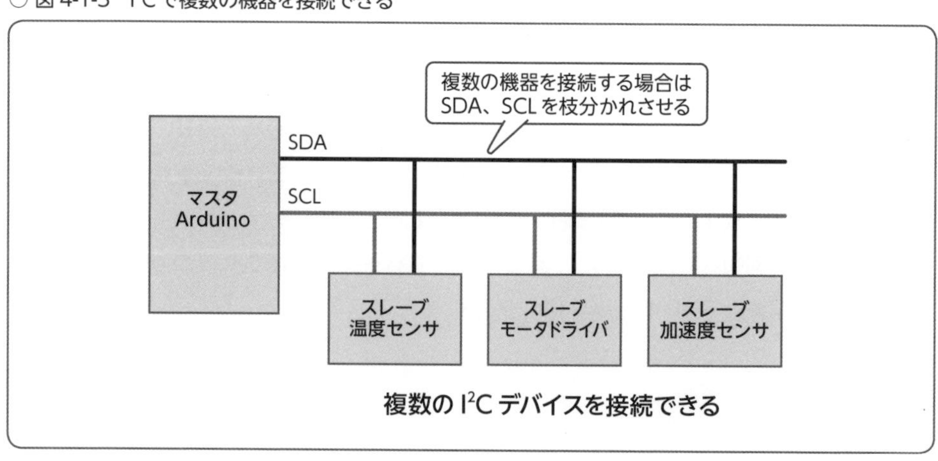

I^2C通信では、通信を制御する機器を「マスタ」と呼びます。一方、「スレーブ」と呼ばれる機器は、マスタによって制御されます。Arduinoで通信する場合は、Arduinoがマスタ、各センサや液晶ディスプレイがスレーブとなります。

また、複数の機器を同じ線に接続しているため、どの機器と通信するかを判断しなければなりません。これには「I^2Cアドレス」と呼ばれる識別用の番号を用います（**図 4-1-4**）。I^2Cアドレスは各機器に割り当てられており、マスタが通信をしたい機器のI^2Cアドレスを指定することで特定の機器とのデータの送受信が実現します。I^2Cアドレスは、「0x40」や「0x5b」などのように16進数で表記します。

○ 図 4-1-4 I^2Cアドレスで通信する機器を選択する

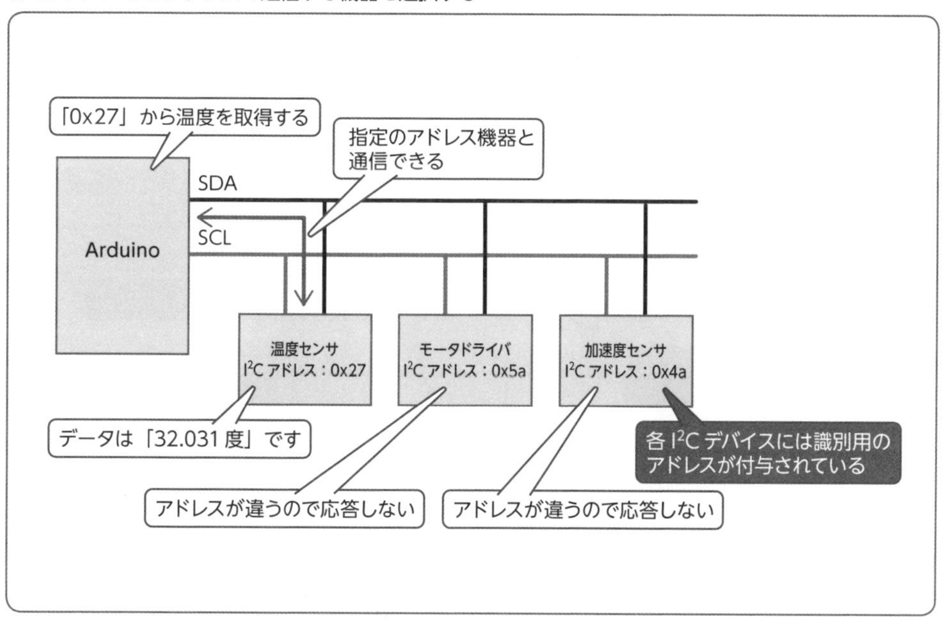

電子パーツの多くは、あらかじめI^2Cアドレスが設定されています。また、いくつかのアドレスから選択できるパーツもあります。たとえば、アドレス選択用の端子が用意されており、電源やGNDなどに接続することでアドレスを変更できたり、ジャンパー線を付け替えることで変更できたりする場合もあります。割り当てられているI^2Cアドレスは、電子パーツのデータシートに記載されています。

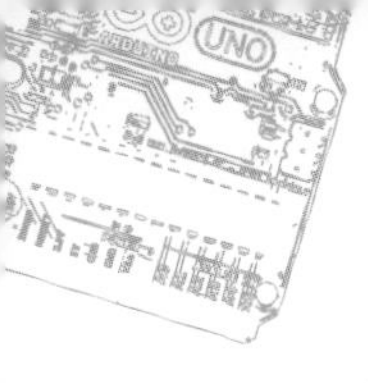

高速通信が可能な「SPI」

「SPI（Serial Peripheral Interface）」は、I²Cと同様に、ICなどの電子パーツ間でデータをやりとりするために開発された通信規格です。15MbpsとI²Cよりも高速にデータ転送ができることが特徴です。高速通信が可能なため、ディスプレイの表示やメモリカードへの書き込みなど、比較的高速通信が必要な電子パーツとのデータ通信に向いています。

通信用に4本の線を接続します。Arduinoから電子パーツへの転送には「MOSI（Master Out Slave In）」、逆に電子パーツからArduinoへの転送には「MISO（Master In Slave Out）」と、2本の線に分けて通信をします。また、電子パーツとタイミングを合わせるための同期信号を送る「SCLK（Serial Clock）」、通信するための機器を選択する「SS（Slave Select）」を接続します（**図4-1-5**）。SSは「CS（Chip Select）」や「CE（Chip Enable）」などと呼ぶこともあります。

○ 図4-1-5　高速通信も可能なSPI

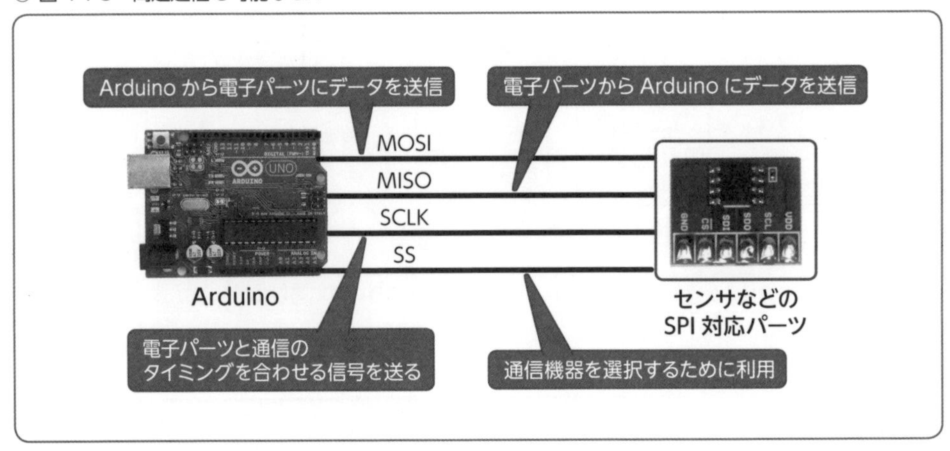

また、電子パーツにも電源を供給する必要があるため、電源、GNDを加えた6本の端子を電子パーツと接続することになります。

■ SSで選択しながら複数の機器を制御可能

I²Cと同様に、SPIも複数の機器を接続することが可能です（**図4-1-6**）。センサやディスプレイ、メモリカードなどを同時に接続して、センサから取得した値をディスプレイに表示して、メモリカードに記録を残すといった処理をSPIだけで制御できます。

○ 図 4-1-6 SPI で複数の機器を接続する

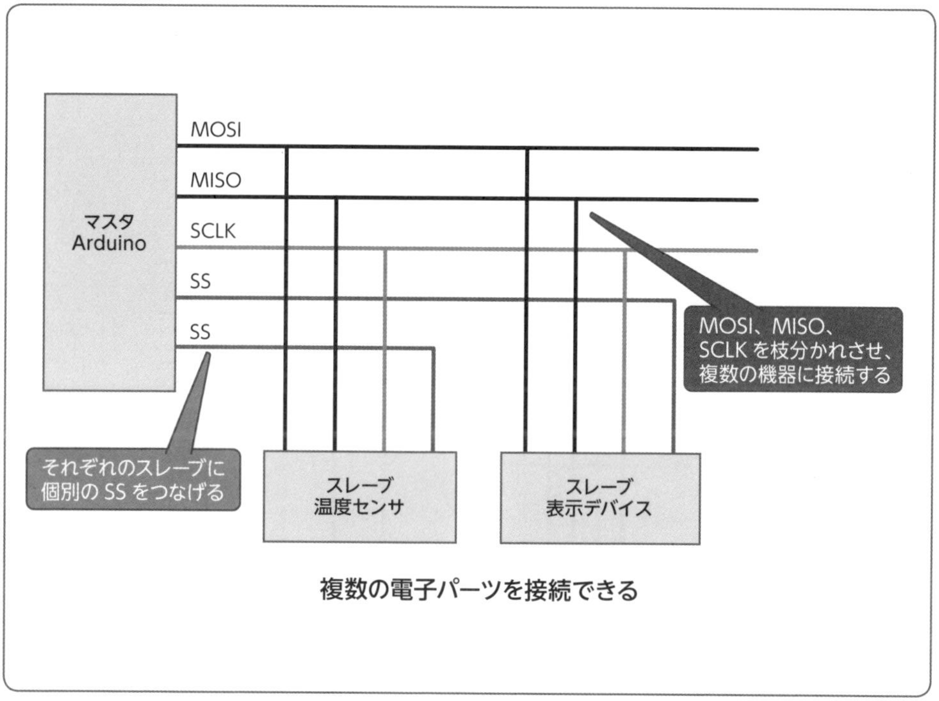

マスタ
Arduino
MOSI
MISO
SCLK
SS
SS
MOSI、MISO、
SCLK を枝分かれさせ、
複数の機器に接続する
それぞれのスレーブに
個別の SS をつなげる
スレーブ
温度センサ
スレーブ
表示デバイス
複数の電子パーツを接続できる

SPIでもI^{2}Cと同様に、制御する側を「マスタ」、制御される側を「スレーブ」と呼びます。マスタはArduino、スレーブは各電子パーツです。

複数の電子パーツを接続するには、MOSI、MISO、SCLKの3つの端子を、I^{2}Cの場合と同様に、枝分かれさせて各端子に接続します。ただし、SSについては、1機器に対して1つのデジタル入出力端子に接続することになります。

Arduinoのデジタル入出力端子にはSPIの各端子が割り当てられています。MOSIは11番端子、MISOは12番端子、SCLKは13番端子です。SSは任意のデジタル入出力端子に接続します。

複数の機器を接続している場合は、どの機器と通信するかを選択する必要があります。SPIでは、機器の選択にSSを利用します（**図 4-1-7**）。通信対象の機器のSSにつながっている端子をLOWにすると、対象の機器が通信の送受信をするようになります。また、通信していない機器はHIGHにしておく必要があります。

もし、1つしか機器を接続しない場合は、SSをGNDに接続しておくことで、常にその機器と通信できるようになります。

○図4-1-7 SSの状態を切り替えて通信相手を切り替える

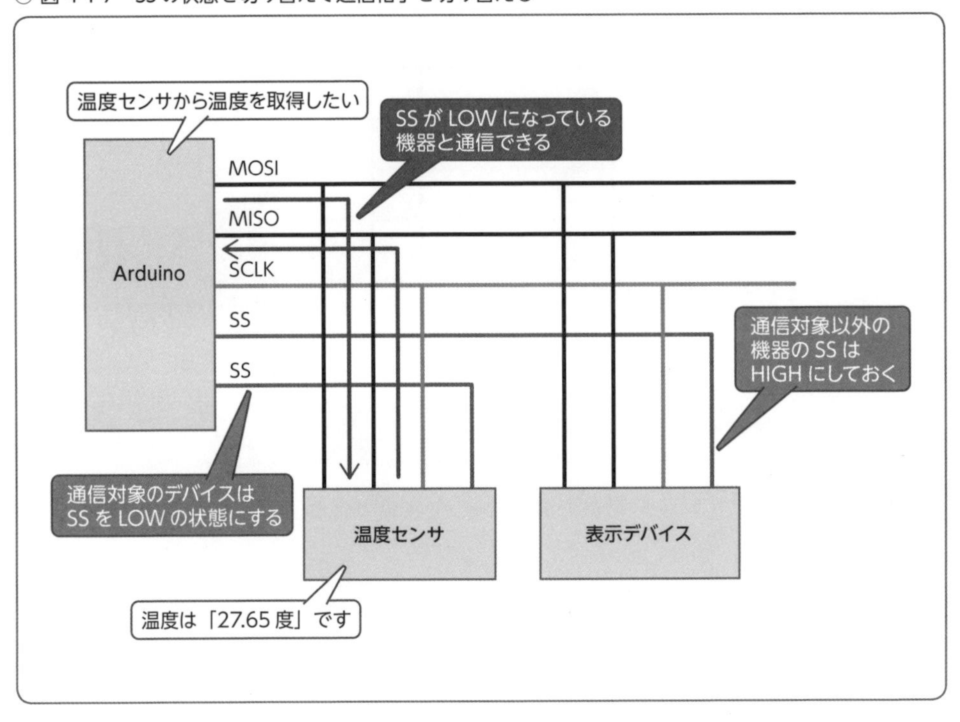

4-2 モータを動かす

Arduinoでモータを動作させるには、モータドライバを利用する必要があります。I²Cに対応したモータドライバを利用すれば、出力をI²Cに送ることでモータの回転速度を制御できます。

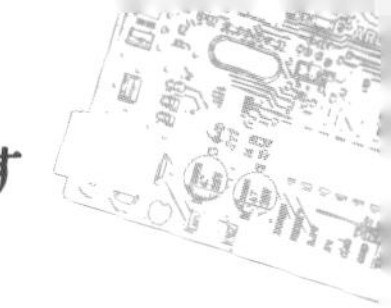

ものを動かすことができるモータ

LEDを点灯する、スイッチの状態を読み取る、センサなどで温度を計測するといった処理以外にも、電子パーツを使ってものを動かすことができます。ものを動かせると、車やロボットなど電子制御を行う機器の作成が可能です。

動きを実現する電子パーツとして「DCモータ」があります（**図4-2-1**）。DCモータとは電気をかけると軸が回転するパーツです。この軸にタイヤやファンを付けることで、車を動かしたり扇風機を回したりするなど、さまざまな動作が可能です。

○ 図4-2-1　電源に接続すると回転する「DCモータ」

DCモータには､2つの端子が搭載されています。この端子の一方に電源の＋（プラス）を、もう一方の電源の－（マイナス）を接続します。また、逆に接続すると、モータの回転方向を変えることができます。

回転する速度や強さが異なるさまざまなDCモータが販売されています。コンパクトなモータだけど回転する力が弱い、力が非常に強く重いものでも動かせる、高速に回転が可能などさまざまです。

本書では比較的力の強いDCモータの「RS-385PH」を使ってArduinoから回転を制御

します。RS-385PHは、3～9Vの範囲の電圧をかけることが可能なモータで、1分間に最大12100回転させることができます。比較的力が強いので、重いものを運ぶような用途でも活用できます。

RS-385PHは、端子の一方に赤い点が付いています。この端子を電源の＋側に接続すると図4-2-1の矢印で示した方向に回転します。なお、矢印の方向の回転を「正転」、逆方向の回転を「反転」といいます。

この他にも模型などに利用されているFA-130RAというモータが販売されています。他のモータを利用する場合は、かけられる電圧などが異なるので注意しましょう。

モータドライバを利用してモータを制御

モータの内部には、導線を何度も巻き上げた電磁石と永久磁石が格納されています。電磁石に電流を流すとN極またはS極になり、内部の永久磁石と引き合ったり反発したりすることで回転軸を回す仕組みです。

このような仕組みから、モータに電気をかけるとほとんど抵抗のない導線に電気が流れます。102ページで説明したように、抵抗が小さいと電流が大きくなることから、モータを動作させると非常に大きな電流が流れてしまいます。今回利用するRS-385PHは、何も負荷がかかっていない状態で回転させた場合は最大620mA、負荷がかかっている状態では3.5Aもの電流が流れることがあります。

Arduinoのデジタル入出力端子では、20mA程度の電流までしか流すことができません。これ以上流すと、Arduino自体が停止してしまったり、壊れてしまったりする恐れがあります。数百mA以上の電流が流れるモータをつないでしまうと、Arduinoの許容範囲を超えてしまい、正常に動作しません。

そこで、モータを動かすためには、モータドライバを利用します（**図4-2-2**）。モータドライバとは、外部電源を利用して、Arduinoなどからの制御信号によってモータに電源を供給できる電子パーツのことです。モータに流れる電流が直接Arduinoに流れ込まないので、安全にモータを動かすことができます。

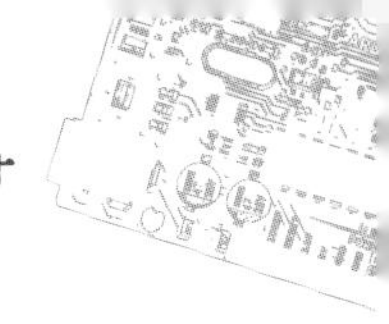

○図 4-2-2 モータはモータドライバを使って制御する

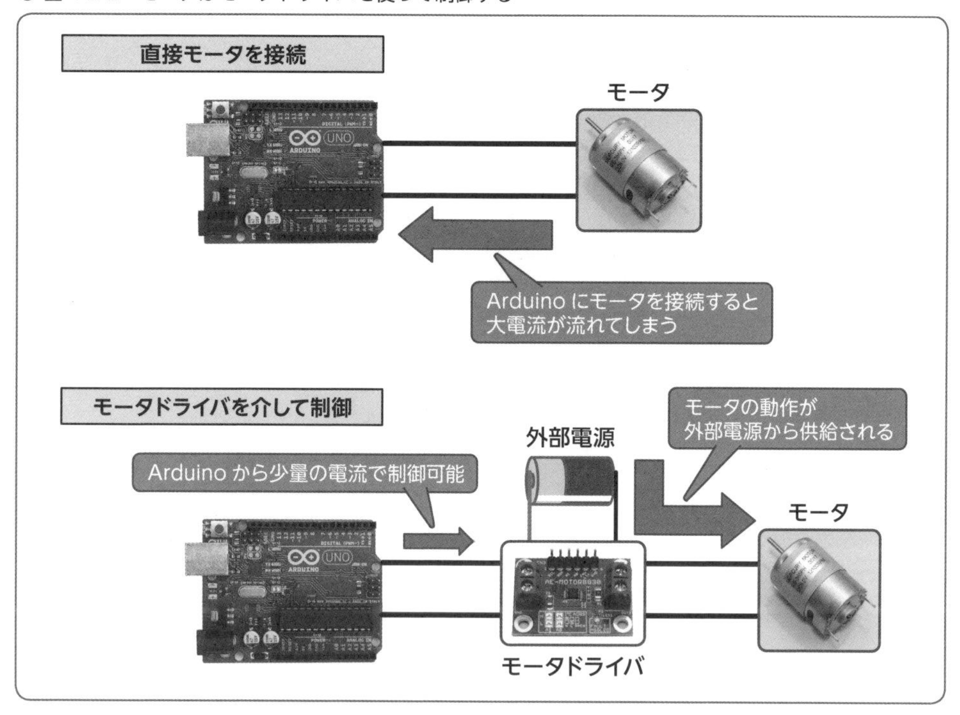

また、モータは非常に大きな雑音を発生する電子パーツです。雑音は他の機器の動作に影響を与えて、正しく動作しなくなる恐れがあります。たとえば、センサの値がおかしくなったり、Arduinoからの制御信号が正しく伝わらなかったりなど、さまざまです。モータドライバではモータが発生する雑音を軽減する機能も備えています。

I²Cで制御できるモータドライバ「DRV8830」

本書はモータドライバとして「DRV8830」を利用します。DRV8830は、I²Cを利用してモータを制御できるようになっています。モータにかける電圧を変化させたり、正転、反転、停止といった動作をさせたりすることが可能です。

秋月電子通商で販売されている「DRV8830使用DCモータドライブキット」を利用すると、モータや外部電源を「スクリュー端子」にドライバで取り付けることができます（**図 4-2-3**）。はんだ付けをせずに配線をそのまま固定できるので、便利です。

○図4-2-3 モータドライバ「DRV8830」

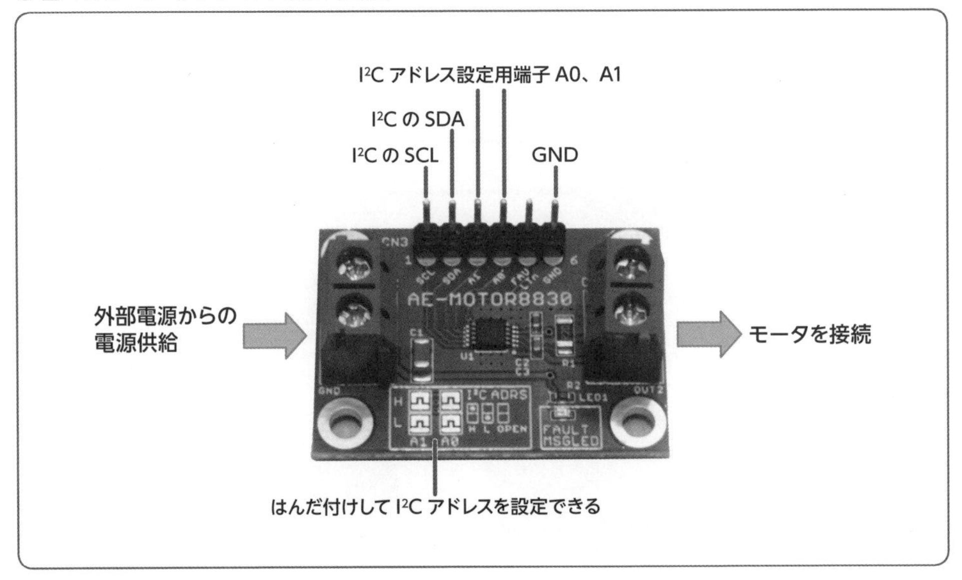

I²Cで通信するには、モータドライバ（スレーブ側）のI²Cアドレスを知る必要があります。DRV8830では、複数のモータを制御できるように、I²Cアドレスの変更が可能になっています。A1、A0の端子に電源やGNDを接続するか、何も接続しないかで9種類のアドレスを選択できます（**表4-2-1**）。たとえば、何も接続しなければ「0x64」、どちらもGNDに接続すると「0x60」、どちらも電源に接続すると「0x68」になります。また、モータドライバの基板の下にアドレスを指定できるジャンパーが用意されています。ここをはんだ付けしてもI²Cアドレスの変更が可能です。

今回はどちらも何も接続せず、I²Cアドレスを「0x64」として使うことにします。

また、DRV8830使用DCモータドライブキットは、端子が基板に取り付けられていません。このため、付属しているピンヘッダとスクリュー端子をはんだ付けする必要があります。基板のCN1、CN2、CN3と記載されている場所にピンヘッダやスクリュー端子を取り付けておきましょう。

○ 表 4-2-1 I^{2}C アドレスの選択～ A0、A1 の接続によって I^{2}C アドレスの選択が可能

A1	A0	I^{2}Cアドレス
GND	GND	0x60
GND	接続しない	0x61
GND	電源	0x62
接続しない	GND	0x63
接続しない	接続しない	0x64
接続しない	電源	0x65
電源	GND	0x66
電源	接続しない	0x67
電源	電源	0x68

COLUMN データシートのアドレス

I^{2}Cの通信でアドレスを指定する信号は、7ビットのI^{2}Cアドレスの後ろに、読み取りまたは書き込みを表す1ビットが付加されています。たとえば、I^{2}Cアドレスが2進数「1100000」の機器と通信する際、読み取り時には読み取りを表す「0」を末尾に付加した「11000000」を送ります。また、書き込み時には書き込みを表す「1」を末尾に付加した「11000001」を送ります。

DRV8830に添付されているデータシートには、I^{2}Cアドレスが読み取りまたは書き込みのビットを含む形式で掲載されています。ArduinoでI^{2}Cアドレスを指定する場合は、読み取り／書き込みビットを含まない7ビットで指定するため、データシートに記載されているI^{2}Cアドレスでは動作しないので注意しましょう。

モータを接続する

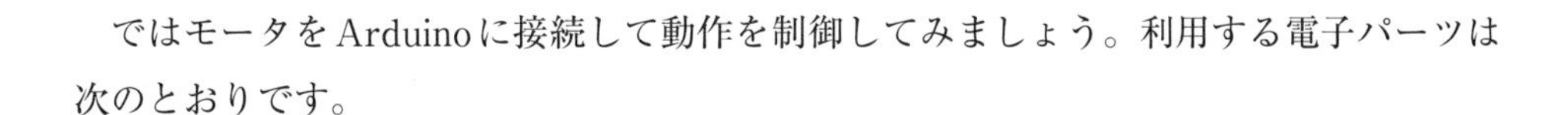

ではモータをArduinoに接続して動作を制御してみましょう。利用する電子パーツは次のとおりです。

● DCモータRS-385PH×1個（秋月電子通商「P-06439」、200円）

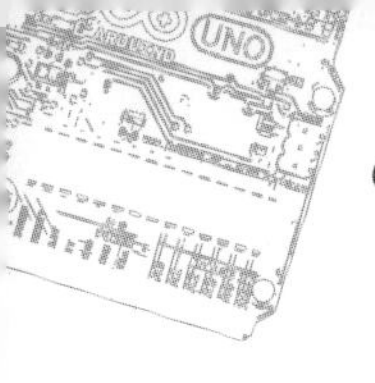

- DRV8830使用DCモータドライブキット×1個（秋月電子通商「K-06489」、700円）
- ACアダプタ 5V、2.0A（プラグ内径 2.1mm）×1個（秋月電子通商「M-01801」、650円）
- 2.1mm標準DCジャック、スクリュー端子台変換×1個（秋月電子通商「C-08849」、80円）
- 配線（秋月電子通商「P-10672」、300円）

配線はモータ、モータドライバ、DCジャックを接続するために必要です。10cm程度の長さの配線を4本程度用意すれば足ります。配線をあらかじめ持っている場合は購入する必要はありません。また、ブレッドボードに接続するジャンパー線を代用することも可能です。

モータを準備する

今回利用するモータは端子が搭載されているだけで、そのままの状態ではモータドライバに接続することができません。そこで、配線をそれぞれの端子にはんだ付けして、モータドライバと接続できるようにしておきます（**図4-2-4**）。

○ 図4-2-4　モータに配線とコンデンサをはんだ付けする

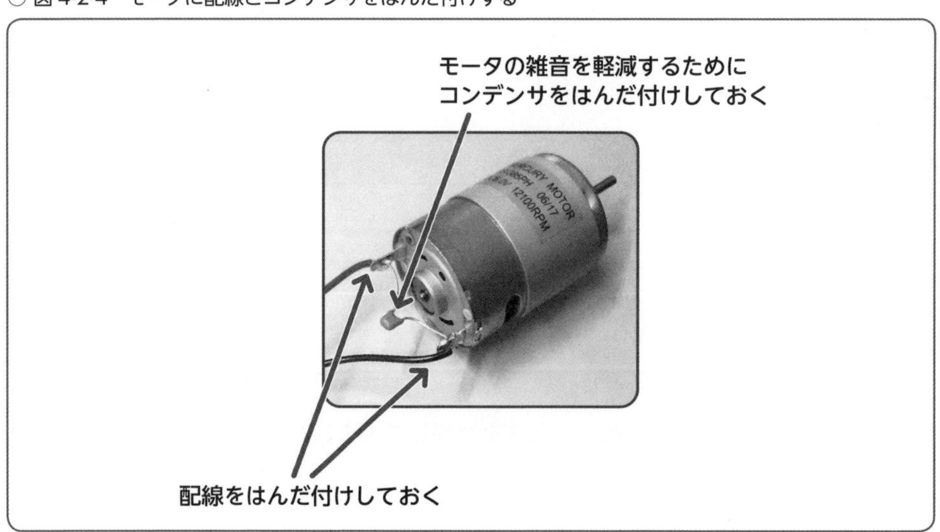

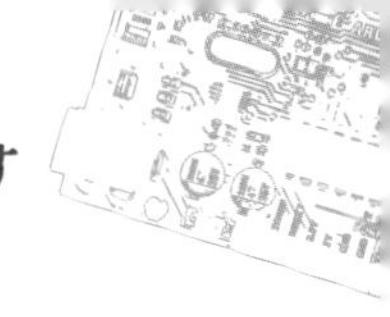

配線は、10cm程度の長さに切り取り、両端の皮膜をむいておきます。ニッパやカッターなどを使って皮膜部分に切り込みを入れて引っ張ることで、皮膜をむくことができます。このとき、中の金属の線まで切らないように注意しましょう。配線の皮膜をむいた部分をモータのそれぞれの端子の穴に差し込みます。また、異なる色の配線を使うことで、どちらがプラス側かなどが一目でわかるようになり、接続の誤りを防げます。

前述のとおり、モータは雑音を発します。DCモータドライバで雑音を軽減できますが、できる限り前もって雑音を取り除いておくことで誤動作を防ぐことができます。そこで、モータの端子部分にコンデンサを取り付けておきます。コンデンサは、少量の電気を一時的にためておくことのできる電子パーツです。雑音が発生するときのように急激に電圧が変化する場合、コンデンサに電気をためたり、コンデンサにたまっている電気を放出したりすることで電圧の変化を緩和することができます（**図4-2-5**）。

○ 図4-2-5　雑音を軽減できるコンデンサ

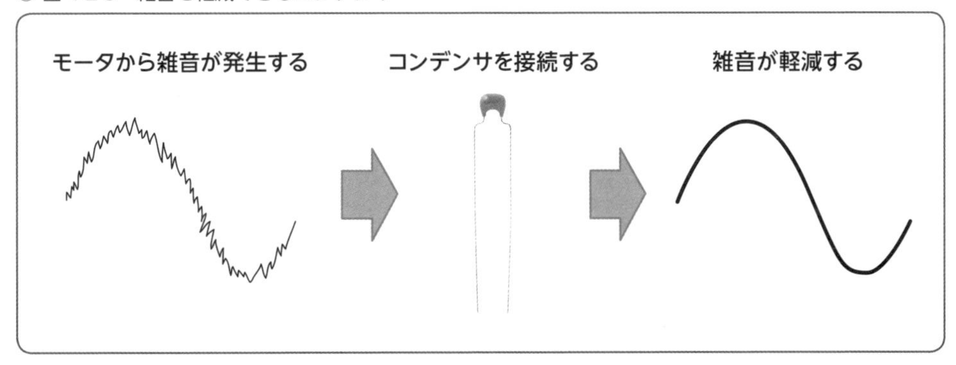

コンデンサは、DCモータドライブキットに数本同梱されています。このコンデンサをモータのそれぞれの端子に取り付けます。今回は、配線同様にモータの端子にある穴にコンデンサの端子を差し込みます。

配線とコンデンサを端子に取り付けたら、はんだを使って固定します。最後に余分なコンデンサの端子などをニッパで切り取れば準備完了です。

DCモータドライバを接続する

モータとDCモータドライバが準備できたらArduinoに接続してみましょう。**図4-2-6**のように接続します。

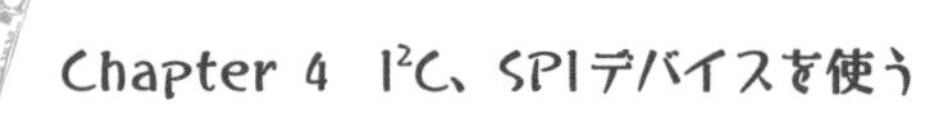

○ 図 4-2-6 モータを Arduino に接続する

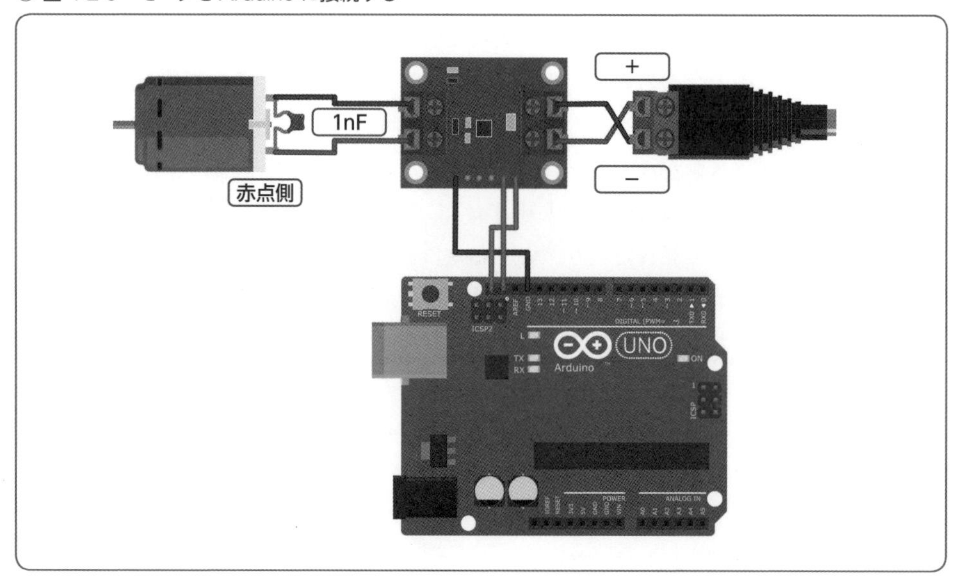

モータは、DCモータドライバの「CN1」と記載されている端子に接続します。モータの赤い点のある端子の配線を「OUT1」に、もう一方の配線を「OUT2」に接続します。CN1 端子は、ドライバで取り付けられる「スクリュー端子」です。上部のねじ部分をドライバで緩めてから、横の穴に配線を差し込みます。次にドライバでねじを締めることで配線を固定できます。

前述のとおり、モータを動作させるには、Arduinoの電源では足りません。このため別の電源を準備してモータに電気を供給します。そこで、ACアダプタを利用して別に電気を供給するようにしましょう。

ACアダプタとは、家庭用コンセントから電子パーツで利用できる電圧に変換するための電子パーツです（**図 4-2-7**）。家庭用電源は 100V なので、モータに供給する 5V まで電圧を下げられます。また、家庭用電源は + と − の状態を交互に変化する「交流（AC）」です。しかし、電子回路では常に一定の電圧に保つ「直流（DC）」を利用しています。ACアダプタは、交流を直流に変換する機能も搭載しています。

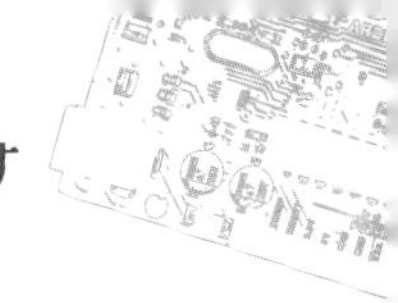

○ 図4-2-7 家庭用電源から電子回路に利用できる電圧に変換する「ACアダプタ」

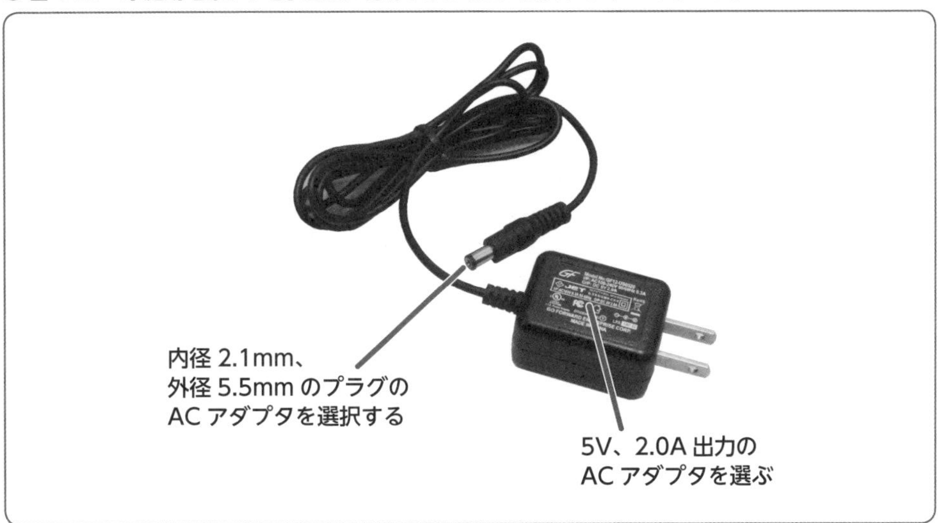
内径2.1mm、
外径5.5mmのプラグの
ACアダプタを選択する
5V、2.0A出力の
ACアダプタを選ぶ

ACアダプタは、出力する電圧や流せる電流によってさまざまな製品が販売されています。今回利用するモータは5Vの電圧で動作するので、5Vを出力できる製品を選択してください。また、流せる電流は小さすぎるとモータを動かすための電流が足りなくなる恐れがあります。今回のモータは高負荷がかかると最大3.5Aの電流が流れることがありますが、DCモータドライバは1Aまでの電流にしか対応していません。このため、大容量の電流が流せるACアダプタを利用しても意味があまりありません。そこで、少し余裕を持たせた2A程度のACアダプタを選択するようにしましょう。

ACアダプタは出力側の端子が円筒状の端子となっています。この端子ではモータドライバに直接接続ができません。そこで、ACアダプタの端子を通常の配線に接続できる変換用のコネクタを利用します(**図4-2-8**)。スクリュー端子台の付いた変換コネクタを使うと、モータドライバと同様に配線をドライバで固定することが可能です。

変換コネクタには、+と−の表記があります。+側をモータドライバのCN2にあるVCCの端子に、−側のGNDの端子に配線を使って接続します。逆に接続するとモータドライバが壊れる恐れがあるため、注意して接続しましょう。

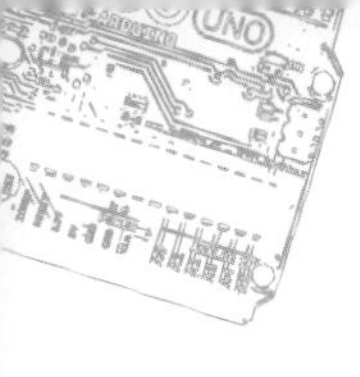

○ 図 4-2-8　AC アダプタを配線に変換できる「DC ジャック、スクリュー端子台変換」

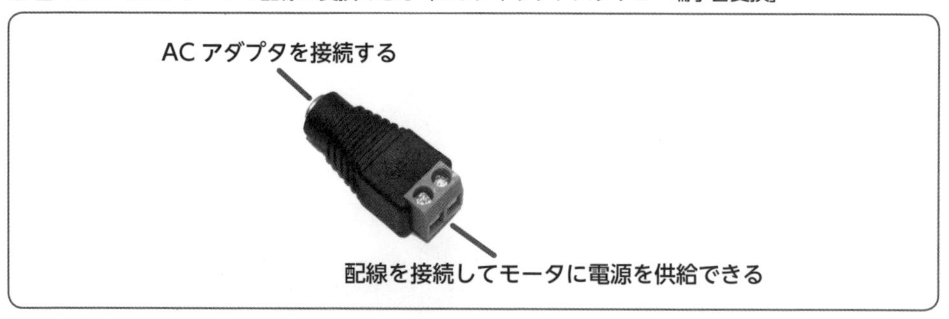

モータとDCジャックを取り付けた状態は**図 4-2-9**のようになります。

○ 図 4-2-9　モータドライバを接続した回路

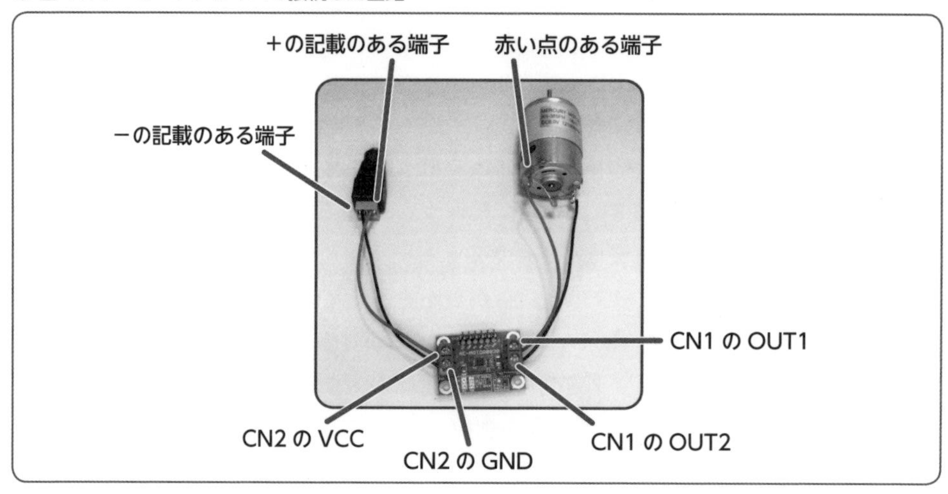

ArduinoとDCモータドライバの接続には、I²Cの各端子を利用します。ArduinoのSDA、SCLの端子をDCモータドライバのSDA、SCLの端子に接続します。電源関係はGNDだけを接続しておきます。これは、DCモータドライバの動作電源を別の端子から取り込むためです。

DCモータドライバはピンヘッダとなっているため、オス－オス型ジャンパー線は使えません。そこで、一方がオス型、もう一方がメス型となっているオス－メス型ジャンパー線を使って接続しましょう。

これで接続が完了しました。

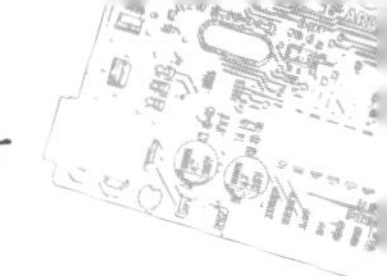

モータを動作させるプログラムを作成する

モータを接続できたらプログラムを作成してモータを制御してみましょう(**リスト4-2-1**)。

○ リスト 4-2-1 モータを制御するプログラム「motor.ino」

```
#include <Wire.h>                    ← I²C通信のライブラリを読み込む

#define I2C_ADDR 0x64                ← モータドライバのI²Cアドレス

#define MAX_VOLT 0x3e                ← モータに印加する最大電圧の値
#define MIN_VOLT 0x06                ← モータに印加する最小電圧の値

#define WAIT_TIME 500                ← 徐々に速度を上げる際の待機時間

void setup() {
  Wire.begin();                      ← I²C通信の初期化をする
  Serial.begin( 9600 );
}

void loop() {
  unsigned char data, vstep;

  vstep = MIN_VOLT;                  ← 最小電圧の値を変数に入れる
  while ( vstep <= MAX_VOLT ){       ← 最大電圧に達したら繰り返しをやめる
    data = (vstep << 2) | 0x02;      ← モータドライバに送るデータを作る
                                        正転する場合は電圧に0x02を付加する
    Wire.beginTransmission( I2C_ADDR );  ← モータドライバとのI²C通信を開始する
    Wire.write( 0x00 );              ← 書き込みレジスタを指定する
    Wire.write( data );              ← データを送信する
    Wire.endTransmission();          ← I²C通信を終了する

    Serial.print("Foward: ");
    Serial.println( vstep );
    vstep = vstep + 1;               ← 次の段階の電圧を出力するよう
                                        変数に1を足す
    delay(WAIT_TIME);
  }
  (while ループ全体:モータを正転させる)
```

次ページに続く

```
  Wire.beginTransmission( I2C_ADDR );
  Wire.write( 0x00 );
  Wire.write( 0x00 );  ← 停止する場合は0x00を送る
  Wire.endTransmission();
  Serial.println("Stop ");
  delay( 5000 );
                       モータを停止させる
  vstep = MIN_VOLT;
  while ( vstep <= MAX_VOLT ){
    data = (vstep << 2) | 0x01;  ← 反転する場合は電圧に0x01を付加する
    Wire.beginTransmission( I2C_ADDR );
    Wire.write( 0x00 );
    Wire.write( data );
    Wire.endTransmission();

    Serial.print("Reverse: ");
    Serial.println( vstep );
    vstep = vstep + 1;
    delay(WAIT_TIME);
  }
                       モータを反転させる
  Wire.beginTransmission( I2C_ADDR );
  Wire.write( 0x00 );
  Wire.write( 0x00 );
  Wire.endTransmission();
  Serial.println("Stop ");
  delay( 5000 );
}
                       モータを停止させる
```

今回は正転、停止、反転、停止を繰り返すようにします。また、モータの正転、反転時は、徐々に回転速度を速くします。

今回はモータドライバを制御するためにI²Cを利用しています。そこで、I²Cのライブラリ「Wire」をインポートしておきます。

I²Cで通信するには、通信対象の機器のI²Cアドレスを指定する必要があります。そこで、モータドライバのI²Cアドレスを「I2C_ADDR」に定義しておきます。A0、A1ともに何も接続していない場合は「0x64」となります。

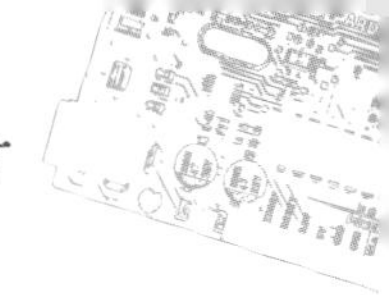

モータの印加電圧は、6ビットの値で指定します。指定する値はデータシートの電圧表に記載されています。たとえば、0.48Vを印加する場合は「0x06」、3.05Vを印加するには「0x26」、4.98Vを印加するには「0x3e」をモータドライバに送ることとなります。また、今回は徐々に回転速度を速くするので、印加する最小電圧と最大電圧を「MIN_VOLT」と「MAX_VOLT」に定義しておきます。このとき、定義する値はデータシートに記載されている電圧表の値を指定します。たとえば、0.48から4.98Vまで印加したい場合は、MIN_VOLTを「0x06」、MAX_VOLTを「0x3e」とします。

さらに電圧を次の段階に変化させるまでの待機時間をWAIT_TIMEに指定しておきます。

setup( )関数では、「Wire.begin( )」と記述し、I^{2}Cを初期化します。

モータの制御部分をloop( )関数内に記述します。

初めにモータを正転させます。モータの回転を徐々に速くするには、送るデータを「0x06」から「0x3e」まで順に変化させるようにします。そこで、vstep変数を用意して、最小電圧となる0x06を格納します。

次に、I^{2}Cに送るデータを作成します。DRV8830には8ビットのデータを送ります（**図4-2-10**）。上位6ビットはかける電圧の値を指定し、下位2ビットで回転の方向や停止するかを指定します。下位2ビットが「00」なら停止、「10」なら正転、「01」なら反転します。なお「11」を指定すると、電気的なブレーキをかけることができます。

○ 図4-2-10　モータを制御するデータの形式

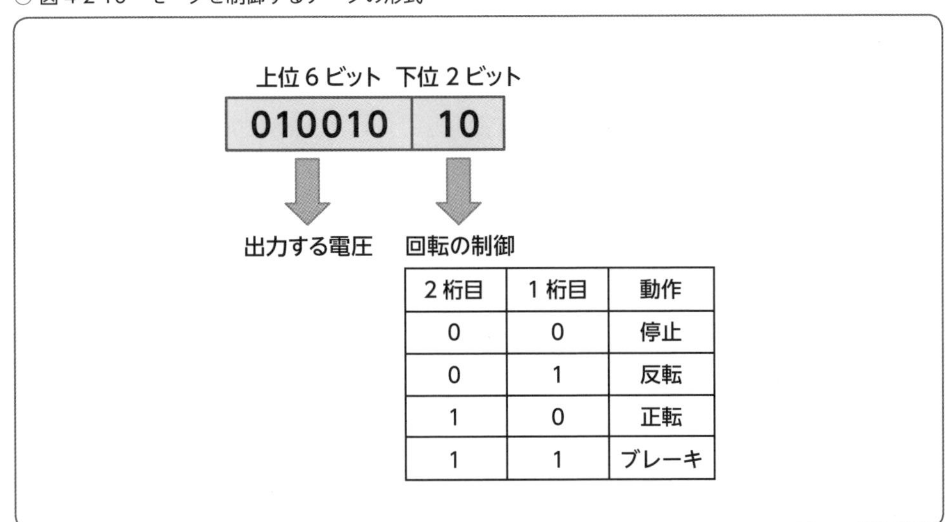

2桁目	1桁目	動作
0	0	停止
0	1	反転
1	0	正転
1	1	ブレーキ

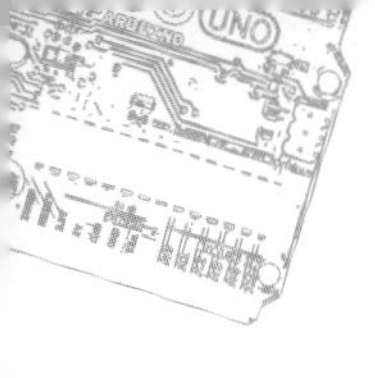

データを作成するには、電圧の値を2ビット分上位に動かし、空いた下位2ビットに動作のビットを付加します。電圧値を2ビット分動かすにはシフト演算子を利用します。シフト演算子は右または左方向にビットを動かすことのできる演算子です。左側に動かすには「<<」を利用し、動かすビット数を指定します。今回は2ビット動かすので次のように記述します。

```
vstep << 2
```

次に動作を表す2ビットを付加します。付加する場合は、シフト演算子で動かした値にOR演算子（|）で付加したい値を指定します。正転する場合は0x02（2進数は10）を付加すればよいので、次のように記述します。

```
( vstep << 2 ) | 0x02
```

これでモータドライバに送るデータができあがりました。

次にI^{2}Cでモータドライバにデータを送ります。「Wire.beginTransmission( )」でI^{2}C通信を開始します。このとき、通信対象のI^{2}Cアドレスを指定しておきます。次に書き込み先のレジスタを指定します。I^{2}Cの機器ではレジスタと呼ばれるメモリが用意されており、所定のレジスタにデータを書き込むことで制御できます。また、センサのような機器であれば、計測値はレジスタに一時保管されるので、I^{2}Cで所定のレジスタの値を取得することで計測値を得ることができます。DRV8830の場合は、レジスタ0x00に制御用のデータを書き込むことでモータを制御可能です。そこで、対象のレジスタを指定するため「Wire.write(0x00)」と記述します。

次にデータを送ります。データも「Wire.write( )」で送れます。作成したデータをdata変数に格納しているので「Wire.write(data)」と記述します。

通信が完了したら「Wire.endTransmission( )」でI^{2}C通信を完了します。

最後に出力する電圧の値（vstep）を1増やして、同じ処理を繰り返します。これを最大電圧まで繰り返すようにします。

最大電圧に達したらモータを停止します。モータを停止する場合は「0x00」をモータドライバに送ります。正転の場合と同様に、Wire.write( )を使って、0x00レジスタに0x00を書き込みます。

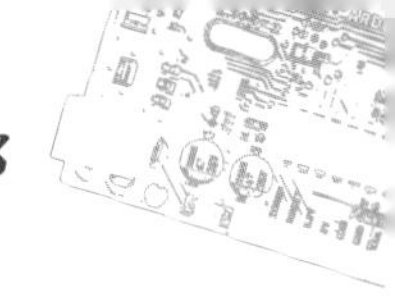

反転する場合も正転と同じ処理を行います。ただし、送るデータを作る際には、動作のビットとして「0x01」を付加します。

プログラムができあがったら、Arduinoに転送します。すると、モータが徐々に速度を上げながら回転します。もし、「FAULT MSGLED」が点灯してモータが回転しなくなった場合は、一度ACアダプタを抜き、再度つなぐことで回転を再開します。モータに高負荷がかかっていたり、突然電圧値が大きく変化したりした場合に「FAULT MSGLED」が点灯します。頻繁に点灯する場合には、プログラムやモータの負荷を見直すようにしましょう。

4-3

温度を計測する

温度センサを使えば、室内などの温度を計測できます。温度を計測できれば、暑さや寒さを判断でき、計測結果によって扇風機や暖房をつけるなどの応用が可能です。SPIに対応した温度センサを利用して温度を計測してみましょう。

室温を計測できる温度センサ

電子パーツには、温度を計測できる温度センサがあります。温度センサを使うと、周囲の温度を計測し、数値として計測結果を得ることができます。温度を計測できれば、温度によって他の電子パーツの挙動を変えるような応用が可能です。たとえば、特定の温度より暑い場合は扇風機を動作させる、寒い場合は暖房のスイッチを入れるといったことが考えられます。さらに、ネットワークを介して外出先から室温を確認するといった利用方法も可能です。

温度を計測できる電子パーツとして「ADT7310」があります（**図4-3-1**）。ADT7310は、－55度～150度の範囲で温度を計測できます。16ビットの分解能で計測できるため、0.0078度といった細かい精度での計測が可能です。

○ 図 4-3-1 温度を計測できる温度センサモジュール「ADT7310」
(秋月電子通商が販売する温度センサモジュールを利用)

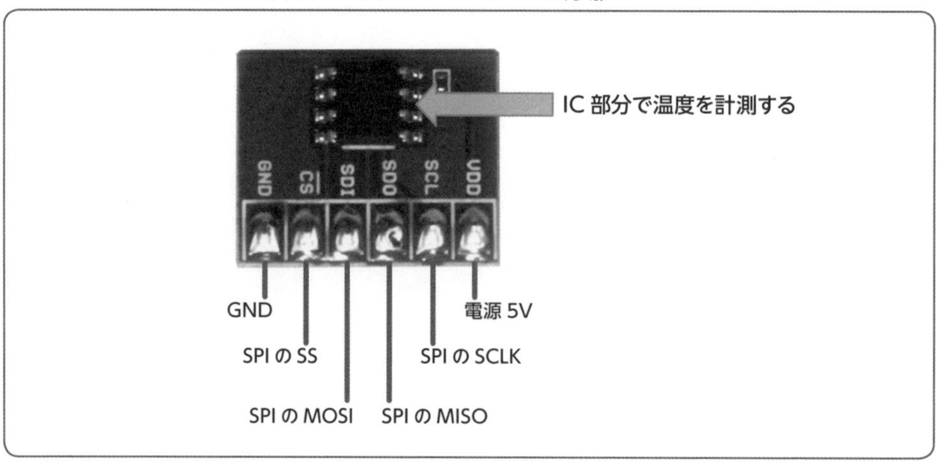

また、計測した結果はSPIを利用してArduinoへ転送可能です。それぞれの端子をArduinoのSPI関連の端子へ接続するだけで温度を計測できます。

ここでは、ADT7310で温度を計測して、シリアルモニタに温度を表示してみましょう。

温度センサを接続する

では温度センサを接続してみましょう。利用する電子パーツは次のとおりです。

- ADT7310 温度センサモジュール× 1 個（秋月電子通商「M-06708」、500 円）

秋月電子通商で販売しているADT7310は、ピンヘッダがはんだ付けされていません。このため、付属のピンヘッダを温度センサモジュールにはんだ付けする必要があります。

はんだ付けができたら**図 4-3-2** のように接続します。

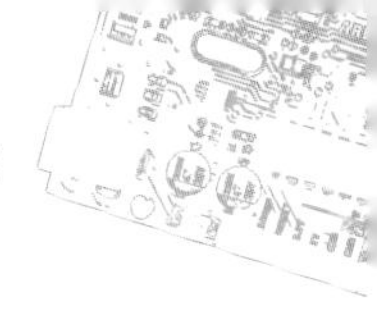

○ 図 4-3-2　温度センサの接続回路

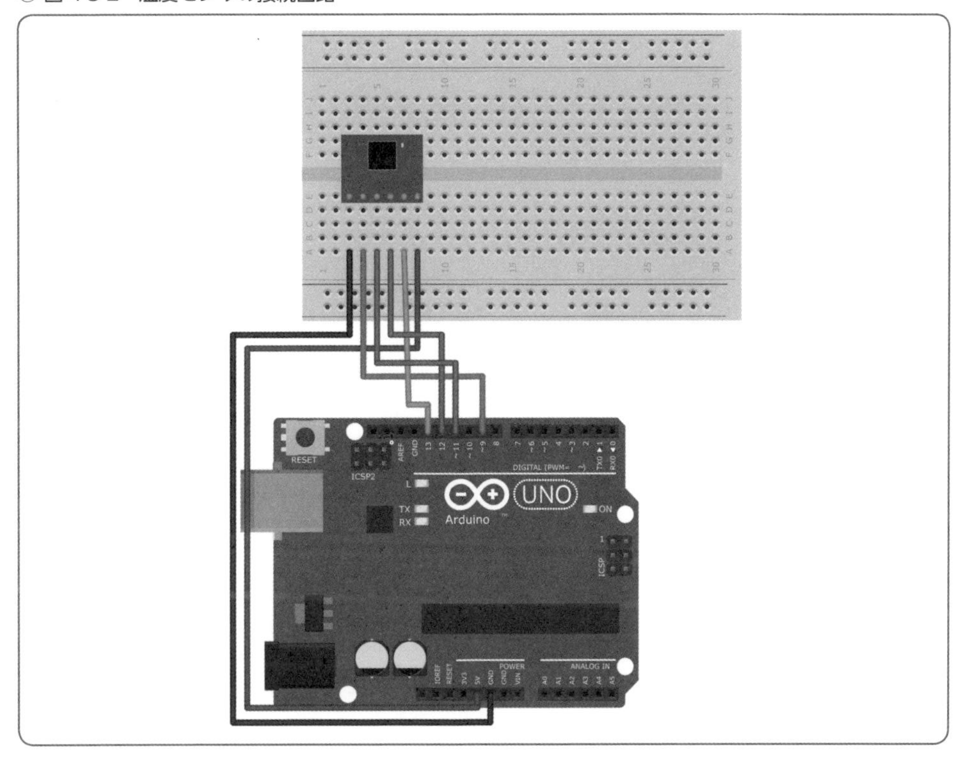

ADT7310には、各端子に名称が記載されています。データの送受信をするSDOとSDIは、それぞれArduinoのMISO（12番端子）、MOSI（11番端子）に、同期用の信号を送るSCLは、SCLK（13番端子）に接続します。また、通信機器を選択するSSは任意のデジタル入出力の端子に接続します。ここでは9番端子を利用します。

さらに電源を接続しておきます。VDDは5V端子、GNDはGND端子に接続します。

これで接続が完了しました。

温度計測プログラムを作成する

温度センサをArduinoに接続したらプログラムを作成します（**リスト 4-3-1**）。

○ リスト 4-3-1　温度を計測するプログラム「temp.ino」

```
#include <SPI.h> ← SPI通信するためのライブラリを読み込む

#define SS_PIN  9 ← 温度センサのSSを接続した端子を指定する

void setup(void) {
  Serial.begin( 9600 );
  pinMode( SS_PIN, OUTPUT);

  SPI.setBitOrder( MSBFIRST );
  SPI.setClockDivider( SPI_CLOCK_DIV128 );   ← SPI通信の各種設定をする
  SPI.setDataMode( SPI_MODE0 );

  SPI.begin(); ← SPI通信の初期化をする

  digitalWrite( SS_PIN, LOW ); ← SSをLOWに切り替えて温度センサと通信できるようにする
  SPI.transfer(0xFF); ← 温度センサにデータを送る
  digitalWrite( SS_PIN, HIGH ); ← SSをHIGHに戻しておく
  delay(100);

  digitalWrite( SS_PIN, LOW );
  SPI.transfer(0x0C);
  SPI.transfer(0x80);
  digitalWrite( SS_PIN, HIGH );
  delay(100);

  digitalWrite( SS_PIN, LOW );
  SPI.transfer(0x54);
  digitalWrite( SS_PIN, HIGH );
  delay(1000);
}
← 温度センサの初期設定をする

void loop(void) {
  unsigned char data_h, data_l;
  int data;                      ← 取得したデータや温度に変換したデータを保存しておく変数
  float temp_data;

  digitalWrite( SS_PIN, LOW ); ← SSをLOWにして温度センサと通信できるようにする

  data_h = SPI.transfer(0);
  data_l = SPI.transfer(0);   ← 温度センサから2バイト分のデータを取得する
```

次ページに続く

```
  digitalWrite( SS_PIN, HIGH ); ← SSをHIGHに戻しておく

  data = data_h << 8 | data_l; ← 取得したデータを1つにまとめる
  temp_data = (float)data / 128.0; ← 取得したデータを128で割ると温度に変換できる

  Serial.print( temp_data );
  Serial.println(" C"); ← シリアルモニタに温度を表示する

  delay(1000);
}
```

今回は温度センサを制御するためにSPIを利用しています。そこでSPIのライブラリ「SPI.h」をimportで読み込んでおきます。

SPIでは、SSの状態を切り替えて、通信するかどうかを制御します。そこで、#defineで「SS_PIN」に利用するデジタル入出力端子番号を定義しておきます。また、デジタル出力をするため、pinMode( )で出力に設定します。

SPIで通信するための設定として、SPI.setBitOrder( )でデータを送る順序、SPI.setClockDivider( )で同期用信号、SPI.setDataMode( )でデータの送受信方法を指定しておきます。設定したらSPI.begin( )でSPIを初期化します。

次に温度センサの初期設定をします。計測した温度を16ビットのデータとして扱う、温度を連続して取得するといった内容です、また、SPIを介して温度センサと通信を開始する前に、digitalWrite(SS_PIN, LOW)でSSをLOWの状態にしておきます。その後、SPI.transfer( )で通信を開始します。最後にdigitalWrite(SS_PIN, HIGH)でHIGHに戻して通信をしない状態にします。通信のたびに、SSの状態を変更します。

各種初期設定が完了したら、計測した温度を取得します。まずdigitalWrite( )でSSをLOWにしてから、SPI.transfer( )でセンサの値を取得します。SPIでは、同時にデータの送信と受信をするため、どちらの場合もSPI.transfer( )関数を利用します。送信するデータを括弧内に指定して実行すると、送られてきたデータが戻り値として返ります。戻り値は変数などに保管するようにしましょう。たとえば、「0xff」というデータを送信して戻ってきたデータを「data」変数に保存するには、次のように記述します。

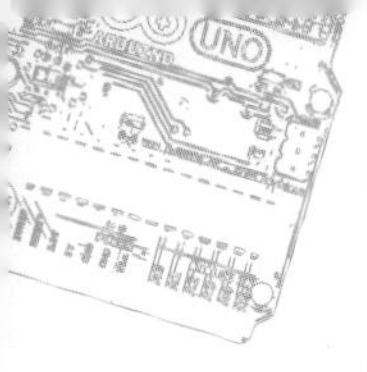


```
data = SPI.transfer( 0xff );
```

もし、データを送信したいだけなら、変数に戻り値を入れる必要はありません。逆にデータを受信したい場合は「0」などの値を送る必要があります。

ADT7310では、計測した温度センサの値は16ビットのデータとして取得できます。しかし、SPIは一度に8ビットのデータしかやりとりできません。そこで、16ビットのデータを8ビットずつに分けてそれぞれを別々に送るようになっています。初めに取得するデータが上位8ビット、次に取得するデータが下位8ビットです。それぞれを「data_h」変数、「data_l」変数に格納します。

データを取得したら2つの8ビットのデータを16ビットのデータに結合する必要があります。そこで、シフト演算子とOR演算子を利用して結合します（**図4-3-3**）。

○ 図4-3-3　送られてきた温度を1つの16ビットの値に変換する

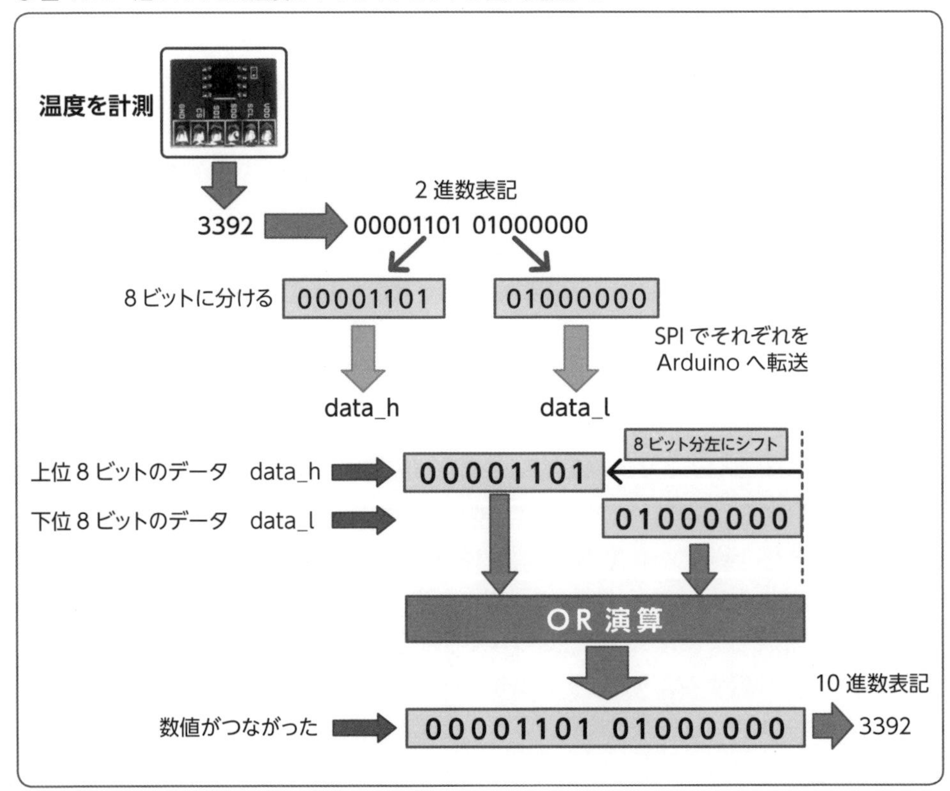

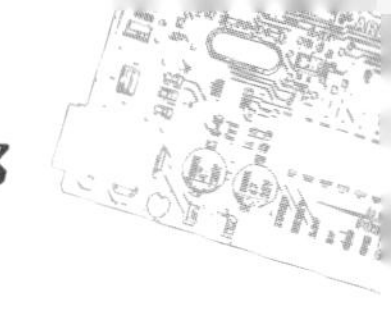

今回は、上位８ビットとなるdata_hを左に８ビット分シフトします。記述は、次のとおりです。

```
data_h << 8
```

シフトした上位８ビットの後に下位８ビットをつなぎ合わせます。このとき、OR演算子「|」を利用します。OR演算子は、0と0の場合は0、それ以外の場合は1となる演算子です。今回のようにdata_hを左にシフトすると、data_lの部分はすべて「0」との演算となります。このため、data_lの値がそのままdata_hの後ろにくっつくようになります。よって、2つの８ビットの値を16ビットにするには、次のような計算をします。

```
data_h << 8 | data_l
```

16ビットのデータを得られたら、128で割ることで温度に変換できます、

プログラムができあがったら、Arduinoに転送します。これで、温度センサで計測した温度をSPIで受信します。シリアルモニタを表示すると、1秒間隔で現在の温度が表示されます（**図4-3-4**）。温度が表示されたら、試しにセンサを触れるなどして暖めてみて、温度が上昇するのを確かめてみましょう。

○図4-3-4　温度計測の結果表示

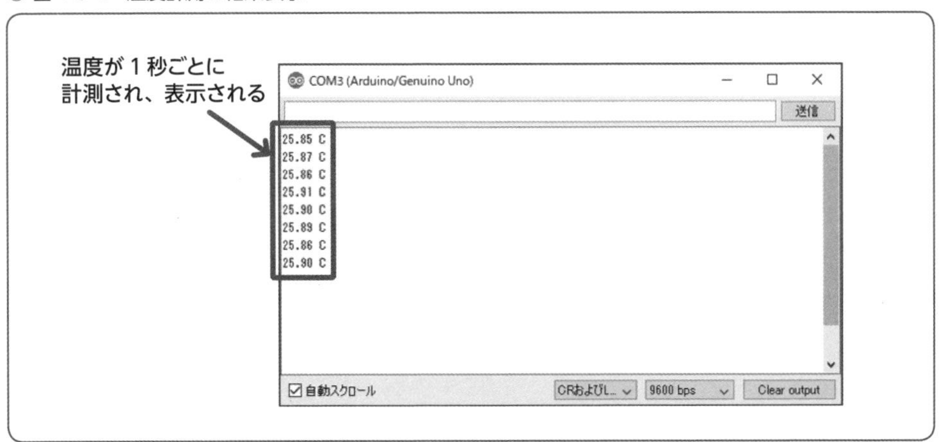

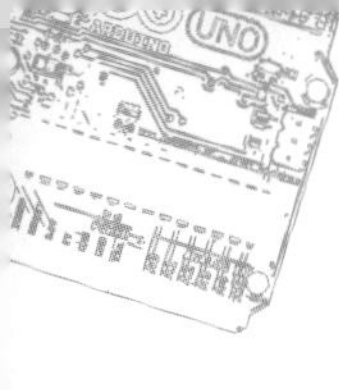

4-4

文字を表示する

有機ELキャラクタディスプレイを使うと、アルファベットや数字といった文字を簡単に表示することが可能です。メッセージやセンサで計測した値を表示するなどの用途で応用できます。

Arduinoで情報を表示する

Arduinoは、プログラムを書き込むだけで手軽に電子パーツを動かせるのが特徴です。一方、簡易な機能のみを搭載しているため、パソコンのようにディスプレイやキーボードを搭載していません。もし、温度センサで温度を計測しても、そのままでは計測した温度を伝えることができません。ユーザに計測した温度を伝えるには、パソコンを接続してシリアルモニタを介して表示するといった処理が必要になります。しかし、パソコンをつなぐのでは、Arduinoの手軽さが失われてしまいます。

このような場合には、表示デバイスを利用するのがお勧めです（**図4-4-1**）。電子パーツの中には液晶やLEDなどを利用した表示デバイスがあります。たとえば、数字を表示できる7セグメントLED、たくさんのLEDを並べたマトリクスLED、自由に表示できる液晶ディスプレイなどです。

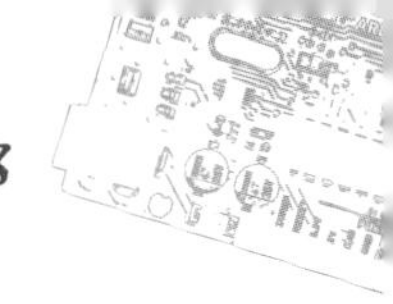

○ 図 4-4-1　Arduino に表示デバイスを接続すれば情報を表示できる

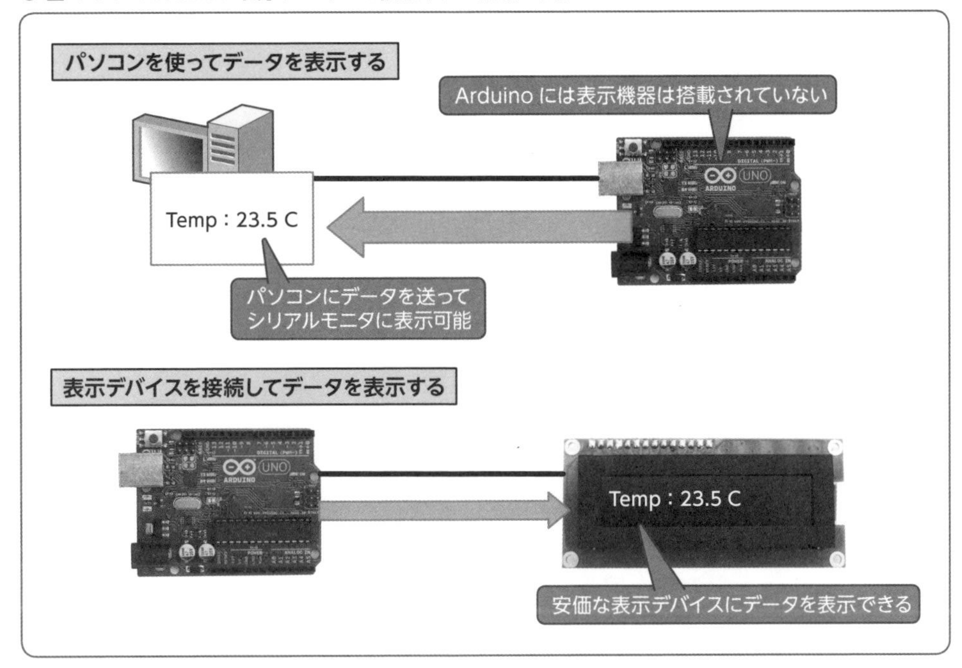

文字情報だけを表示する場合は、「キャラクタディスプレイ」が有用です。キャラクタディスプレイは、アルファベットや数字、記号など文字だけを表示する表示デバイスです。パソコンで利用する一般的なディスプレイのように画像などを自由に表示することはできませんが、計測した値や簡単なメッセージを表示するだけならば十分利用できます。また、文字のみを表示できるので、Arduinoから文字情報だけを送るだけで済みます。プログラムについても、グラフィカルなディスプレイに比べると簡単に作成でき、プログラム自体のサイズも小さくて済むのが利点です。

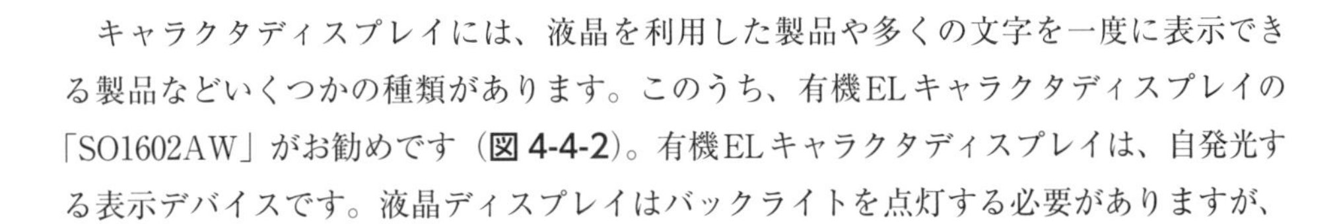

有機ELキャラクタディスプレイ

キャラクタディスプレイには、液晶を利用した製品や多くの文字を一度に表示できる製品などいくつかの種類があります。このうち、有機ELキャラクタディスプレイの「SO1602AW」がお勧めです（**図 4-4-2**）。有機ELキャラクタディスプレイは、自発光する表示デバイスです。液晶ディスプレイはバックライトを点灯する必要がありますが、

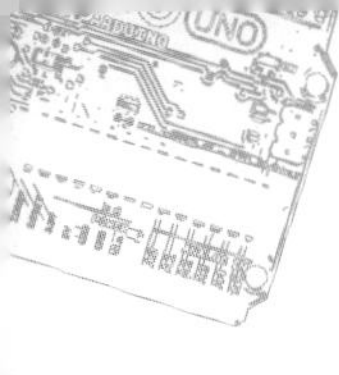

有機ELディスプレイは文字自体が光るため。バックライトが不要になります。また、SO1602AWは、I²C通信規格に対応しているため、少ない配線で表示することが可能です。

○図4-4-2　文字を表示できる「有機ELキャラクタディスプレイ」

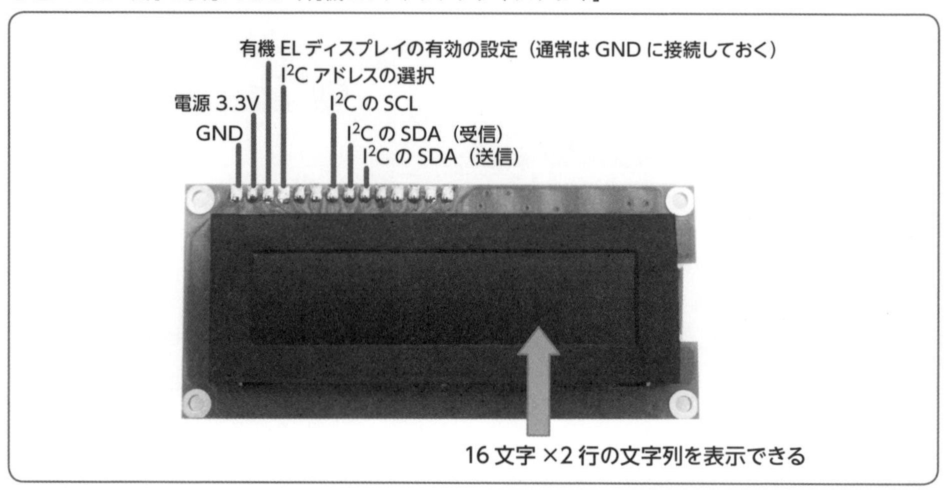

SO1602AWは、横16文字、縦2行の32文字を一度に表示することができます。表示色も白、黄、緑から選択可能です。どの色を利用しても動作は同じなので、好きな色を選択しましょう。

SO1602AWは秋月電子通商で販売されています。次のいずれかを購入するようにしましょう。いずれも1580円となります。

- 「SO1602AWWB-UC-WB-U」白表示（P-08277）
- 「SO1602AWYB-UC-WB-U」黄表示（P-08278）
- 「SO1602AWGB-UC-WB-U」緑表示（P-08276）

有機ELキャラクタディスプレイを接続する

では有機ELキャラクタディスプレイをArduinoに接続して動作を制御してみましょ

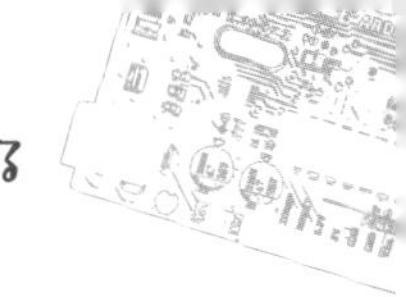

う。有機ELキャラクタディスプレイ以外には次の電子パーツを利用します。

- I^2Cバス用双方向電圧レベル変換モジュール×１個（秋月電子通商「M-05452」、150円）

有機ELキャラクタディスプレイおよびI^2Cバス用双方向電圧レベル変換モジュールには、ピンヘッダが取り付けられていません。そこで、付属のピンヘッダをはんだで取り付けておきましょう。

電圧レベル変換モジュールで電圧を揃える

Arduinoは、デジタル入出力として0Vまたは5Vを出力します。I^2Cも同様に0V、5Vの電圧の状態を切り替えながら通信を指定します。しかし、電子パーツによっては信号の電圧が異なることがあります。今回利用するSO1602AWは、3.3Vで動作し、I^2Cの信号も0V、3.3Vの電圧を切り替えます。

このように電圧の異なる機器同士を直接接続はしてはなりません。HIGHの状態を正確に判断できず正常に動作しなかったり、高い電圧から低い電圧に向かって電流が流れ込むなどして機器を壊してしまったりする恐れがあります。

そこで、電圧を変換する「I^2Cバス用双方向電圧レベル変換モジュール」を利用します（**図4-4-3**）。電圧レベル変換モジュールを介すると、I^2Cの信号電圧を適切に変換できます。使い方は、VREF1にArduinoのI^2CでHIGHの状態になる電圧である5Vを、VREF2にSO1602AWのI^2CでHIGHの状態になる電圧である3.3Vの電源に接続します。あとは、それぞれのSDAとSCLを接続すれば、電圧が変換されるようになります。

○図4-4-3　異なる電圧の機器の接続を可能にする「I^2Cバス用双方向電圧レベル変換モジュール」

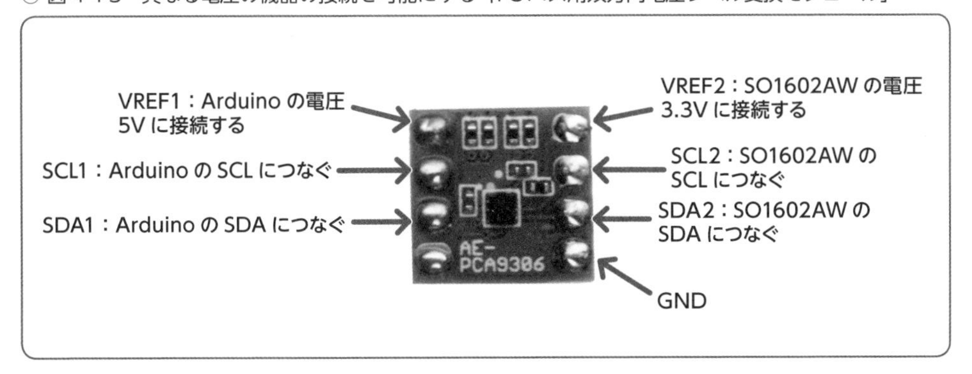

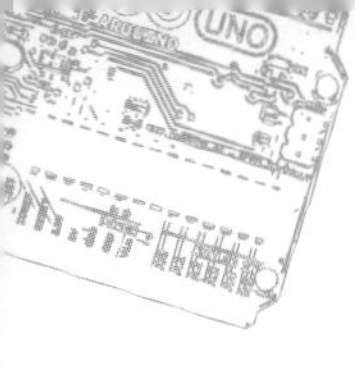

Arduinoと接続する

では、Arduinoに有機ELキャラクタディスプレイを接続しましょう。**図4-4-4**のように接続します。

○図4-4-4　有機ELキャラクタディスプレイを接続した回路

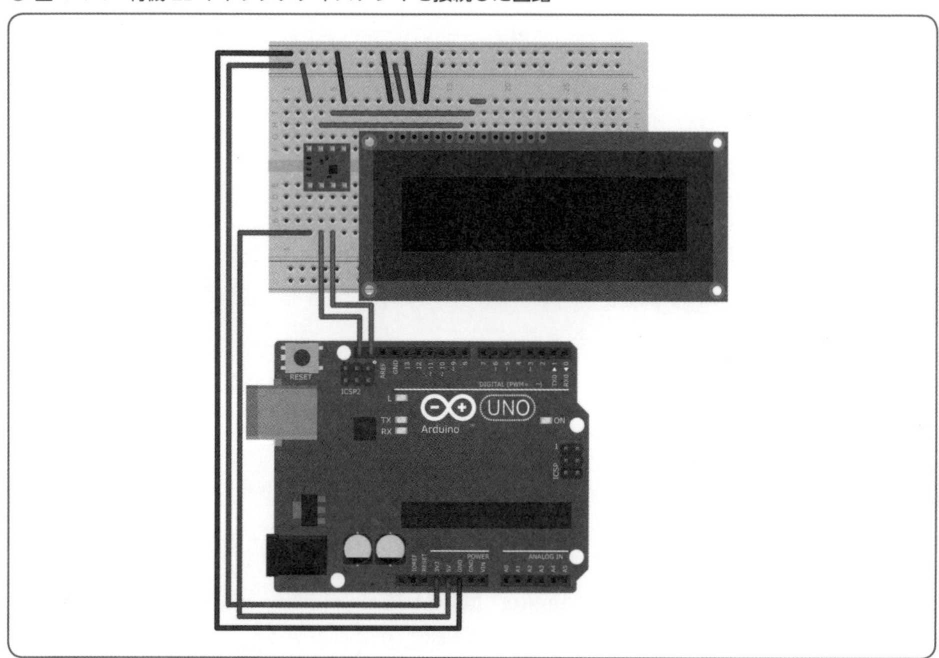

ArduinoのSDAとSCLは、I²Cバス用双方向電圧レベル変換モジュールを介してSO1602AWに接続します。SO1602AWでは、7番端子にSCL、8、9番端子にSDAを接続します。SDAを2つの端子に接続するのは、送信（9番端子）と受信（8番端子）に分かれているためです。Arduinoでは1つの端子で送信、受信の両方を行うので、8番端子と9番端子のどちらも接続しておきます。

SO1602AWのI²Cアドレスは、4番端子の状態で変更できます。GNDに接続した場合は「0x3c」、3.3Vに接続した場合は「0x3d」となります。ここではGNDに接続してI²Cアドレスを「0x3c」とします。

この他にも電源やGNDなどを接続しておきます。SO1602AWは3.3Vで動作するため、電源には3.3Vを接続します。5Vを接続しないように注意しましょう。

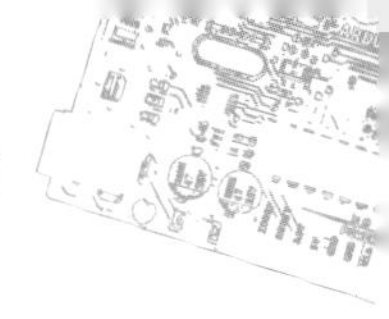

文字を表示する

SO1602AWを接続できたら、実際に文字を表示してみましょう。ディスプレイのような電子パーツは、LEDの点灯などに比べて通信する手順が必要です。これを1から作成するには手間がかります。そこで、SO1602AWに対応したライブラリを利用します。ライブラリは、インターネット上で公開されており、ダウンロードして利用できます。ここでは、光永法明氏が作成してWebページで公開しているライブラリを利用します。

Webブラウザを起動して光永法明氏のWebページ（URL http://n.mtng.org/ele/arduino/i2c.html）にアクセスします（**図4-4-5**）。Webページの下部にある「ファイル」で「I2CLiquidCrystal-1.5.zip」をクリックしてライブラリをダウンロードします。

次にArduino IDEにライブラリを追加します。[スケッチ] メニューの [ライブラリをインクルード] − [.ZIP形式のファイルをインクルード] を選択します。次にダウンロードしたファイル「I2CLiquidCrystal-1.5.zip」を読み込みます。これで、Arduino IDEでライブラリが利用できるようになりました。

○ 図4-4-5 SO1602AWの制御に対応したらライブラリを入手

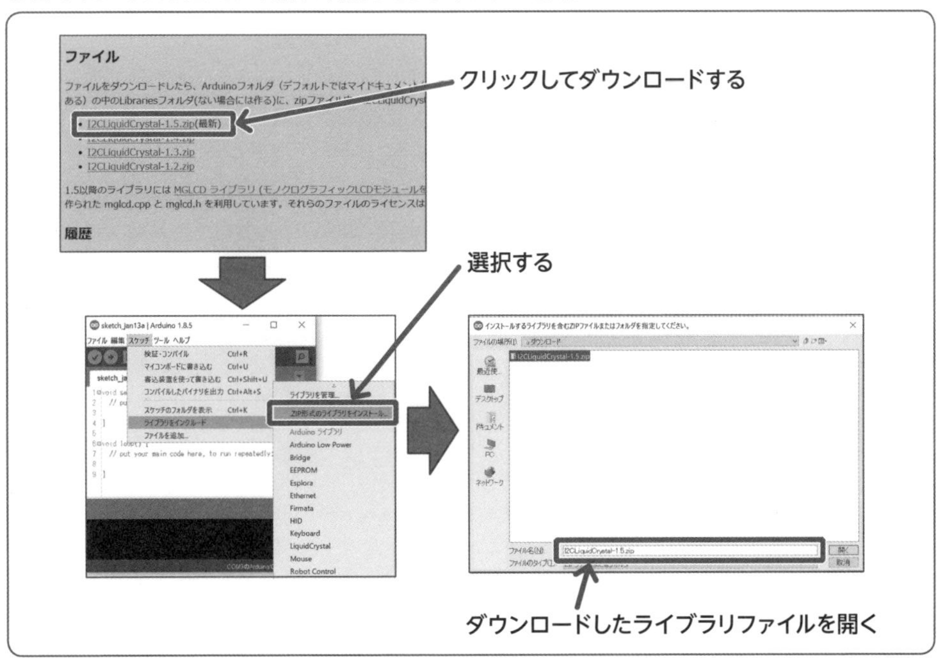

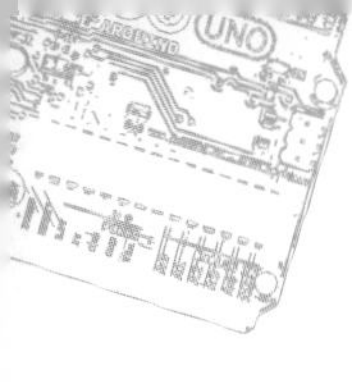

■ プログラムを作成する

プログラムを作成して有機ELキャラクタディスプレイに文字を表示してみます。今回は1行目に「Enjoy Arduino!」、2行目に「Connect Wi-Fi」と表示してみましょう。

プログラムは**リスト 4-4-1** のように作成します。

○ リスト 4-4-1　有機 EL キャラクタディスプレイに文字を表示するプログラム「display.ino」

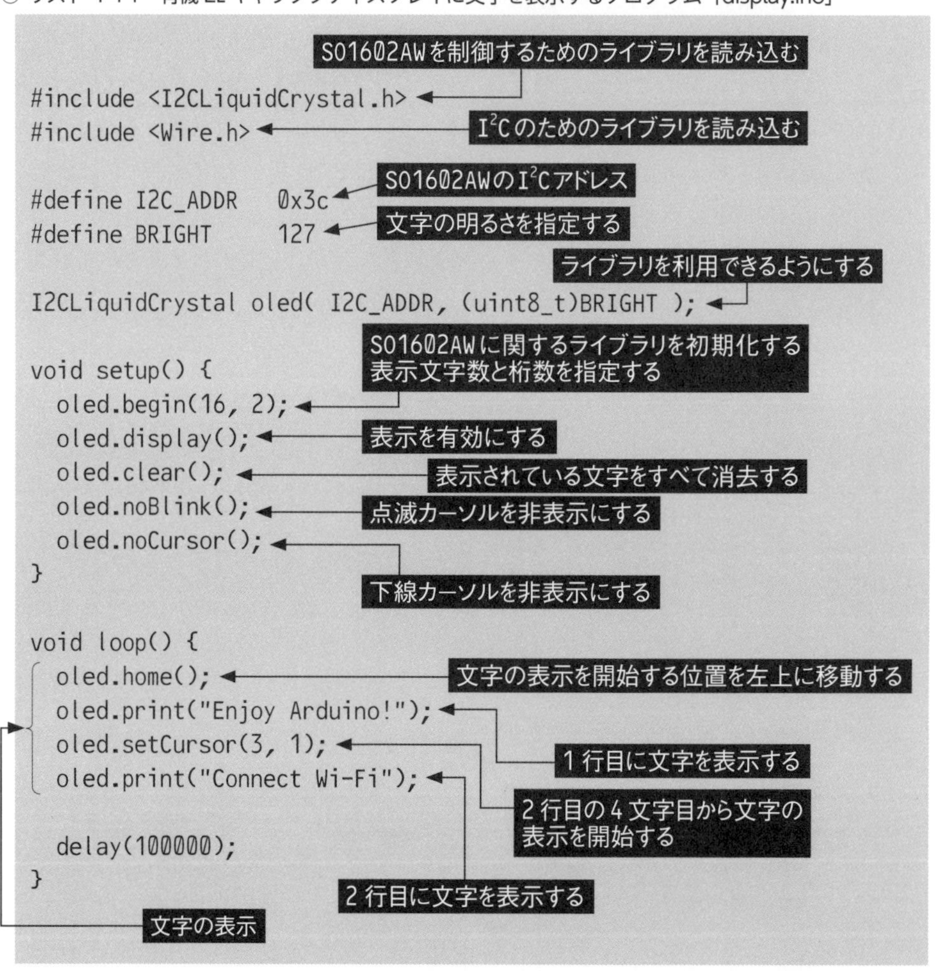

```
#include <I2CLiquidCrystal.h>
#include <Wire.h>

#define I2C_ADDR   0x3c
#define BRIGHT     127

I2CLiquidCrystal oled( I2C_ADDR, (uint8_t)BRIGHT );

void setup() {
  oled.begin(16, 2);
  oled.display();
  oled.clear();
  oled.noBlink();
  oled.noCursor();
}

void loop() {
  oled.home();
  oled.print("Enjoy Arduino!");
  oled.setCursor(3, 1);
  oled.print("Connect Wi-Fi");

  delay(100000);
}
```


SO1602AWを制御するために「I2CLiquidCrystal」ライブラリを読み込んでおきます。また、I²C通信をするために「Wire」ライブラリも読み込みます。

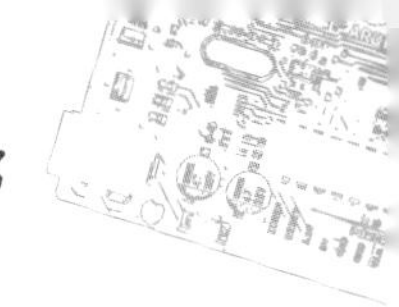

SO1602AWのI²Cアドレスを「I2C_ADDR」に定義します。

SO1602AWは、文字の明るさを変えることができます。設定は0～127の範囲で指定可能で、0が一番暗く、127が一番明るくなります。なお、0を指定しても文字が消えるわけではありません。明るさを「BRIGHT」に定義しておきます。

次に、ライブラリを利用するためにインスタンスを生成します。ここではI2CLiquidCrystalクラスをoledという名前で使えるようにしておきます。このとき、I²Cアドレスと、明るさを指定します。

setup( )では、SO1602AWを設定します。まず、「oled.begin( )」でライブラリを初期化します。このとき、表示可能な文字数として、桁数、行数の順に指定します。

表示を有効にするため「oled.display( )」を呼び出します。また、「oled.noDisplay( )」を呼び出すと、非表示に切り替えられます。「oled.clear( )」は、表示されている文字をすべて消去します。

SO1602AWでは、文字を書き込む場所にカーソルを表示できます。カーソルは点滅する四角形のカーソルと、下線状のカーソルがあります。表示する場合はそれぞれ「blink( )」と「cursor( )」、非表示にする場合は「noBlink( )」と「noCursor( )」を呼び出します。ここではカーソルを非表示にしきます。

実際に文字を表示します。「oled.home( )」により、文字の表示を開始する場所（カーソルの場所）を左上に移動できます。文字を表示するには「oled.print( )」で文字列を指定します。これで1行目に文字列が表示されます。

次に2行目に文字を表示します。まず「oled.setCursor( )」でカーソル位置を移動します。桁、行の順に指定します。桁と行の指定は、左上が（0, 0）です。2行目の4文字目から表示したい場合は「oled.setCursor(3, 1)」と記述します。この後に「oled.print( )」で文字を指定すれば、2行目に文字列が表示されます。

なお、oled.print( )にセンサなどから得た値を格納した変数を指定すれば、温度などを表示することが可能です。

プログラムができあがったら、Arduinoに転送します。すると、有機ELキャラクタディスプレイに文字が表示されます（**図4-4-6**）。

○ 図4-4-6 有機ELキャラクタディスプレイに文字を表示できた

Chapter 5

無線LANで情報をやりとりする

Arduinoに無線LANモジュールを接続することで、無線LANを介してインターネットにアクセスする、温度センサで計測した温度をWebサーバ上に蓄積するといった応用が可能になります。ArduinoでUNO無線LANへのアクセスにチャレンジしてみましょう。

5-1　Arduinoを無線LANに接続する
5-2　Arduinoと通信する
5-3　受け取ったメッセージを表示する
5-4　計測した温度をWebサーバで公開する
column　ESP-WROOM-02単体で動作させる

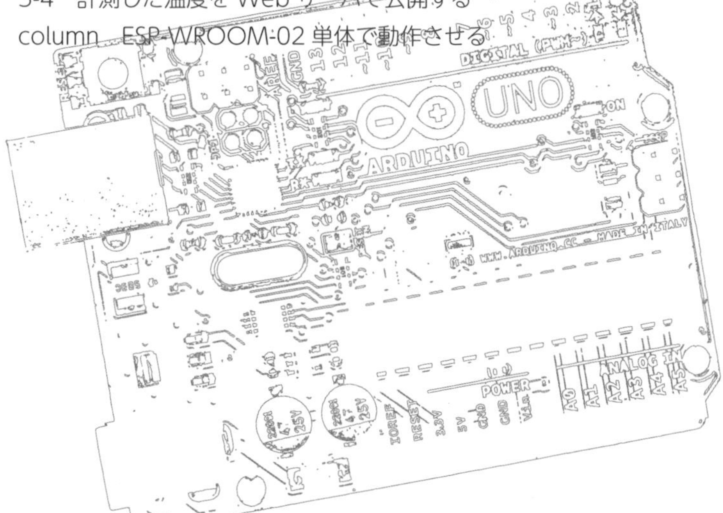

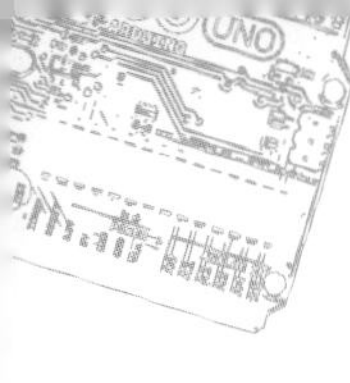

5-1 Arduinoを無線LANに接続する

ArduinoにESP-WROOM-02をつなぐことで、無線LANに接続できます。無線LANに接続すると遠隔でArduinoを制御できるため、電子工作の幅が広がります。まず、ESP-WROOM-02をArduinoへ接続して無線LAN通信をできるようにしましょう。

通信モジュールを使って無線LAN通信をする

Arduinoは、電子パーツなどを接続することでさまざまな動作をさせたり、センサから情報収集したりするなどの工夫ができます。これにネットワーク接続機能を追加すると、さらに電子工作の幅が広がります（**図5-1-1**）。たとえば、人感センサを使って侵入者を検知したらメールで警告する、ビニールハウスや畜舎の温度などを計測してデータをサーバにためて解析に利用する、スマートフォンで車の模型をコントロールするなどさまざまな応用が可能です。

○ 図5-1-1　Arduinoで通信が可能になると応用の範囲が広がる

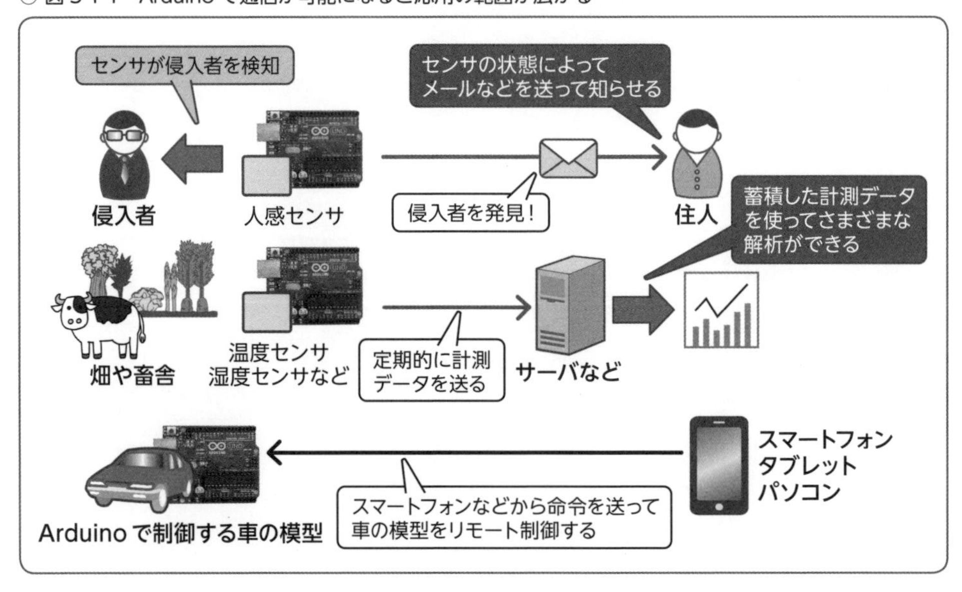

しかし、今回利用しているArduino Unoはネットワーク接続機能を搭載しておらず、そのままではネットワークを介しての通信には対応していません。そこで、Arduinoにネットワーク接続モジュールをつなぐことで、通信が可能となります。

有線LANや無線LANに接続できるモジュールや、短距離通信ができるBluetoothモジュールなどさまざまなものがArduinoで使えます。その中でもお勧めなのが、無線LANに接続可能な「ESP-WROOM-02」です。ESP-WROOM-02は、IEEE 802.11 b/g/nで通信できるモジュールです（**図5-1-2**）。約600円と安く購入でき、日本で無線通信するために必要な技術基準適合証明（技適）を取得しているため、法律を破らずに無線LAN通信ができます。

○ 図5-1-2 Arduinoに接続して通信を可能にする「ESP-WROOM-02」モジュール

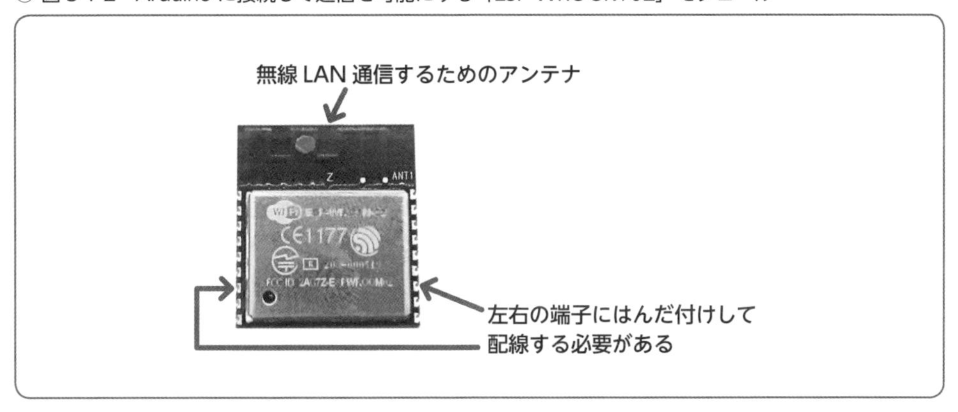

無線通信が可能なESP-WROOM-02

ESP-WROOM-02では、中国のEspressif Systemsが開発する「ESP8266」というチップを利用しています。ESP-WROOM-02モジュールにはピンヘッダが搭載されていません。左右に配置された各端子に配線をはんだ付けするなどの手間がかかります。

そこで、スイッチサイエンスなどではESP-WROOM-02を基板に取り付けてピンヘッダを搭載する製品を販売しています。たとえば、スイッチサイエンスで販売されている「ESP-WROOM-02ピッチ変換済みモジュール《シンプル版》」は、8本のピンヘッダが取り付けられており、ブレッドボードなどに差し込んで利用できます（**図5-1-3**）。

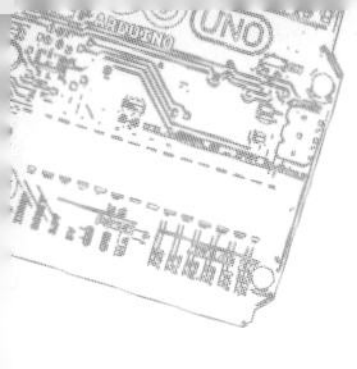

○ 図 5-1-3　ピンヘッダを取り付けてブレッドボードに差し込める「ESP-WROOM-02 ピッチ変換済みモジュール《シンプル版》」

ANT1
ピンヘッダをはんだ付けして
ブレッドボードに差し込める

また、ESP-WROOM-02 のモジュールの中には、デジタル入出力機能を利用できる製品や、シリアル通信機能を標準で搭載する製品などがあります（**図 5-1-4**）。用途に応じてどの製品を利用するかを選択します。

図 5-1-4　シリアル通信チップを搭載した「ESPr Developer」

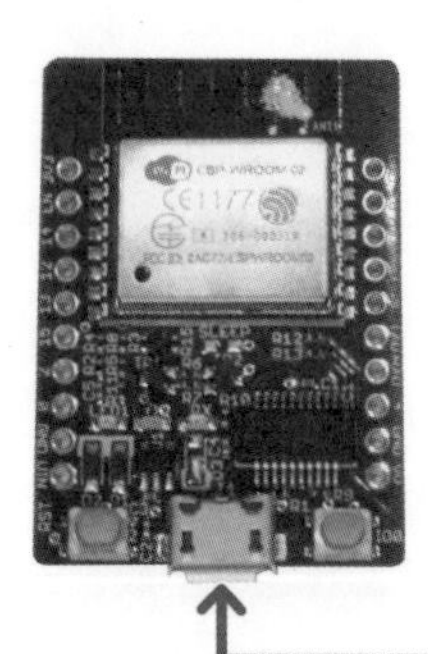

パソコンと USB ケーブルで接続して
プログラムを直接転送できる

購入可能なESP-WROOM-02 モジュールを**表 5-1-1** に示します。本書では、スイッチサイエンスから販売されている「ESP-WROOM-02 ピッチ変換済みモジュール《シンプ

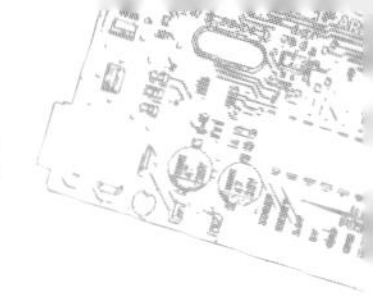

ル版》」を使う方法を紹介します。なお、モジュールにはピンヘッダが取り付けられていないので、別途ピンヘッダを購入してはんだ付けします。ピンヘッダは秋月電子通商（URL http://akizukidenshi.com/catalog/g/gC-00167/、35円）で購入可能です。

○表5-1-1　購入可能な主なESP-WROOM-02

製品名	ピンヘッダの数	ピンヘッダのデジタル入出力／アナログ入力	シリアル通信チップ	参考価格	販売ページ
ESP-WROOM-02 Wi-Fiモジュール	なし	なし	なし	600円	URL https://www.switch-science.com/catalog/2346/
Wi-Fiモジュール ESP-WROOM-02	なし	なし	なし	550円	URL http://akizukidenshi.com/catalog/g/gM-09607/
ESP-WROOM-02 ピッチ変換済み モジュール《シンプル版》	8	2／1	なし	909円	URL https://www.switch-science.com/catalog/2341/
ESP-WROOM-02 ピッチ変換済み モジュール《フル版》	16	9／1	なし	909円	URL https://www.switch-science.com/catalog/2347/
ESP-WROOM-02 ピッチ変換済み モジュール《T型》	16	9／1	なし	909円	URL https://www.switch-science.com/catalog/2580/
ESPr Developer	20	9／1	あり	1944円	URL https://www.switch-science.com/catalog/2500/
Wi-Fiモジュール ESP-WROOM-02 DIP化キット	18	9／1	なし	650円	URL http://akizukidenshi.com/catalog/g/gK-09758/
ESP-WROOM-02 開発ボード	20	9／1	あり	1280円	URL http://akizukidenshi.com/catalog/g/gK-12236/

COLUMN　ESP-WROOM-02単体で動作可能

ESP8266では、無線LAN通信ができるほか、Arduinoと同じようにデジタル入出力端子を備えています。これにより、電子パーツを直接ESP-WROOM-02に接続して制御することが可能です。また、I²CやSPI、UARTでの通信にも対応しているので、温度センサなどを接続して計測データを取得することもできます。さらに、ADコンバータが用意されており、アナログ値の入力も可能です。

直接ESP-WROOM-02を制御する方法については、245ページで紹介します。

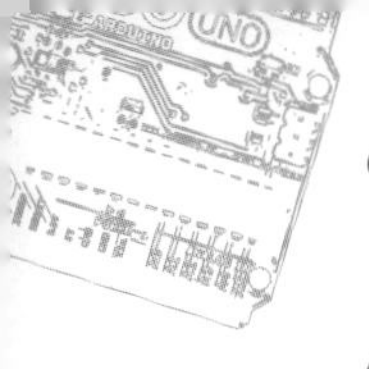

ArduinoとESP-WROOM-02を接続

では、ArduinoにESP-WROOM-02を接続してみましょう。ArduinoとESP-WROOM-02のデータのやりとりには、シリアル通信を利用します。シリアル通信とは送信用と受信用の線をつなぎ合わせてデータをやりとりする方式です。パソコンからArduinoのプログラムを転送する場合にも、シリアル通信を利用しています。

ArduinoとESP-WROOM-02との間はシリアル通信を使い、ESP-WROOM-02とアクセスポイントは無線LANで接続します。アクセスポイントが宅内ネットワークやインターネットに接続していれば、インターネット上のWebサーバなどから情報を取得する、スマートフォンなどからArduinoを制御するといったことが可能になります(**図5-1-5**)。

○ 図5-1-5 ESP-WROOM-02を介して宅内ネットワークやインターネット上の機器などと通信が可能

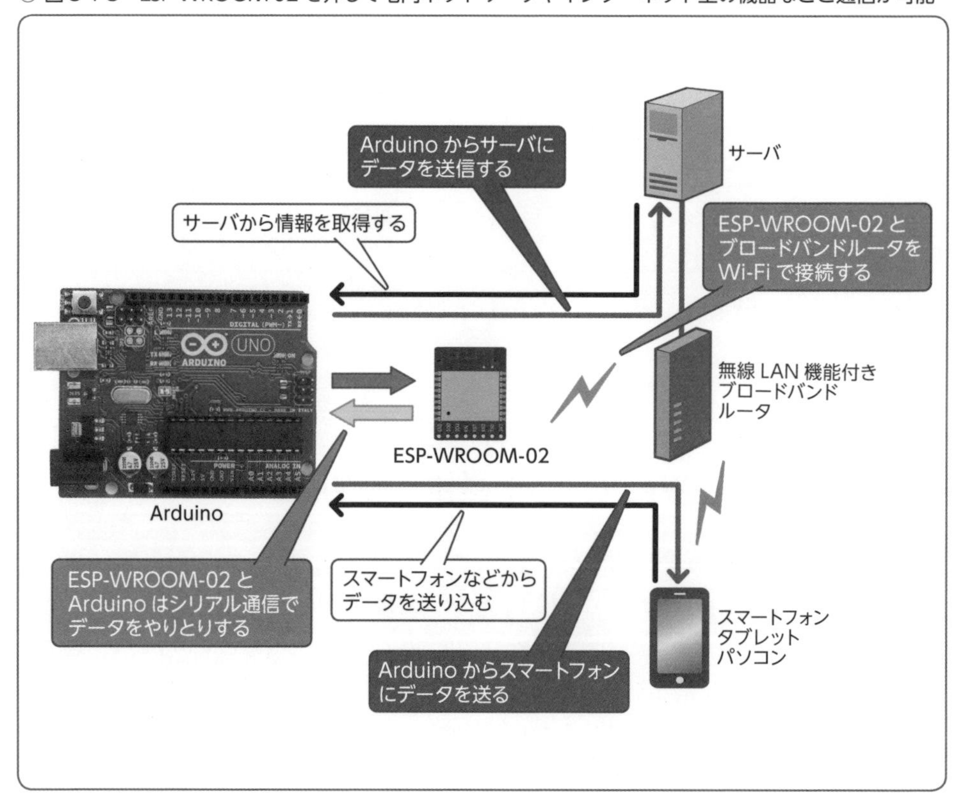

Arduinoでは、USBケーブルを使うほか、0番、1番端子に接続することでシリアル通信が可能になります。ただし、0番、1番端子とUSBケーブルによるシリアル通信は共有化されているため、USBケーブルでシリアル通信する場合には、0番、1番端子を利用して通信することはできません。

ESP-WROOM-02とArduinoは、0番、1番端子に接続すれば通信が可能です。しかし、パソコンとUSBケーブルで接続し、プログラムを送り込んだりシリアルモニタでプログラムからの情報を表示したりしている場合は、0番、1番端子にESP-WROOM-02を接続しても正常に通信ができません。

そこで、Arduinoの他の端子をシリアル通信で利用可能にする「ソフトウェアシリアル」を利用します。ソフトウェアシリアルは、プログラムでシリアル通信を可能にする方法で、0番、1番端子以外の端子を利用してシリアル通信ができます。なお、USBケーブルや0番、1番端子を利用する場合は「ハードウェアシリアル」といいます。Arduinoとパソコンとの接続にはハードウェアシリアルを使い、ArduinoとESP-WROOM-02との接続にソフトウェアシリアルを利用することで、それぞれが影響を及ぼすことなく通信が可能となります（**図 5-1-6**）。

○ 図 5-1-6　ソフトウェアシリアルを使ってArduinoとESP-WROOM-02の間で通信を行う

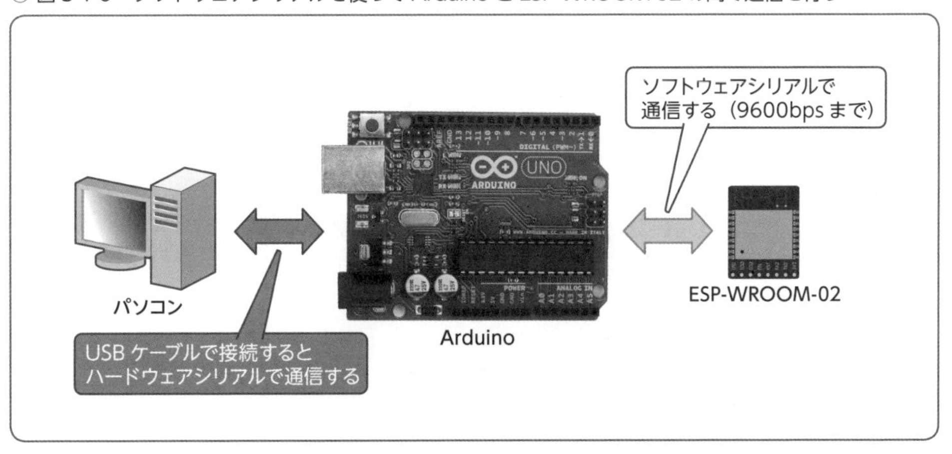

なお、ソフトウェアシリアルはプログラムで処理をするため、高速通信には向いていません。ESP-WROOM-02との通信は、通信速度を「9600bps」に抑える必要があるので注意しましょう。

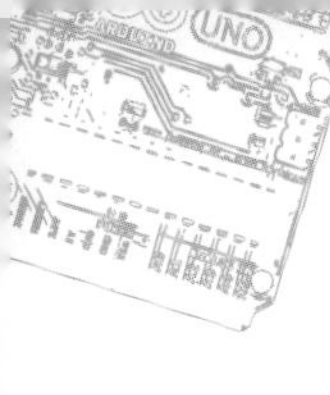

ESP-WROOM-02を接続する回路

ArduinoとESP-WROOM-02は、**図5-1-7**のように接続します。このとき、**表5-1-2**のような電子パーツを利用しています。3端子レギュレータ、電解コンデンサ、トランジスタについては端子の用途が決まっているため、差し込む際の向きに注意しましょう。3端子レギュレータとトランジスタは、パーツの番号が記載されている面を前にして差し込みます。電解コンデンサは端子の長さが異なります。長い端子が左側になるように差し込みましょう。

タクトスイッチは、押下することでESP-WROOM-02をリセットできます。動作がおかしくなった場合は、このスイッチを押します。

○ 図5-1-7　ArduinoとESP-WROOM-02の接続回路

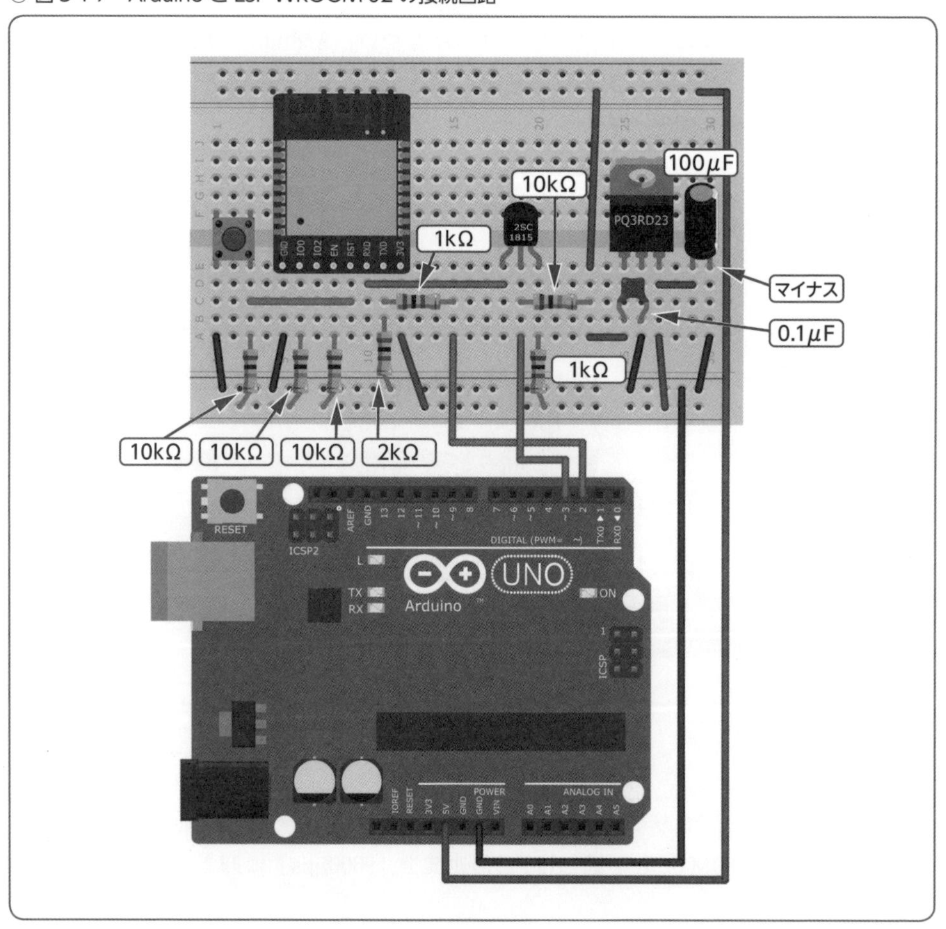

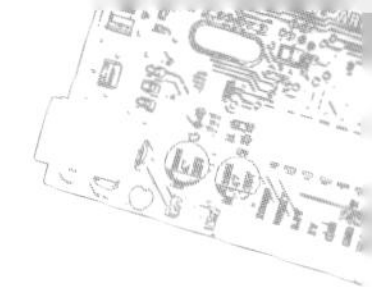

○表5-1-2　ESP-WROOM-02とArduinoの接続に必要な電子パーツ

製品名	個数	参考価格	販売ページ
3端子レギュレータ「PQ3RD23」	1	100円	URL http://akizukidenshi.com/catalog/g/gI-01177/
トランジスタ「2SC1815」(10個入り)	1	80円	URL http://akizukidenshi.com/catalog/g/gI-04268/
電解コンデンサ100μF	1	10円	URL http://akizukidenshi.com/catalog/g/gP-03122/
積層セラミックコンデンサ0.1μF	1	15円	URL http://akizukidenshi.com/catalog/g/gP-10147/
タクトスイッチ	1	10円	URL http://akizukidenshi.com/catalog/g/gP-03650/
抵抗1kΩ(100個入り)	2	100円	URL http://akizukidenshi.com/catalog/g/gR-25102/
抵抗2kΩ(100個入り)	1	100円	URL http://akizukidenshi.com/catalog/g/gR-25202/
抵抗10kΩ(100個入り)	4	100円	URL http://akizukidenshi.com/catalog/g/gR-25103/

この接続回路は、**図5-1-8**のような回路図となります。独自に回路を作るときなどに参考にしてください。

○図5-1-8　ArduinoとESP-WROOM-02の回路図

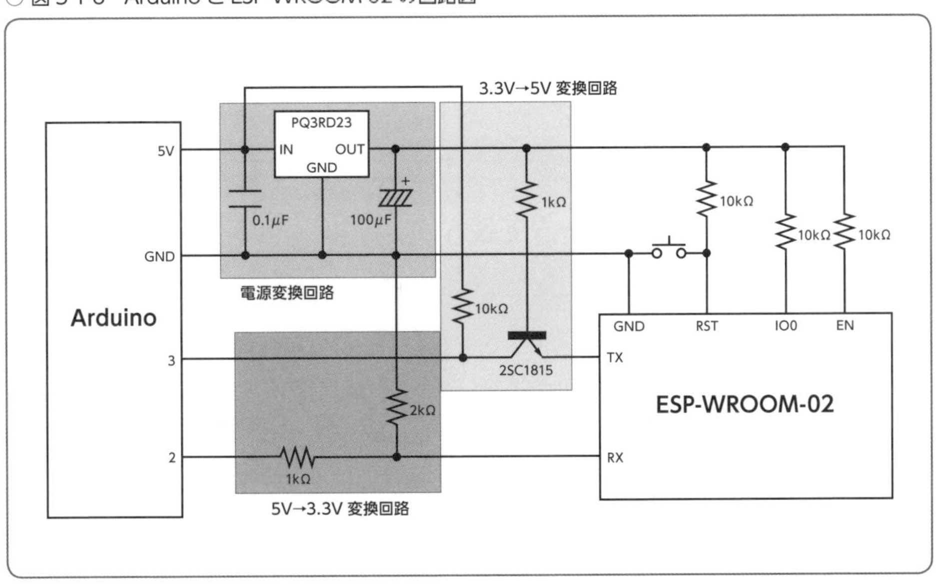

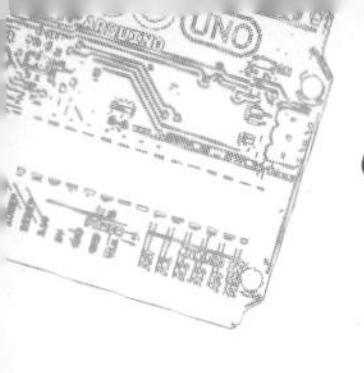

Arduinoと ESP-WROOM-02を接続するには、ソフトウェアシリアルに割り当てた端子とESP-WROOM-02のシリアル通信用の端子を接続します。Arduinoの2番端子を送信（TX）、3番端子を受信（RX）とする場合は、2番端子をESP-WROOM-02の「RX」の端子に、3番端子を「TX」の端子に接続します。

接続する際には、ArduinoとESP-WROOM-02の動作電圧に注意が必要です。Arduinoは5Vで動作しており、シリアル通信でも信号が5Vで出力されます。一方、ESP-WROOM-02は3.3Vで動作しており、シリアル通信の信号は3.3Vです。電圧が異なる端子を接続してしまうと、電圧が低くてHIGHと判断されなかったり、過電流が流れてしまったりして問題となります。そこで、ArduinoとESP-WROOM-02を接続するために、5Vから3.3Vに変換する回路を用意します。Arduinoから送信する場合は、1kΩと2kΩの抵抗を2つ利用して5Vの電圧を3.3Vに変換します。逆にESP-WROOM-02から送信する場合は、トランジスタを使って3.3Vから5Vに変換します。

ArduinoとESP-WROOM-02の接続では、電源の問題も生じます。ESP-WROOM-02は3.3Vで動作します。Arduinoには3.3Vの出力端子があるため、ここに接続して電源を供給できます。しかし、Arduinoの3.3V端子は50mAまでしか流せません。一方、ESP-WROOM-02は200mA程度まで流れることがあります。Arduinoの3.3V電源では流れる電流が足りなくなり、ESP-WROOM-02の動作のための電流が不足し停止してしまいます。

そこで、Arduinoの5Vの出力端子を使ってESP-WROOM-02に電源を供給します。ただし、電圧を5Vから3.3Vに変換する必要があります。電圧を変換するために3端子レギュレータという電子パーツを使います。3端子レギュレータでは特定の電圧に変換して出力することができます。

COLUMN レベルコンバータを使う

シリアル通信の電圧変換は、抵抗やトランジスタを利用するほかに、電圧を変換できる「レベルコンバータ」を使うこともできます。たとえば、秋月電子通商が販売している「8ビット双方向ロジックレベル変換モジュール」（250円）や、スイッチサイエンスが販売している「ロジックレベル双方向変換モジュール」（368円）などがあります。

レベルコンバータは、変換対象の電源（5V、3.3V）とGNDに通信用配線をする電圧を変換します。

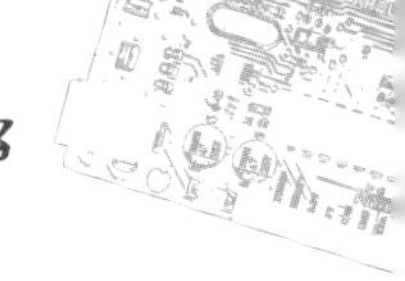

COLUMN シールドとして作成しておく

ArduinoとESP-WROOM-02の接続は、電子パーツが多いため回路を作る手間がかかります。また、接続するたびに回路を作成するのは面倒です。この場合は、ArduinoとESP-WROOM-02を接続する回路をシールドとして作成しておくと便利です。シールドとは、Arduinoの上に差し込めるモジュールのことです。市販のシールドには、SDカードリーダシールド、イーサネット接続シールド、音楽再生シールド、モータ制御用シールドなどさまざまなものがあります。

Arduinoのシールド作成用の基板も販売されており、ここにESP-WROOM-02を接続する回路を作成しておけば、Arduinoに差し込むだけですぐに利用できるようになります（図5-1-9）。

○ 図5-1-9　自作したESP-WROOM-02接続用シールド

Arduinoの上に作成した
シールドを差し込む

ESP-WROOM-02で通信する

回路ができあがったら、ESP-WROOM-02に設定をして無線LANに接続してみましょう。ESP-WROOM-02を操作するには、シリアル通信でATコマンドを送信します。ATコマンドとは通信機器などを制御するための命令のことで、初めに「AT」が付いていることからこのように呼ばれています。ATコマンドを利用することで、無線LANアク

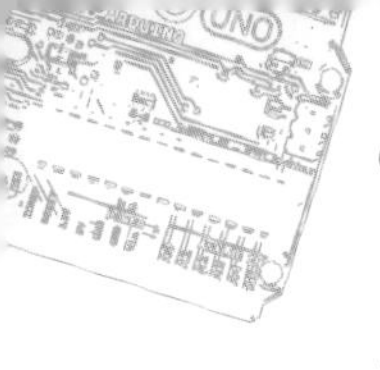

セスポイントへの接続やIPアドレスの設定など無線LANやネットワーク通信に関する設定が可能です。

ATコマンドをESP-WROOM-02に送るには、Arduino IDEのシリアルモニタを利用できます。通信するために**リスト5-1-1**のプログラムを作成してArduinoに書き込んでおきます。このプログラムでは、シリアルモニタで入力したデータをハードウェアシリアルを介してArduinoへ送り、受け取ったデータをArduinoからソフトウェアシリアルを介してESP-WROOM-02へ送ります。逆にESP-WROOM-02から受け取ったデータはハードウェアシリアルを介してシリアルモニタに表示します。

○ リスト5-1-1　ESP-WROOM-02を制御するプログラム「control_esp.ino」

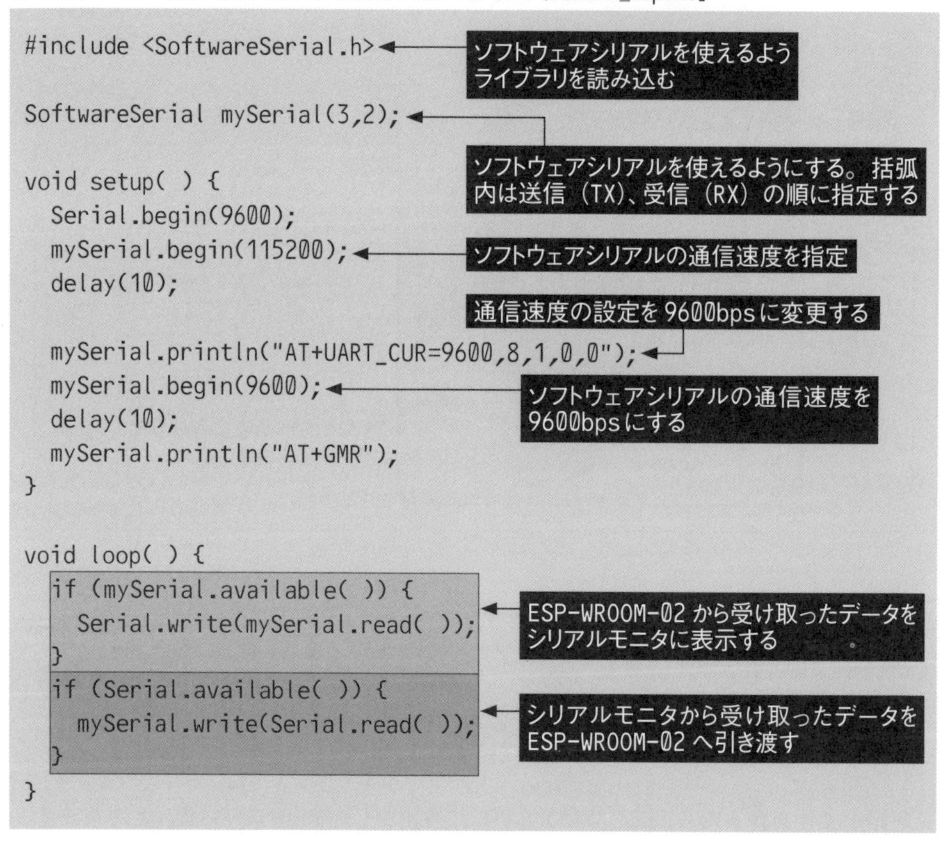

```
#include <SoftwareSerial.h>

SoftwareSerial mySerial(3,2);

void setup( ) {
  Serial.begin(9600);
  mySerial.begin(115200);
  delay(10);

  mySerial.println("AT+UART_CUR=9600,8,1,0,0");
  mySerial.begin(9600);
  delay(10);
  mySerial.println("AT+GMR");
}

void loop( ) {
  if (mySerial.available( )) {
    Serial.write(mySerial.read( ));
  }
  if (Serial.available( )) {
    mySerial.write(Serial.read( ));
  }
}
```


ESP-WROOM-02では、初期状態で115200bpsで通信するように設定されています。

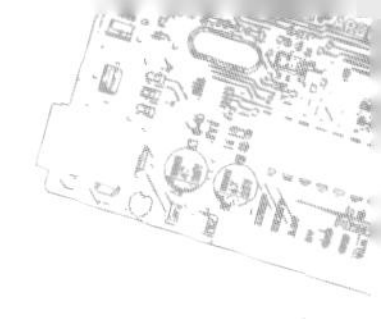

しかし、ソフトウェアシリアルを使う場合は9600bpsにしないと途中で文字が落ちてしまうなど不具合が生じます。そこで、プログラムを実行する際にESP-WROOM-02の通信速度を「9600bps」に設定しています。

プログラムを転送したらシリアルモニタを起動します。次に右下にある改行の設定を「CRおよびLF」、通信速度を「9600bps」に変更します。Arduinoにあるリセットボタンを押すと、**図5-1-10**のようなメッセージが表示されます。最後に「OK」と表示されれば正しくESP-WROOM-02と通信できる状態になります。

○ 図5-1-10　シリアルモニタでの制御

OKと表示されれば制御可能

COM3 (Arduino/Genuino Uno)

送信

```
ś□śAT+GMR
AT version:0.40.0.0(Aug  8 2015 14:45:58)
SDK version:1.3.0
compile time:Aug 11 2015 17:02:18
OK
```

☑自動スクロール　CRおよびL...　9600 bps　Clear output

「CRおよびLF」を選択　「9600bps」を選択

■ 無線LANアクセスポイントに接続する

ESP-WROOM-02を制御できるようになったら、無線LANアクセスポイントに接続してみましょう。接続可能なアクセスポイントを一覧表示するには次のように入力します。

```
AT+CWMODE_DEF=1
AT+CWLAP
```

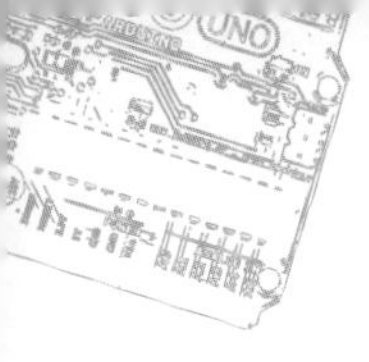

すると、**図5-1-11**のように「+CWLAP」の後に接続可能なアクセスポイントが一覧表示されます。括弧の中の2つめの項目がアクセスポイントのSSIDです。

○図5-1-11　接続可能なアクセスポイントの表示

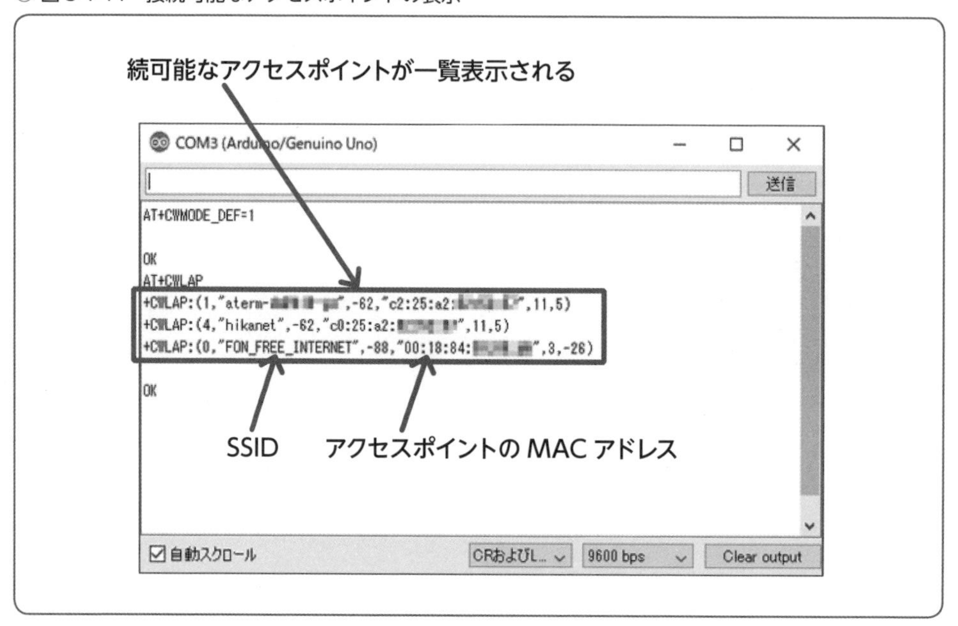

一覧から接続したいアクセスポイントを探し出し、次のように実行してアクセスポイントへ接続します。

```
AT+CWJAP="SSID","パスワード"
```

SSIDには接続先となるアクセスポイントのSSID、パスワードにはアクセスポイントに設定されている暗号キーを設定します。接続が完了すると**図5-1-12**のように「WIFI CONNECTED」「WIFI GOT IP」と表示されます。

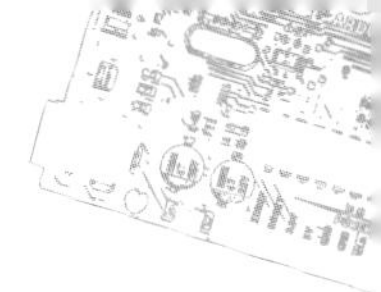

○図5-1-12　アクセスポイントへ接続

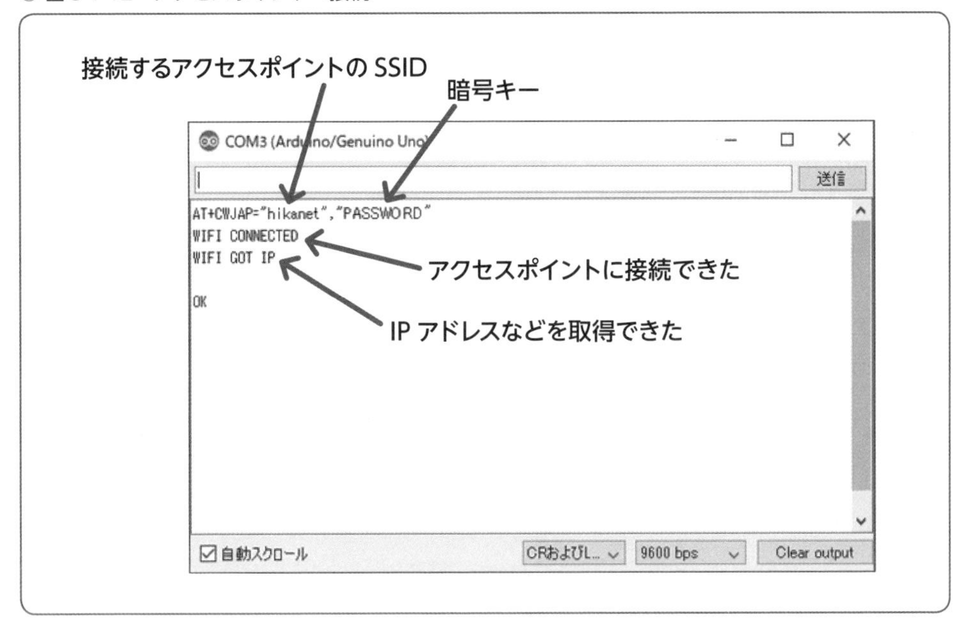

接続するアクセスポイントの情報をESP-WROOM-02に記録しておくこともできます。記録しておけば、設定をせずにESP-WROOM-02が自動でアクセスポイントへ接続するようになります。記録する場合は次のように実行します。

```
AT+CWJAP_DEF="SSID","パスワード"
```

割り当てられたIPアドレスを確認するには、次のように実行します。

```
AT+CIFSR
```

すると、割り当てられたIPアドレスとESP-WROOM-02のMACアドレスが表示されます（**図5-1-13**）。

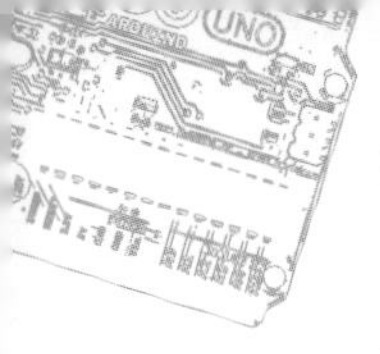

○ 図5-1-13　設定されたIPアドレスの確認

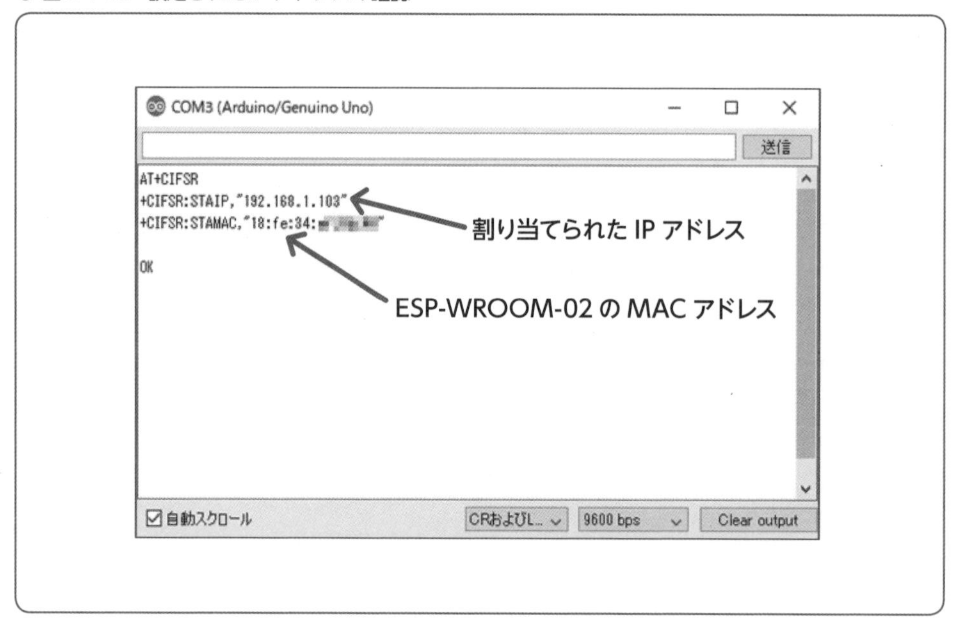

DHCPからでなく、手動で固定IPアドレスを設定することも可能です。設定するには次のように実行します。

```
AT+CIPSTA="IPアドレス","デフォルトゲートウェイ","ネットマスク"
```

たとえば、IPアドレスを「192.168.1.200」、デフォルトゲートウェイを「192.168.1.1」、ネットマスクを「255.255.255.0」とする場合は、次のように実行します。

```
AT+CIPSTA="192.168.1.200","192.168.1.1","255.255.255.0"
```

もし、固定IPアドレスからDHCPでの自動設定に変更したい場合は、次のように実行します。

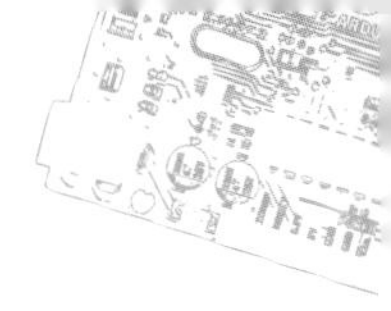

```
AT+CWDHCP=1,1
```

なお、アクセスポイントから切断したい場合は、次のように実行します。

```
AT+CWQAP
```

再度接続したい場合は、「AT+CWJAP」でアクセスポイントを指定します。

通信をしてみる

接続ができたら通信できることを確認してみましょう。まず、PINGを実行してみます。PINGとは、指定したIPアドレスのホストに対し、存在を確認する小さなパケットを送信するコマンドのことです。PINGに対して応答が返ってくれば正しく接続されており、応答がない場合はネットワーク接続ができていないことがわかります。

PINGは次のように実行します。

```
AT+PING="対象のIPアドレス"
```

たとえば、ブロードバンドルータに設定されている192.168.1.1に対してPINGを実行すると、**図5-1-14**のようになります。「+8」のように数字が表示された場合は、正しく応答が返ってきています。もし「+timeout」と表示された場合は、正しく通信できていません。ネットワークの接続などを確認してから再度実行してみましょう。なお、接続先のホストによってはPINGを受け付けない場合があります。この場合は、応答は返ってこないので他のホストへアクセスしてみましょう。

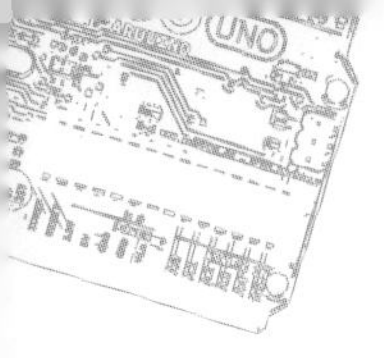

○ 図 5-1-14　ネットワークに正しく接続されているかを調べる

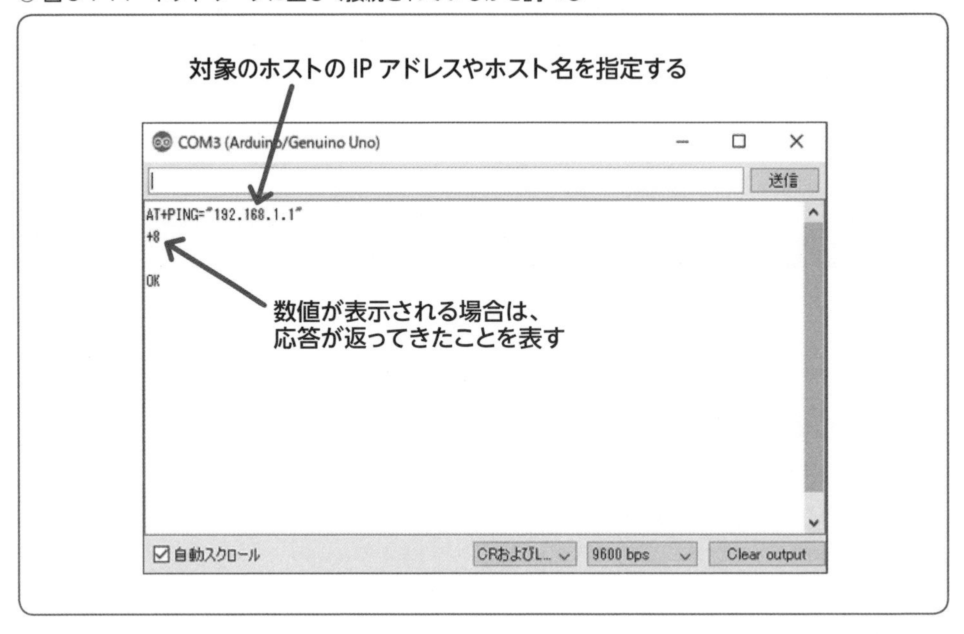

次にWebサーバへアクセスしてみましょう。ここでは、Webサーバ「192.168.1.2」にある「test.html」というファイルにアクセスしてみます。名前解決もされるようになっているので、Webサーバのホスト名で指定しても問題ありません。次のように実行します。

```
AT+CIPSTART="TCP","192.168.1.2",80
AT+CIPMODE=1
AT+CIPSEND
```

これでWebサーバにアクセスした状態になります（**図 5-1-15**）。「>」と表示されたらHTTPでリクエストします。test.htmlファイルを読み込むには次のように実行します。

```
GET /test.html HTTP/1.0
```

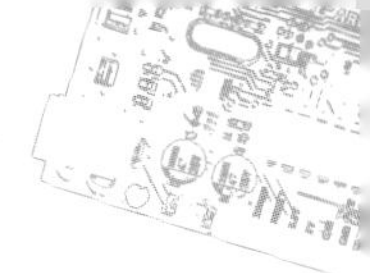

○図5-1-15 Webサーバへ接続

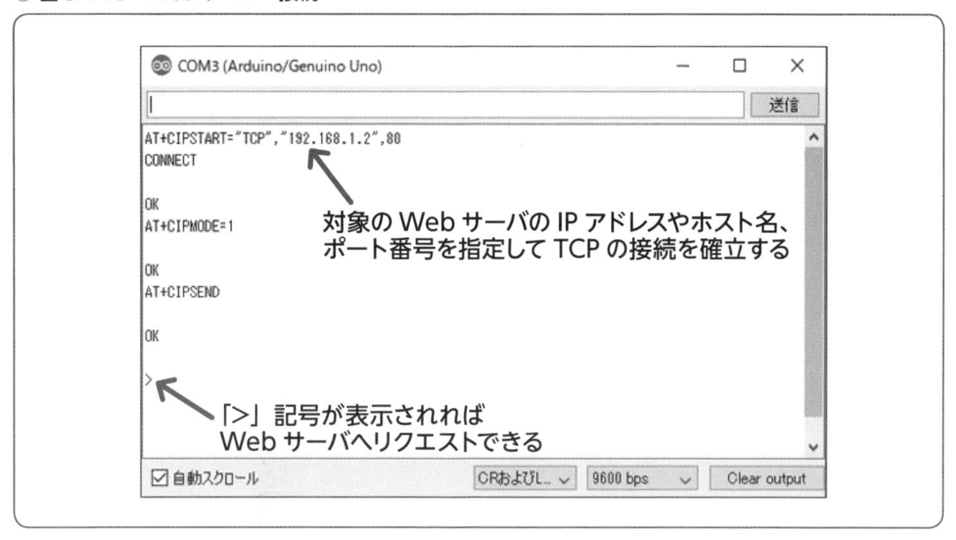

入力したら Enter キーを2回押します。すると、HTMLが送られてきて、内容が表示されます（**図5-1-16**）。

○図5-1-16 Webサーバから Webページをリクエスト

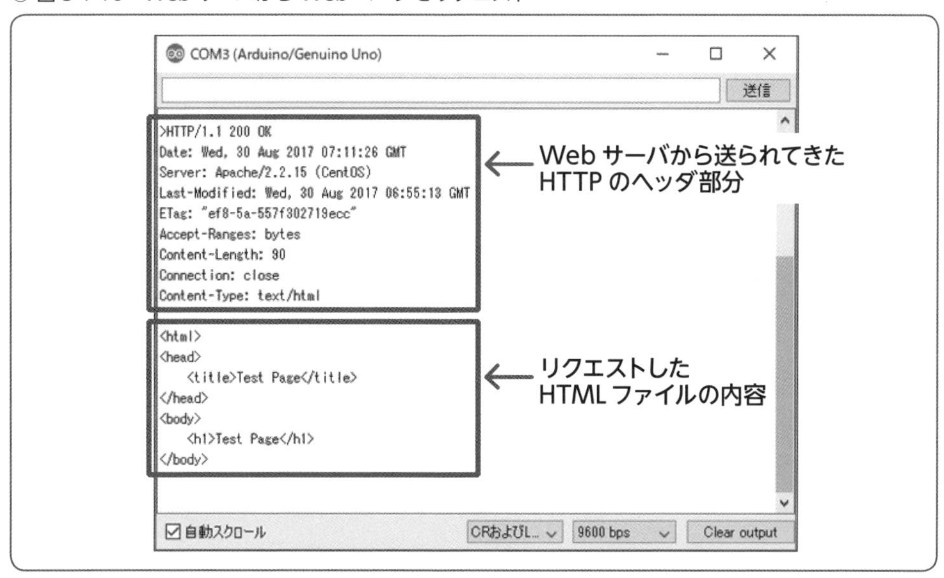

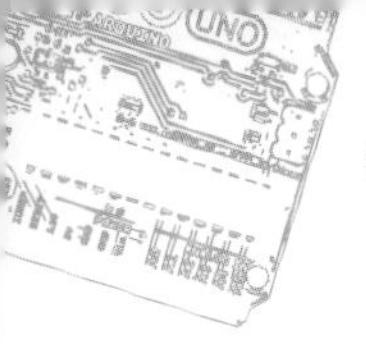

このままでは、Webサーバに接続した状態になります。切断するには、右下の改行の設定で「改行なし」を選択してから「+++」と入力します。次に改行を「CRおよびLF」に変更してから次のように実行します。

```
AT+CIPCLOSE
```

これでWebサーバから切断されました。

プログラムで通信できるようにする

ATコマンドにより無線LANで通信できるようになったら、Arduinoのプログラムで通信できるようにしてみましょう。シリアル通信でESP-WROOM-02を制御できるライブラリ「WeeESP8266」が配布されています。ライブラリでは無線LANへの接続やデータ通信などの処理をする関数などを用意しています。前述したようにATコマンドをプログラムで記載しなくても、比較的簡単に通信ができるようになります。

ライブラリを導入する

WeeESP8266ライブラリをArduino IDEで使えるようにしましょう。まず、Webブラウザで WeeESP8266の配布ページ（URL https://github.com/itead/ITEADLIB_Arduino_WeeESP8266）にアクセスします（図5-1-17）。画面右側にある［Clone or download］をクリックしてから［Download ZIP］をクリックしてファイルをダウンロードします。

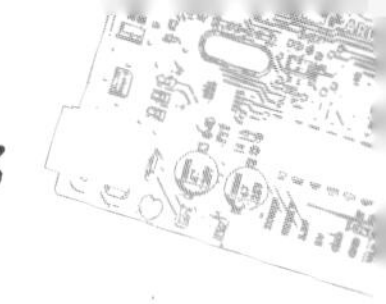

○図5-1-17　ESP-WROOM-02のライブラリ「WeeESP8266」を取得する

続いて、Arduino IDEを起動して、［スケッチ］メニューの［ライブラリをインクルード］－［.ZIP形式のライブラリをインストール］をクリックします。次にダウンロードしたファイル「ITEADLIB_Arduino_WeeESP8266-master.zip」を選択します。これで、ライブラリが導入されました。

ESP-WROOM-02をソフトウェアシリアルで接続するには、WeeESP8266の設定を変更する必要があります。テキストエディタで「ドキュメント」フォルダ内の「Arduino」－「librarise」－「ITEADLIB_Arduino_WeeESP8266-master」－「ESP8266.h」を開きます。一覧に表示されない場合はファイル名の右にあるファイルの種類を「すべてのファイル(*.*)」に変更します。27行目にある「//#define ESP8266_USE_SOFTWARE_SERIAL」の行頭の「//」を取り除き、保存します。これでWeeESP8266を使ってESP-WROOM-02で通信できるようになります。

次にプログラムを作成してアクセスポイントに接続してみましょう。プログラムは**リスト5-1-2**のように作成します。「#include <ESP8266.h>」と初めに記述しておき、WeeESP8266ライブラリを読み込みます。接続するアクセスポイントのSSIDを「#define SSID」、暗号キーを「#define PASSWORD」に設定します。ソフトウェアシリアルを用意してからESP8266クラスのインスタンス「wifi」を準備します。

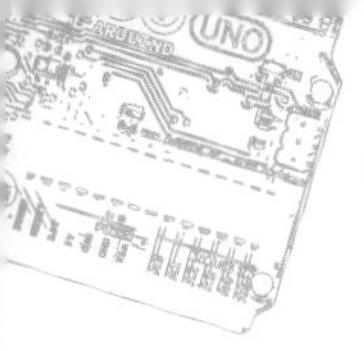

　また、ESP-WROOM-02のシリアル通信の速度が115200bpsである場合を考え、ATコマンドを使って9600bpsに設定し直しておきます。アクセスポイントへ接続するには、wifi.joinAP( )関数を利用します。このとき、アクセスポイントのSSIDと暗号キーを指定します。接続が正しくできたらwifi.getLocalIP( ).c_str( )で設定されたIPアドレスを表示します。

○ リスト5-1-2　ArduinoからESP-WROOM-02のネットワーク設定をするプログラム「wifi-connect.ino」

```
#include <ESP8266.h>          ← WeeESP8266ライブラリを読み込む
                              ← アクセスポイントのSSID
#define SSID        "hikanet"
#define PASSWORD    "PASSWORD"  ← アクセスポイントの暗号キー

SoftwareSerial mySerial( 3, 2 );  ← ArduinoとESP-WROOM-02間でソフトウェアシリアル通信をする
ESP8266 wifi( mySerial );         ← WeeESP8266のライブラリを使うためのインスタンスを作成する

void setup(void)
{
  Serial.begin( 9600 );

  mySerial.begin(115200);
  mySerial.println("AT+UART_CUR=9600,8,1,0,0");
  delay(10);                      ← ESP-WROOM-02のシリアル通信の速度を9600bpsに変更する
  mySerial.begin(9600);
  delay(10);

  if ( wifi.setOprToStation( ) ) {
    Serial.println( "OK" );
  } else {
    Serial.println( "Error" );
  }

  if ( wifi.joinAP( SSID, PASSWORD ) ) {   ← アクセスポイントへ接続する*
    Serial.println( wifi.getLocalIP( ).c_str( ) );  ← 接続ができたらネットワーク情報を表示する
  } else {
    Serial.println( "Failed" );
  }
}
```

次ページに続く

```
void loop(void)
{
}
```

プログラムをArduinoに転送して、シリアルモニタを表示します。正しくアクセスできれば設定されたIPアドレスが表示されます（**図5-1-18**）。

○図5-1-18 プログラムでアクセスポイントへ接続できた

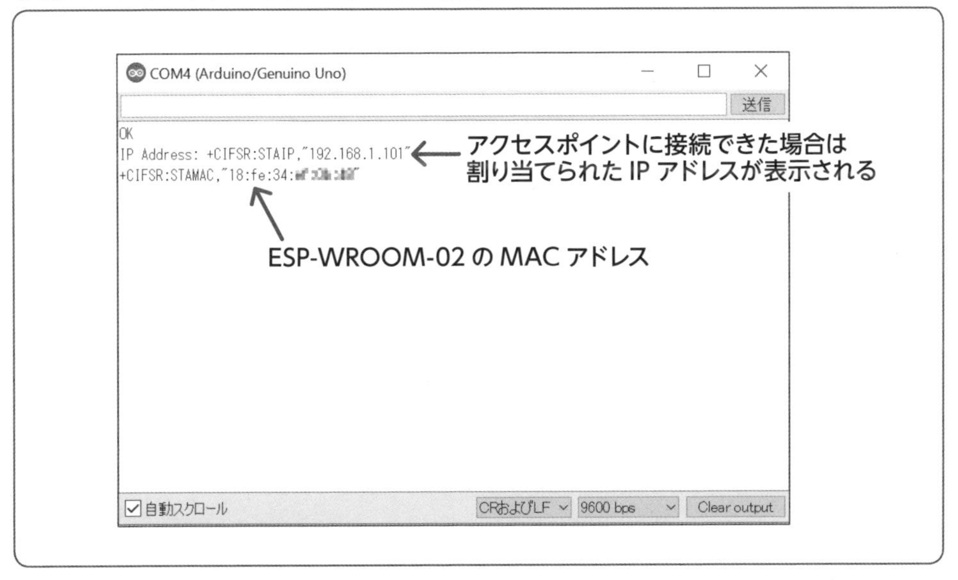

WeeESP8266では固定IPアドレスに設定する関数は用意されていません。もし、固定IPアドレスを設定したい場合はATコマンドを利用します。リスト5-1-2の25行目にある「if (wifi.joinAP(SSID, PASSWORD)) {」（＊の場所）の後に次の2行を追記します。

```
mySerial.println("AT+CIPSTA=IPアドレス,デフォルトゲートウェイ,ネットマスク");
delay(10);
```

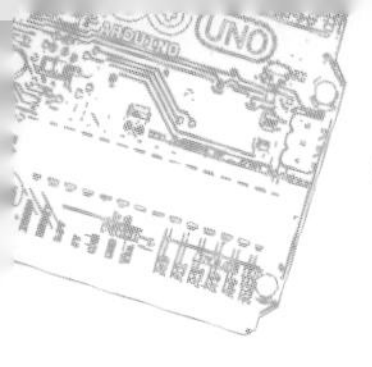

たとえば、IPアドレスを192.168.1.200、デフォルトゲートウェイを192.168.1.1、ネットマスクを255.255.255.0にする場合は次のように記述します。

```
mySerial.println("AT+CIPSTA=192.168.1.200,192.168.1.1,255.255.255.0");
delay(10);
```

通信をしてみる

次にWebサーバにアクセスしてWebページの内容を取得してみましょう。ここでは、Webサーバ「192.168.1.2」にある「test.html」というファイルにアクセスしてみます。プログラムは**リスト5-1-3**のように作成します。

○ リスト5-1-3　WebサーバからWebページを取得するプログラム「get_html.ino」

```
#include <ESP8266.h>

#define SSID          "hikanet"
#define PASSWORD      "PASSWORD"
#define HOST_NAME     "192.168.1.2"
#define HOST_PORT     (80)
#define FILE_NAME     "/test.html"

SoftwareSerial mySerial( 3, 2 );
ESP8266 wifi( mySerial );

void setup(void)
{
  Serial.begin(9600);

  mySerial.begin(115200);
  mySerial.println("AT+UART_CUR=9600,8,1,0,0");
  delay(10);
  mySerial.begin(9600);
  delay(10);

  if ( wifi.setOprToStation( ) ) {
    Serial.println( "OK:Setup" );
```

アクセスするWebサーバのIPアドレスまたはホスト名（HOST_NAME）

Webサーバのポート番号（HOST_PORT）

リクエストするファイル（パスを表記する）（FILE_NAME）

次ページに続く

```
  } else {
    Serial.println( "Error:Setup" );
  }

  if ( wifi.joinAP( SSID, PASSWORD ) ) {
    Serial.println( wifi.getLocalIP( ).c_str( ) );
  } else {
    Serial.println( "Failed : AP Connect" );
  }
  delay(10);
  if ( wifi.disableMUX( ) ) {
    Serial.println("OK: Single");
  } else {
    Serial.println("ERROR: Single");
  }
  delay(100);
}

void loop(void)
{
  char buffer[1000] = {0};
  int i;

  strcat(buffer, "GET ");
  strcat(buffer, FILE_NAME );
  strcat(buffer, " HTTP/1.1¥r¥nHost: " );
  strcat(buffer, HOST_NAME );
  strcat(buffer, "¥r¥nConnection: close¥r¥n¥r¥n" );

  wifi.createTCP( HOST_NAME, HOST_PORT );
  wifi.send( buffer, strlen( buffer ) );
  delay(100);

  wifi.recv(buffer, sizeof(buffer), 10000);
  for( i = 0; i < sizeof( buffer ); i++) {
    Serial.print( (char)buffer[i] );
  }
  delay( 60000 );
}
```

リクエストやレスポンスの内容を入れておく変数、変数の後の1000は格納可能なバイト数

リクエストの内容を作る

WebサーバにTCPで接続する

リクエストの内容をWebサーバへ送る

Webサーバからの返信を読み取る

シリアルモニタに返信の内容を表示する

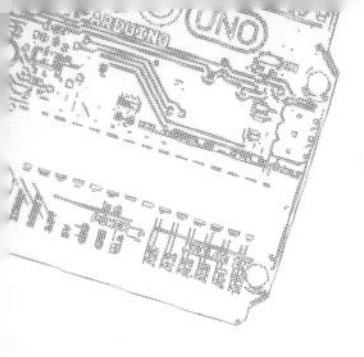

「#define HOST_NAME」に接続先のWebサーバのアドレスやホスト名、「#define HOST_PORT」にポート番号、「#define FILE_NAME」にリクエストするファイル名を指定します。

アクセスポイントへの接続処理が完了したら、wifi.createTCP( )でWebサーバとTCPで接続します。接続後、wifi.send( )でHTTPリクエストを送信します。リクエストは、buffer変数に格納しておきます。strcat( )を使いながら文字列を連結してリクエストの内容を作成しています。ここでは次のようなリクエストを送信します。

```
GET HTTP/1.1
Host: 192.168.1.2
Connection: close
```

最後の「Connection: close」により、Webサーバからの返信を受け取ったらWebサーバから切断するようにします。

Webサーバからの返信はwifi.recv( )で受け取ります。受け取ったデータは括弧内に指定したbuffer変数に格納されます。最後の10000という数字はタイムアウトまでの時間です。最後に、受け取ったデータをシリアルモニタに表示します。

なお、ここでは返信したデータを格納する変数のサイズを1000バイトにしています。これ以上のサイズのレスポンスが返信されてもすべて格納できないので、注意が必要です。また、変数のサイズを大きくすればそれだけデータを格納できますが、Arduinoで利用できる変数の総量が2048バイトと決まっているので、大きくしすぎるのは禁物です。このため、受信するデータを短くするなどの工夫が必要となります。

プログラムを転送すると、アクセスポイントに接続した後、Webサーバから Webページを取得して内容を表示します（**図5-1-19**）。

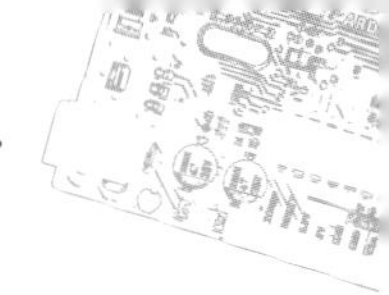

○ 図5-1-19 Webサーバから Webページの内容を取得できた

5-2 Arduinoと通信する

ArduinoでESP-WROOM-02を使って無線LAN通信ができるようになったら、パソコンなどと無線LANを介してデータをやりとりしてみましょう。通信をするには、Arduino側とパソコン側のどちらを待ち受けにするかを選択します。

Arduinoとの主な通信方法

Arduinoと通信をするには、大きく分けて「Arduinoから外部のサーバにリクエストする」方式と、「Arduinoを待ち受け状態にして他のパソコンなどからの接続を待つ方式」の2通りがあります。

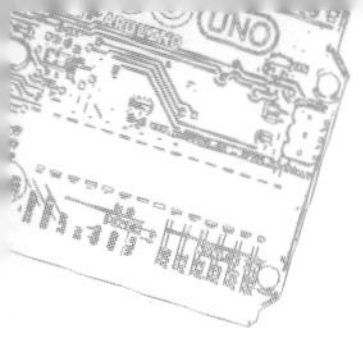

インターネットの通信で利用されているTCP/IPでは、通信する機器同士のどちらかを待ち受けた状態にします（**図5-2-1**）。通信を開始する際には、通信したい機器が、待ち受け側の機器に対して通信を要求します。すると、待ち受け側の機器が通信を要求した機器と通信経路を確立し、データのやりとりができる状態になります。なお、待ち受け側の機器を「サーバ」、待ち受け側に接続を要求する機器を「クライアント」と呼びます。

○ 図5-2-1　通信はサーバとクライアント間で通信経路を確立してデータをやりとりする

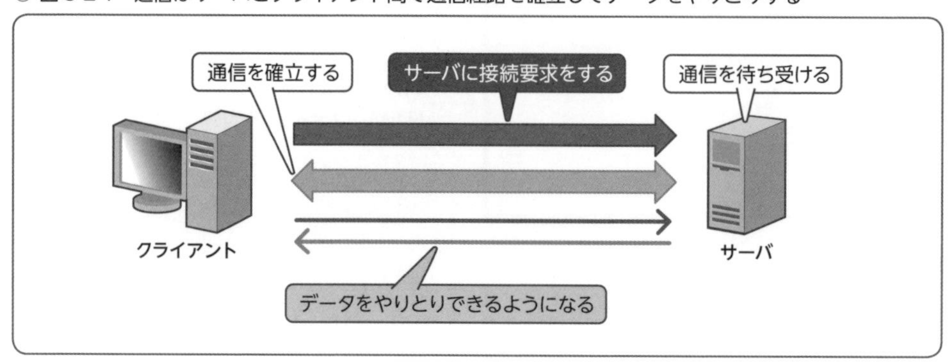

Arduinoでも、同様にTCP/IPを利用して通信ができます。このとき、Arduinoがサーバになるか、クライアントになるかを選択できます。Arduinoがクライアントになる場合は、待ち受けているサーバに通信を要求します（**図5-2-2**）。すると、サーバがArduinoとの通信を確立して、データの送受信ができるようになります。

○ 図5-2-2　Arduinoをクライアントとしてサーバに接続する

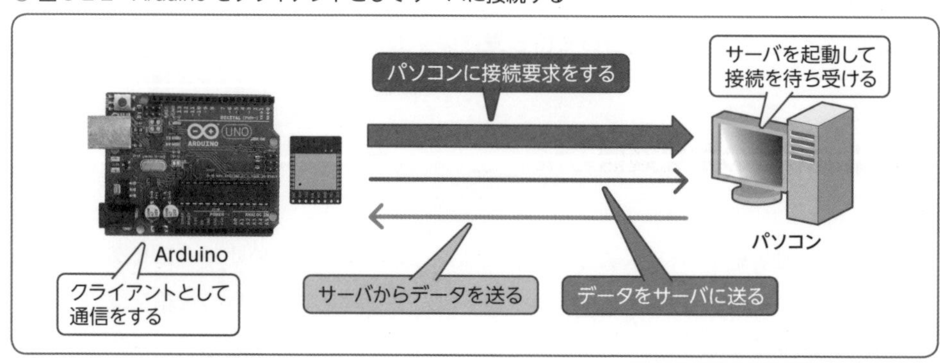

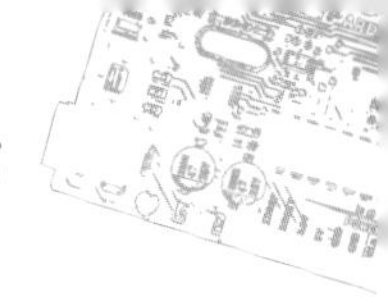

一方、Arduinoをサーバとする場合は、Arduino側で外部からの通信を待ち受けます(**図5-2-3**)。パソコンなどからArduinoに接続の要求があると、Arduinoが通信を確立し、データの通信ができるようになります。

○ 図5-2-3 Arduinoをサーバとして外部からの通信を待ち受ける

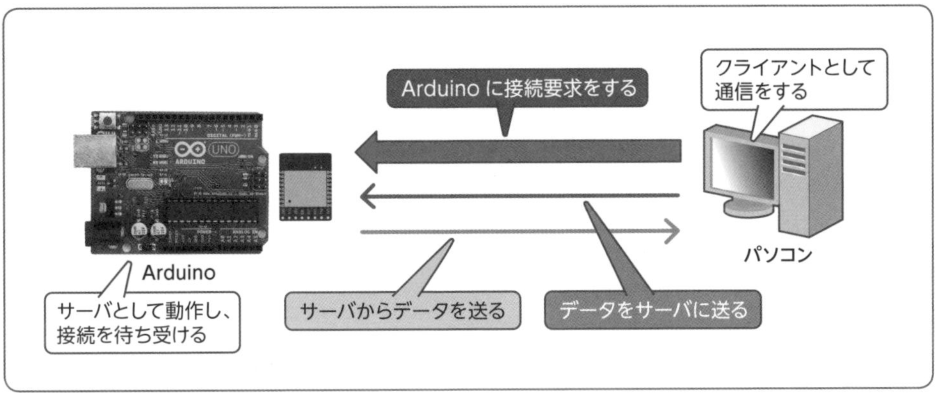

どちらが通信の待ち受け側になるかが違うだけで、通信の確立後、データをやりとりできるのはどちらも同じです。

ここでは、Arduinoをクライアントとした場合と、サーバにした場合のそれぞれで、データの送受信をしてみます。なお、Arduinoの通信の相手となるパソコンでは、Pythonを利用して通信用のプログラムを作ります。PythonのWebサイト(URL https://www.python.org/downloads/)から最新のPythonのインストールファイルをダウンロードして、あらかじめWindowsなどに導入しておきましょう。

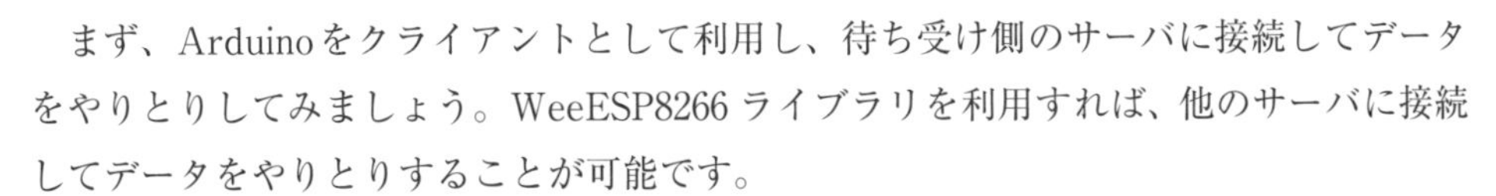

Arduinoをクライアントとして使う

まず、Arduinoをクライアントとして利用し、待ち受け側のサーバに接続してデータをやりとりしてみましょう。WeeESP8266ライブラリを利用すれば、他のサーバに接続してデータをやりとりすることが可能です。

通信には、**図5-2-4**のような関数を利用します。サーバとの通信を確立するには、

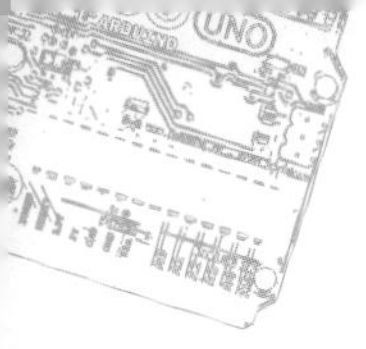

createTCP( )関数を用います。このとき、通信対象となるサーバのホスト名またはIPアドレスと、待ち受けているポート番号を指定します。確立したらデータの通信が可能になります。Arduinoからサーバにデータを送信するにはsend( )関数を利用し、データの内容と送信するデータのサイズを指定します。データを送信すると、サーバからデータが送られてきます。このデータを取り出すには、recv( )関数を利用します。取り出したデータを格納しておく変数、取得するデータのサイズ、タイムアウトする時間を指定します。通信が終了したらreleaseTCP( )関数を利用して通信を切断します。なお、接続するサーバによっては通信が完了すると、通信を切断することがあります。この場合は、クライアント側で通信を切断する必要はありません。

○ 図5-2-4 Arduinoをクライアントにした場合に利用する関数

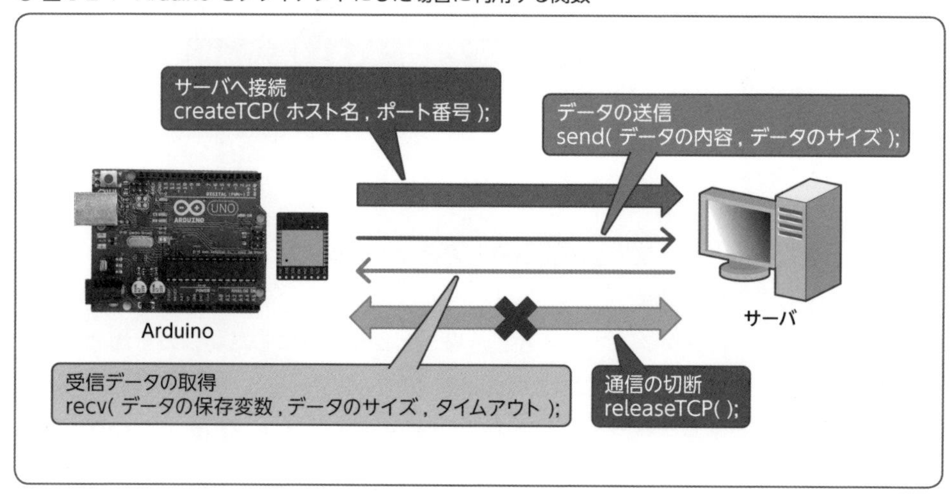

では、実際にパソコンをサーバとして通信を待ち受けてから、Arduinoでサーバに接続してデータを送受信してみましょう。

データを送信する

初めにArduinoをクライアントとして、サーバにデータを送信してみましょう。まず、パソコン側でサーバプログラムを用意して通信を待ち受けるようにしておきます。**リスト5-2-1**のようにプログラムを作成します。host変数には、パソコンに割り当てられているIPアドレスを指定しておきます。Windows 10の場合は、右下のネットワークのア

イコンをクリックして、接続中のネットワークの［プロパティ］を選択することでIPアドレスを確認できます。また、portには待ち受けるポート番号を指定します。ポート番号は1024以上の任意の番号でかまいません。ここでは9999としています。

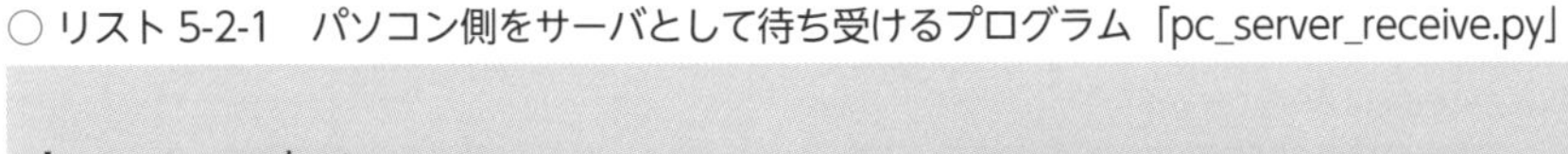
○ リスト5-2-1　パソコン側をサーバとして待ち受けるプログラム「pc_server_receive.py」

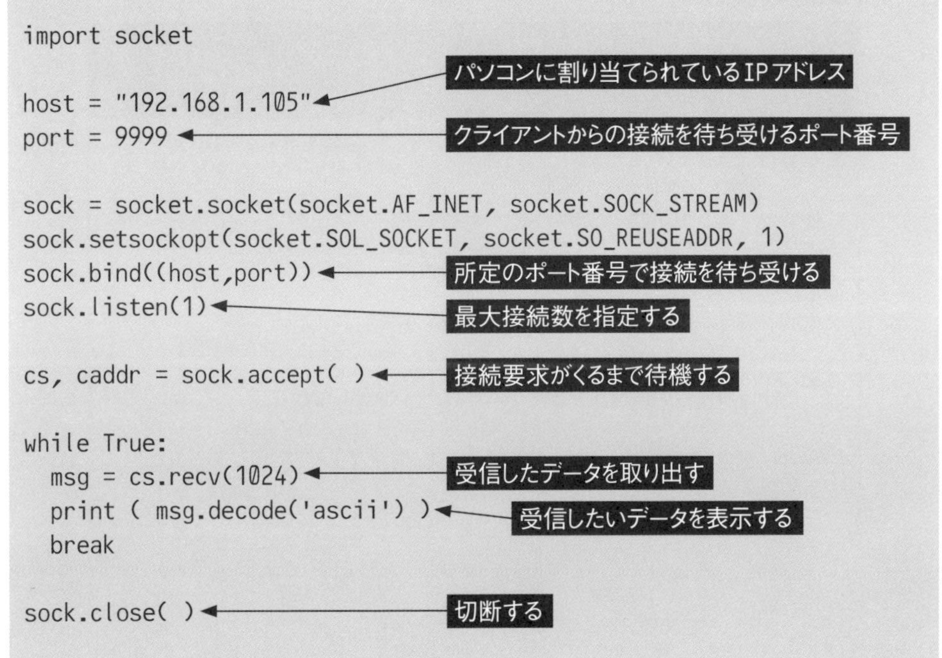

```
import socket

host = "192.168.1.105"
port = 9999

sock = socket.socket(socket.AF_INET, socket.SOCK_STREAM)
sock.setsockopt(socket.SOL_SOCKET, socket.SO_REUSEADDR, 1)
sock.bind((host,port))
sock.listen(1)

cs, caddr = sock.accept( )

while True:
  msg = cs.recv(1024)
  print ( msg.decode('ascii') )
  break

sock.close( )
```


プログラムでは、ネットワークで通信ができるsocketライブラリを利用しています。sock.bind( )関数で通信を待ち受けます。クライアントから接続されたら、cs.recv( )関数で受け取ったデータを読み取ります。このデータをprint( )関数で表示します。

プログラムが準備できたら、Windowsのスタートメニューから［Windowsシステムツール］－［コマンドプロンプト］を起動します。プログラムが保存されているフォルダに移動してから次のようにプログラムを実行します。

```
python pc_server_recieve.py Enter
```

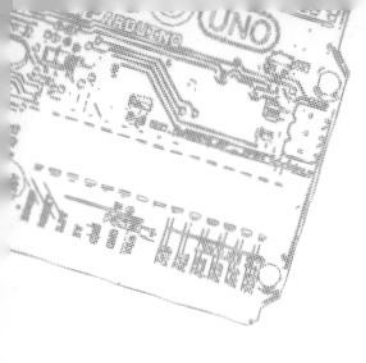

プログラムを初めて起動すると、ファイアウォールの設定ダイアログが表示されます(**図5-2-5**)。［アクセスを許可する］をクリックすると、外部からサーバにアクセスできるようになります。これでパソコンで通信を待ち受けるようになりました。

○図5-2-5 外部から接続を許可する設定

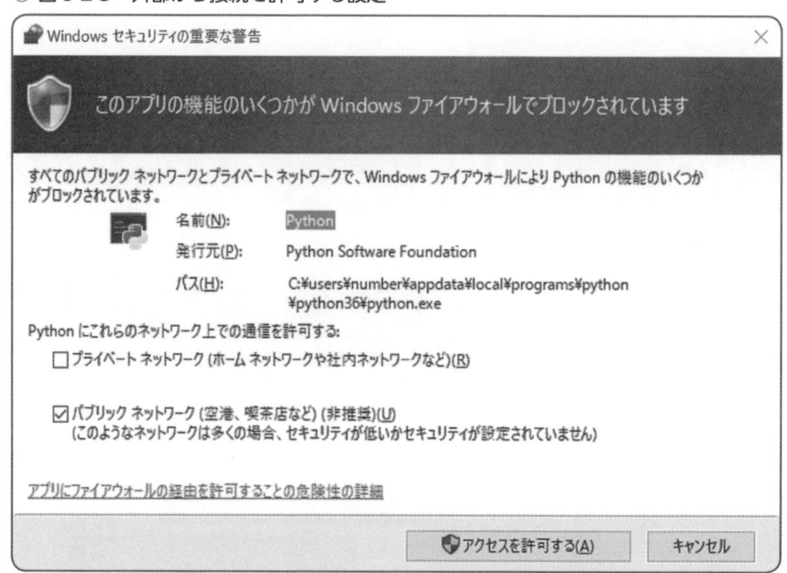

次にArduinoをクライアントとしてサーバに接続し、データを送信してみましょう。**リスト5-2-2**のようにプログラムを作成します。通信の接続の基本は「5-1 Arduinoを無線LANに接続する」で説明した方法と同じです。「HOST_NAME」には接続するサーバのIPアドレスを指定します。ここでは、サーバとして動作しているパソコンのIPアドレスとします。また、HOST_PORTでは待ち受けているポート番号を指定します。

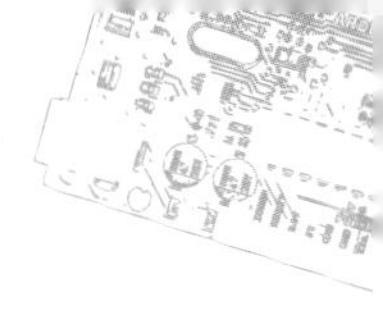

○ リスト 5-2-2 Arduino からサーバにアクセスしてデータを転送するプログラム「client_send.ino」

```
#include <ESP8266.h>

#define SSID        "hikanet"
#define PASSWORD    "PASSWORD"
#define HOST_NAME   "192.168.1.105"   ← アクセスするパソコンのIPアドレス
#define HOST_PORT   (9999)            ← 待ち受けているポート番号

(省略)

void loop(void)
{
  char msg[128] = {0};

  strcat( msg, "Hello! from Arduino.");   ← 送信するデータの内容

  if ( wifi.createTCP( HOST_NAME, HOST_PORT ) ){   ← パソコンに接続を要求する
    Serial.println("OK: TCP Connect.");
    wifi.send( msg, strlen( msg ) );   ← 接続ができたらデータを送信する
    wifi.releaseTCP( );   ← パソコンから切断する
  } else {
    Serial.println("Faild: TCP Connect.");
  }

  while( 1 ){
    delay(10000);
  }
}
```

プログラムの本体では、msg変数に送信する文字列を格納しておきます。ここではstrcat( )関数を利用して「Hello! from Arduino.」という文字列を格納しました。

サーバへの接続は「wifi.createTCP( )」関数を利用します。ここでは、接続するサーバのIPアドレスとポート番号を指定します。正しく接続できたら「wifi.send( )」関数でmsg変数に格納している文字列を送信します。このとき、送信する文字列の長さはstrlen( )関数を利用することで自動的に取得できます。最後に「wifi.releaseTCP( )」関数で通信を切断します。

プログラムをArduinoに転送すると、サーバへ接続して文字列が送信されます。する

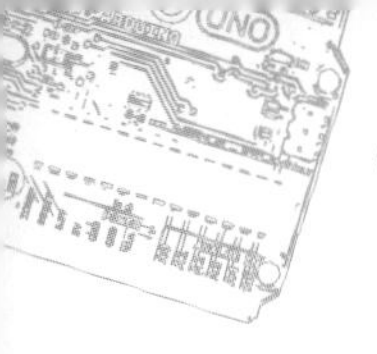

と、サーバを起動したコマンドプロンプトに「Hello! from Arduino.」と表示され、文字列が送信されたことがわかります（**図 5-2-6**）。

○ 図 5-2-6　Arduino から送信されたデータをサーバで受信できた

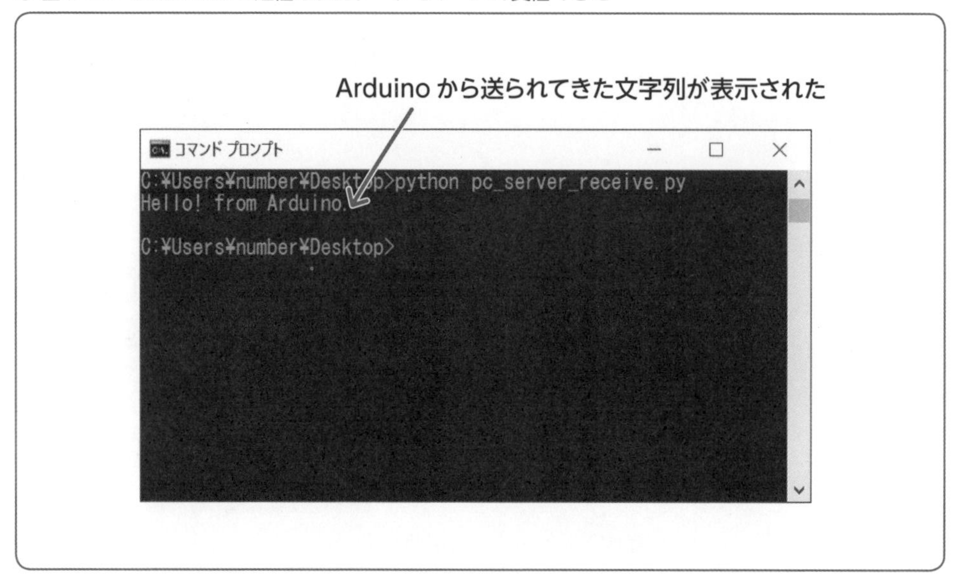

● データを受信する

次にサーバから送られてきたデータをArduinoで受信してみましょう。ここでは、サーバから「Chao! from PC.」とArduinoへ送信してみます。

まず、パソコン上で**リスト 5-2-3** のようなサーバプログラムを作成します。サーバの準備は 202 ページのプログラムと同じです。msg変数には送信するメッセージを格納しておきます。ここでは「Chao! from PC.」を格納します。送信するには、「cs.sendall( )」関数を利用します。ここでは、msg変数を指定してメッセージを送信します。ただし、文字列は、ASCIIコードで送信する必要があります。そこで、encode('ascii')でASCIIコードに変換しておきます。

○ リスト 5-2-3 パソコン側をサーバとしてメッセージを送信するプログラム「pc_server_send.py」

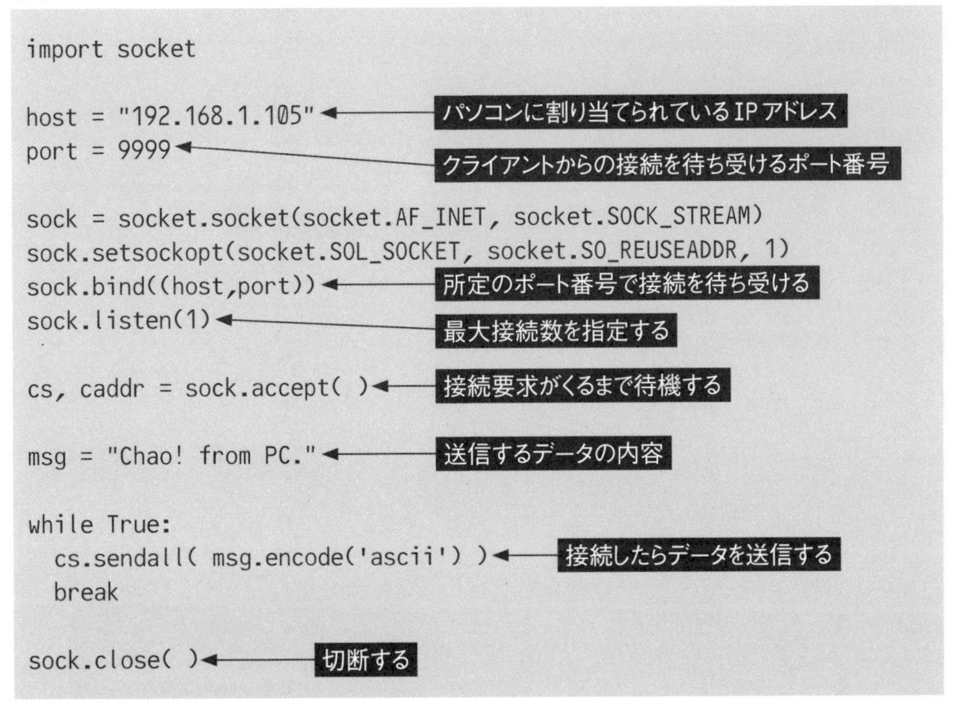

準備ができたら次のように実行して、サーバを起動しておきます。

```
python pc_server_send.py Enter
```

次にArduinoをクライアントとしてサーバに接続し、データを受信してみましょう。**リスト 5-2-4** のようにプログラムを作成します。サーバとの接続は、204 ページのプログラムと同じです。「wifi.createTCP( )」関数でサーバに接続すると、サーバから送られてきたデータを受信します。受信したデータを利用したい場合は、「wifi.recv( )」関数で取り出せます。このとき、取り出したデータを格納しておく変数、取り出すデータのサイズ、タイムアウト時間を指定しておきます。受け取ったデータはSerial.print( )で順にシリアルモニタに表示します。

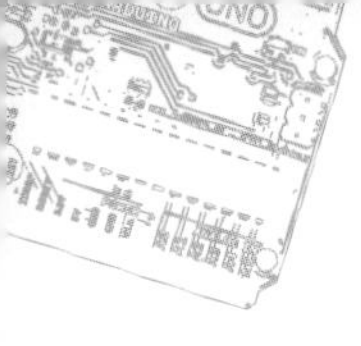

○ リスト 5-2-4　Arduino からサーバにアクセスしてデータを受信するプログラム「client_receive.ino」

```
#include <ESP8266.h>

#define SSID          "hikanet"
#define PASSWORD      "PASSWORD"
#define HOST_NAME     "192.168.1.105"  ← アクセスするパソコンのIPアドレス
#define HOST_PORT     (9999)  ← 待ち受けているポート番号

(省略)

void loop(void)
{
  char msg[128] = {0};
  int i;

  if ( wifi.createTCP( HOST_NAME, HOST_PORT ) ){  ← パソコンに接続を要求する
    Serial.println("OK: TCP Connect.");

    wifi.recv( msg, sizeof(msg), 10000 );  ← 接続ができたら受信したデータを取り出す
    for( i = 0; i < sizeof( msg ); i++) {
      Serial.print( (char)msg[i] );  ← 受信したデータをシリアルモニタに表示する
    }

    wifi.releaseTCP( );  ← 切断する
  } else {
    Serial.println("Faild: TCP Connect.");
  }

  while( 1 ){
    delay(10000);
  }
}
```

プログラムができあがったら、Arduinoに転送します。すると、サーバに接続し、サーバからデータを取得します。取得した内容はシリアルモニタに表示されます(**図5-2-7**)。

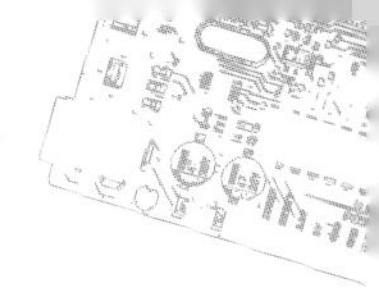

○ 図 5-2-7　サーバから受信したデータが表示された

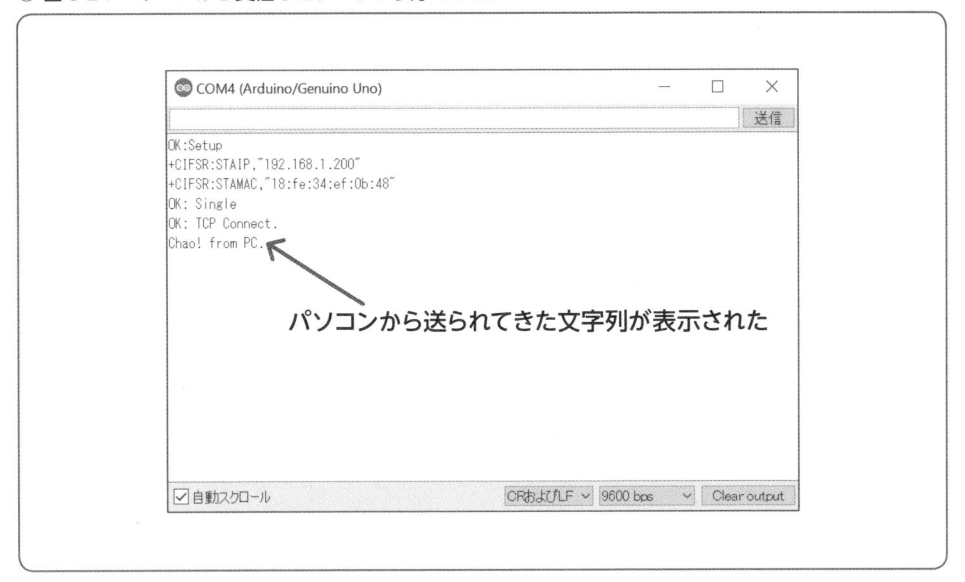

Arduinoをサーバとして使う

次に、Arduinoをサーバとして利用し、他のパソコンなどからの通信を待ち受け、データをやりとりしてみましょう。WeeESP8266ライブラリを利用すると、サーバとして待ち受けることが可能です。

通信には、**図 5-2-8**のような関数を利用します。Arduinoでサーバとして待ち受けるには、MUXモードに切り替えます。MUXとは複数のホストからの通信を接続できる機能です。サーバは、複数のクライアントからの接続要求を受けて通信を確立するため、「enableMUX( )」関数を利用してMUXを有効にします。サーバとして待ち受けるには「startTCPServer( )」関数を利用します。関数には待ち受けるポート番号を指定します。この関数を実行するとサーバが起動します。また、「setTCPServerTimeout( )」関数でタイムアウト時間を指定しておきます。

○ 図 5-2-8　Arduino をサーバとする場合に利用する関数

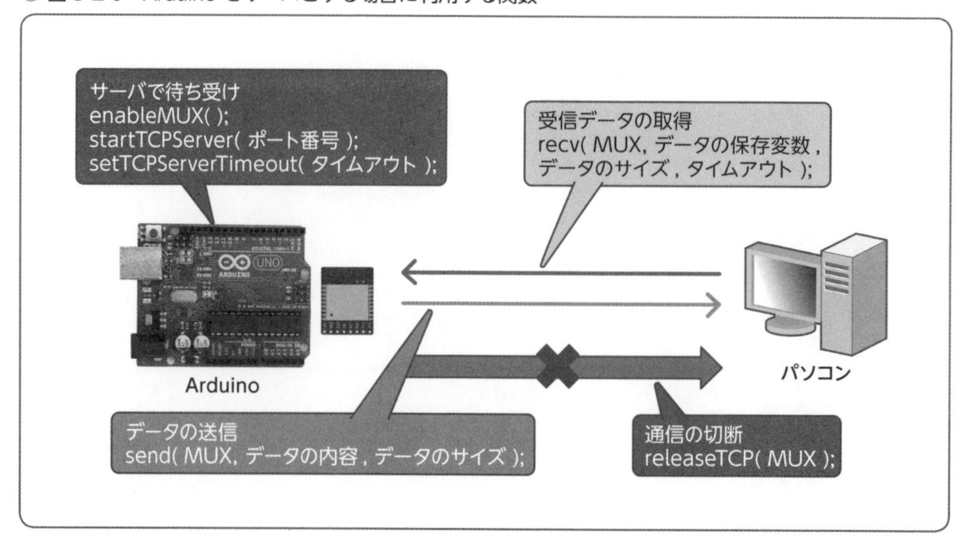

サーバにクライアントから接続すると、確立した通信にMUX番号が割り当てられます。このMUX番号を使ってデータの送信や受信をします。受信したデータは「recv( )」関数で取り出せます。このとき、対象の通信のMUX番号、データを保存しておく変数、受信するデータのサイズ、タイムアウト時間を指定します。また、クライアントにデータを送信するには「send( )」関数を利用します。このときも対象の通信のMUX番号、送信するデータ、データのサイズを指定します。

では、実際にArduinoをサーバとして通信を待ち受けてから、パソコンでサーバに接続してデータを送受信してみましょう。

データを受信する

Arduinoをサーバとして動作させてみましょう。プログラムは**リスト 5-2-5** のように作成します。

○ リスト 5-2-5 Arduinoがサーバとして動作し、クライアントからのデータを受信するプログラム「server_receive.ino」

```
#include <ESP8266.h>

#define SSID          "hikanet"
#define PASSWORD      "PASSWORD"
#define SERVER_PORT   (9999) ◀── パソコンなどからのアクセスを待ち受けるポート番号

SoftwareSerial mySerial( 3, 2 );
ESP8266 wifi( mySerial );

void setup(void)
{

  (省略)

  if ( wifi.enableMUX( ) ) {◀── 複数の接続を有効にする
    Serial.println("OK: Multi");
  } else {
    Serial.println("ERROR: Multi");
  }

  if (wifi.startTCPServer( SERVER_PORT ) ) {◀── 待ち受けポートを指定してサーバを開始する
    Serial.println("OK: Server");
  } else {
    Serial.println("ERROR: Server");
  }

  if (wifi.setTCPServerTimeout(10)) {◀── タイムアウトを設定する
    Serial.println("OK: Set timeout");
  } else {
    Serial.println("ERROR: Set timeout");
  }

  Serial.println("Server stand-by.");
  delay(100);
}

void loop(void)
{
  char buffer[128] = {0};
  uint8_t mux_id;
```

次ページに続く

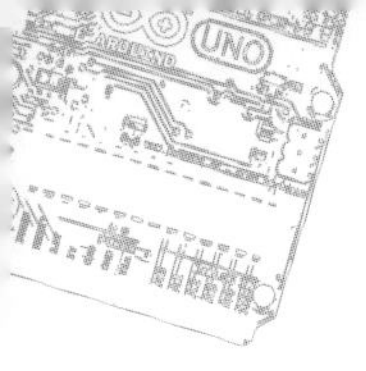


```
    int len, i;

    len = wifi.recv(&mux_id, buffer, sizeof(buffer), 100);
    if (len > 0) {
      Serial.println("Connected.");

      for( i = 0; i < len; i++ ) {
          Serial.print( (char)buffer[i] );
      }
      Serial.println("");

      if (wifi.releaseTCP(mux_id)) {
        Serial.println("OK: Release Connect ");
      }
    }
}
```

パソコンから接続したら送られてきたデータを取り出す

受信したデータをシリアルモニタに表示する

切断する

ネットワークの設定は、「5-1 Arduinoを無線LANに接続する」で説明した方法と同じです。その後、MUXを有効にするため、setup()関数内で「wifi.enableMUX()」を実行します。次に「wifi.startTCPServer()」でサーバを起動します。このとき、通信を待ち受けるポート番号を指定しておきます。ここでは、SERVER_PORTに指定した9999番で待ち受けることにします。そして、「wifi.setTCPServerTimeout()」でタイムアウトを指定します。

設定ができたら、クライアントからアクセスが発生したときの処理をloop()関数内に記述します。クライアントがサーバに接続すると、クライアントから送られてきたデータの内容が保管されます。このデータを取り出したい場合は、「wifi.recv()」関数を使います。このとき、接続したクライアントのMUX番号、取り出したデータを保存する変数、データのサイズ、タイムアウト時間を指定します。wifi.recv()の戻り値はデータのサイズなので、このサイズを確認し、0バイトよりも大きい場合はデータを取得したとみなしてデータの表示処理をします。データはSerial.print()関数を使ってシリアルモニタに表示します。

プログラムができあがったらArduinoに転送しましょう。すると、ネットワークに接続した後、サーバが起動して待ち受け状態となります。

次にクライアント（ここではWindowsパソコン）からサーバに接続してデータを送信

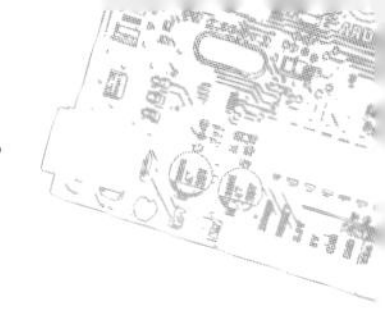

するプログラムを作成します（**リスト5-2-6**）。ここでもPythonを利用します。

○ リスト5-2-6　Arduinoに接続してパソコンからデータを送信する「pc_client_send.py」

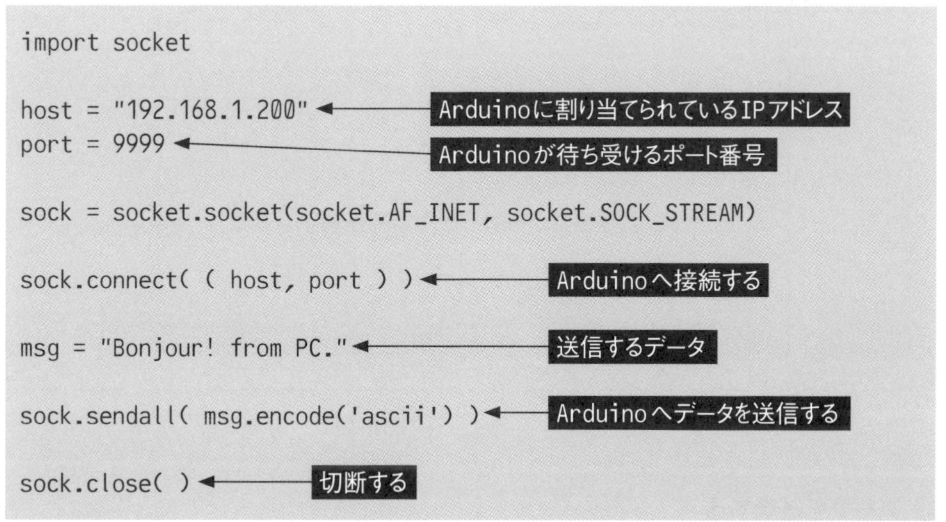

```
import socket

host = "192.168.1.200"
port = 9999

sock = socket.socket(socket.AF_INET, socket.SOCK_STREAM)

sock.connect( ( host, port ) )

msg = "Bonjour! from PC."

sock.sendall( msg.encode('ascii') )

sock.close( )
```


「host」にArduinoに割り当てられているIPアドレス、「port」にサーバが待ち受けているポート番号を指定します。「sock.connect( )」関数を使うことでサーバに接続を要求できます。このとき、接続先のIPアドレスとポート番号を指定します。データを送信するには「sock.sendall( )」関数を利用します。送信する場合は、「encode('ascii')」を使ってASCIIコードに変換します。ここでは「Bonjour! from PC.」という文字列を送信しています。

プログラムができたら次のように実行します。

```
python pc_client_send.py [Enter]
```

コマンドを実行すると、Arduinoに接続を要求します。接続したら、データを送信して通信を終了します。Arduinoがデータを受信すると、シリアルモニタにメッセージが表示されます（**図5-2-9**）。

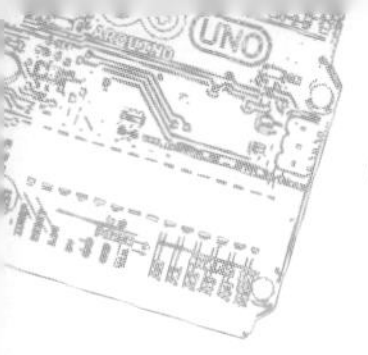

○ 図 5-2-9　クライアントのパソコンから送信したデータを Arduino で受信できた

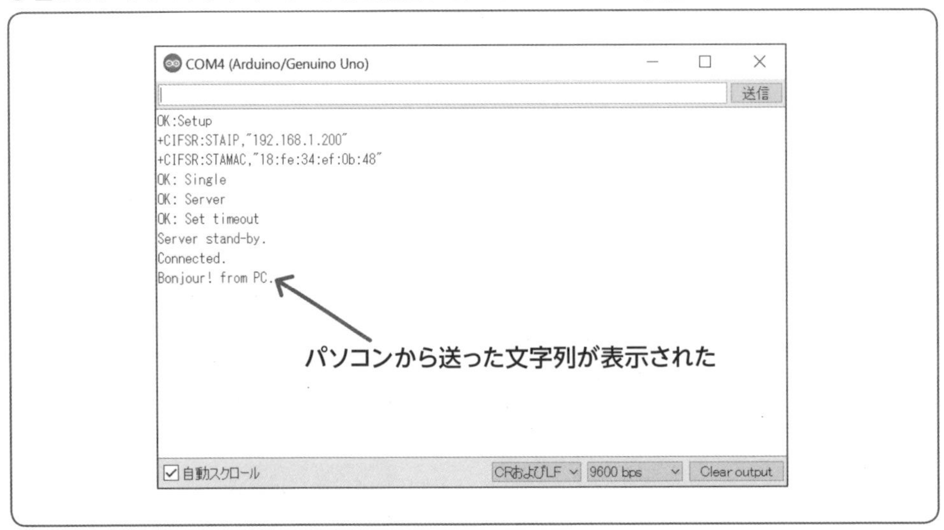

データを送信する

最後にArduinoをサーバとして動作させ、接続したクライアントにデータを送信してみましょう。Arduinoのプログラムは**リスト 5-2-7** のように作成します。サーバの準備までは202 ページで説明したプログラムと同様です。

○ リスト 5-2-7　Arduino がサーバとして動作し、クライアントへデータを送信するプログラム

```
#include <ESP8266.h>

#define SSID            "hikanet"
#define PASSWORD        "PASSWORD"
#define SERVER_PORT     (9999)

SoftwareSerial mySerial( 3, 2 );
ESP8266 wifi( mySerial );

void setup(void)
{

  （省略）
```

パソコンなどからのアクセスを待ち受けるポート番号

次ページに続く

```
  if ( wifi.enableMUX( ) ) {        ← 複数の接続を有効にする
     Serial.println("OK: Multi");
  } else {
    Serial.println("ERROR: Multi");
  }
                                    待ち受けポートを指定してサーバを開始する
  if (wifi.startTCPServer( SERVER_PORT ) ) {  ←
    Serial.println("OK: Server");
  } else {
    Serial.println("ERROR: Server");
  }

  if (wifi.setTCPServerTimeout(10)) {  ← タイムアウトを設定する
    Serial.println("OK: Set timeout");
  } else {
    Serial.println("ERROR: Set timeout");
  }

  Serial.println("Server stand-by.");
  delay(100);
}

void loop(void)
{
  char buffer[64] = {0};
  char msg[128] = {0};
  uint8_t mux_id;
  int len, i;                       パソコンから接続したら送られ
                                    てきたデータを取り出す
  len = wifi.recv(&mux_id, buffer, sizeof(buffer), 100);  ←
  if (len > 0) {
    Serial.println("Connected.");

    strcat( msg, "Hola! from Arduino.");  ← パソコンに送信するデータ

    if( wifi.send( mux_id, msg, sizeof(msg) ) ) {  ←
      Serial.println("OK: Send data");      データをパソコンに送信する
    } else {
      Serial.println("Fail: Send data");
    }
```

次ページに続く

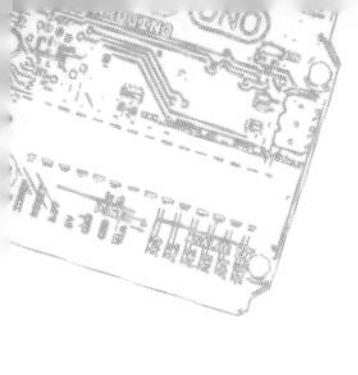


```
    if (wifi.releaseTCP(mux_id)) {    ← 切断する
      Serial.println("OK: Release Connect ");
    }
  }
}
```

次にwifi.recv( )関数を利用してクライアントからのアクセスを受け取ります。接続されたら、データを送信します。ここではstrcat( )関数を使って「Hola! from Arduino.」というメッセージをmgs変数に格納しています。データを送信するには「wifi.send( )」関数を使います。このとき、MUX番号、送信するデータ、データのサイズを指定します。

プログラムができたらArduinoに転送してサーバを起動しておきます。

次にクライアントからサーバに接続してデータを受信するプログラムを作成します(**リスト5-2-8**)。通信する場合には、Arduino側が通信を確立したことがわかるように任意のデータを送信します。ここでは「get data」というデータをsock.sendall( )関数を利用して送信します。これで、接続が確立するので、サーバからのデータを受け取ります。受け取ったデータを利用するには「sock.recv( )」関数を利用します。このとき、取得するデータのサイズを指定します。データはASCIIコードであるため、表示する場合には、「decode('ascii')」で変換します。

○ リスト5-2-8 Arduinoに接続して受け取ったデータを表示するプログラム「pc_client_receive.py」

```
import socket

host = "192.168.1.200"    ← Arduinoに割り当てられているIPアドレス
port = 9999    ← Arduinoが待ち受けるポート番号

sock = socket.socket(socket.AF_INET, socket.SOCK_STREAM)

sock.connect( ( host, port ) )    ← Arduinoへ接続する

msg = "get data"

sock.sendall( msg.encode('ascii') )    ← 接続したことがわかるよう任意のデータを送信する
```

次ページに続く

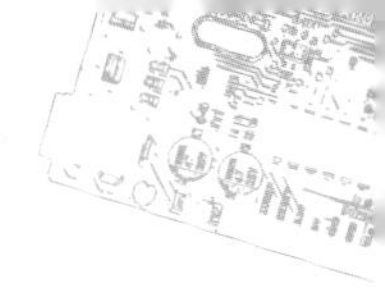

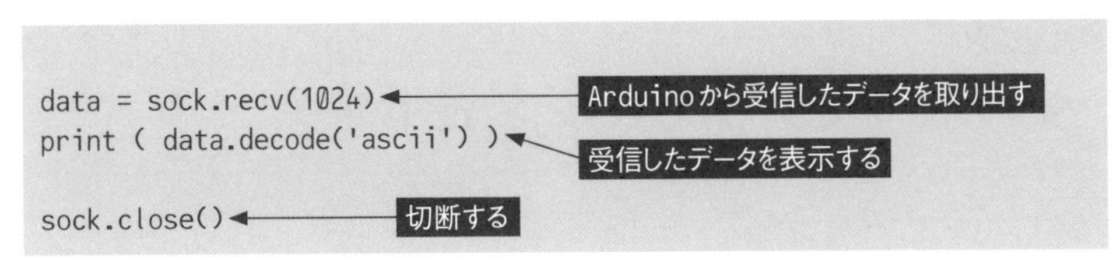

```
data = sock.recv(1024)
print ( data.decode('ascii') )

sock.close()
```


プログラムができたら次のように実行します。

```
python pc_client_receive.py Enter
```

コマンドを実行するとArduinoに接続を要求して、送られてきたデータを取得します。すると、コマンドプロンプトに図5-2-10のように送られてきたデータが表示されます。

○ 図5-2-10 Arduinoから送信したデータをクライアントのパソコンで表示できた

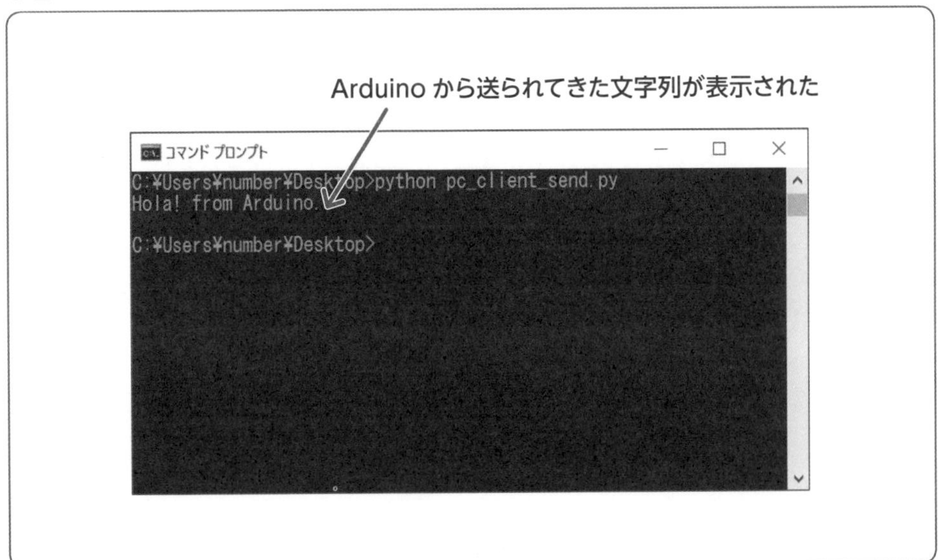

5-3

受け取ったメッセージを表示する

Arduinoでは、無線LAN接続と電子パーツを併用することで、ネットワークを介して電子パーツを制御できます。Arduinoをサーバとして動作させ、受け取ったメッセージをキャラクタディスプレイに表示してみましょう。

Arduinoで電子パーツとネットワーク接続を併用する

ESP-WROOM-02を使ってArduinoに接続できたら、他の電子パーツを使って応用してみましょう。

Arduinoは、Chapter 3、Chapter 4で説明したように、さまざまな電子パーツを接続して制御できます。LEDを点灯する、スイッチの状態を確認する、モータを動作させる、温度を調べるなどさまざまなことが可能です。

電子パーツとネットワーク接続を併用すれば、ネットワークを介して電子パーツを制御したり、電子パーツから取得した情報をもとに別の機器をネットワークを介して制御したりすることなどもできます。

ここでは、「4-4　文字を表示する」で説明したキャラクタディスプレイを応用する方法を説明します（**図5-3-1**）。Arduinoを無線LANで接続し、サーバとして外部からのアクセスを待ち受けます。パソコンなどからArduinoへ接続して文字列を送信すると、Arduinoが文字列を受け取ってキャラクタディスプレイ上に表示するようにします。

○ 図5-3-1 ネットワークを介して受信した文字列をキャラクタディスプレイに表示する

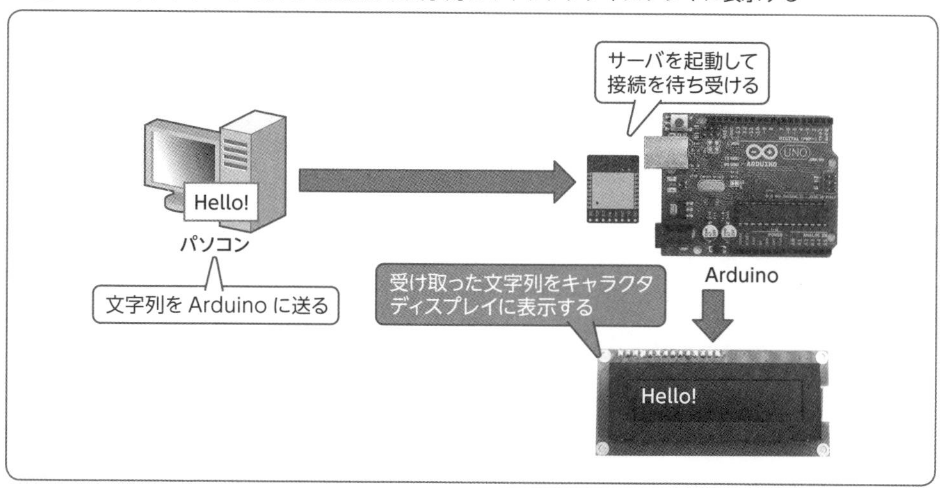

メッセージをキャラクタディスプレイ上に表示できれば、外部からメッセージを表示して他のユーザに通知する、メールなどを受信したらキャラクタディスプレイに受信したメールの数を表示して知らせるなど、さらなる応用につながります。

無線LANモジュールとキャラクタディスプレイを接続する

では、無線LANモジュールとキャラクタディスプレイをArduinoに接続しましょう。利用する電子パーツは、173ページで説明したキャラクタディスプレイを表示するためのパーツと、186ページで説明した無線LANモジュールに接続する各パーツです。

図5-3-2のように接続します。電子パーツが多く必要となるため、長いブレッドボードを利用して差し込むようにします。接続は複雑に見えますが、176ページと188ページで説明した接続回路をそれぞれつないでいるだけです。2つのブレッドボードを用意して、それぞれの接続をしても問題ありません。

また、191ページで説明したように、無線LANモジュールをシールドとして作成した場合は、176ページで説明したキャラクタディスプレイだけを接続します。

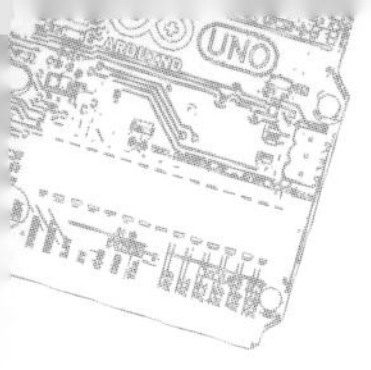

○ 図 5-3-2　文字列をキャラクタディスプレイに表示する接続回路

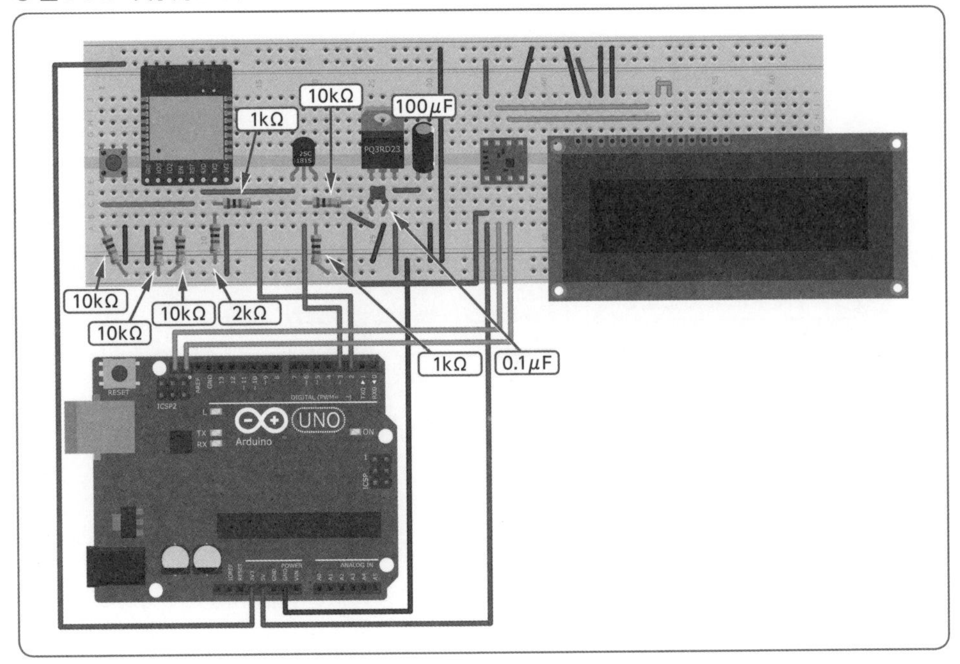

Arduinoのプログラムを作成する

接続ができたら、Arduinoに記録するプログラムを作成します（**リスト 5-3-1**）。

○ リスト 5-3-1　Arduino 側で待ち受けおよび表示を行うプログラム「message_show.ino」

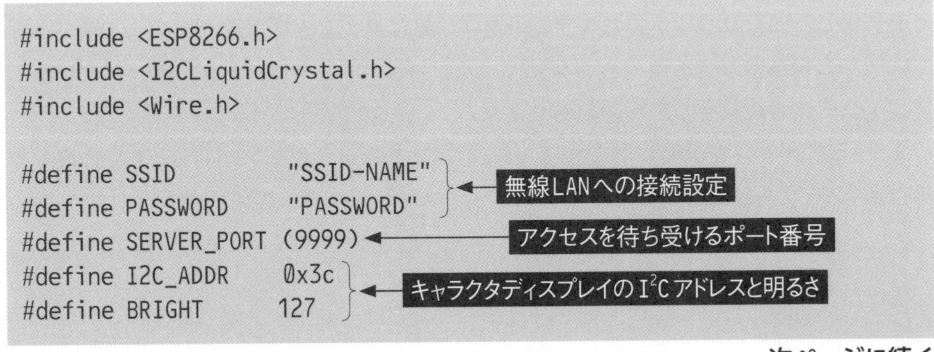

```
#include <ESP8266.h>
#include <I2CLiquidCrystal.h>
#include <Wire.h>

#define SSID          "SSID-NAME"
#define PASSWORD      "PASSWORD"
#define SERVER_PORT  (9999)
#define I2C_ADDR     0x3c
#define BRIGHT       127
```


次ページに続く

```
#define lcd_row 16 ┐
#define lcd_col 2  ┘◀─ キャラクタディスプレイに表示する文字数

I2CLiquidCrystal oled( I2C_ADDR, (uint8_t)BRIGHT );

SoftwareSerial mySerial( 3, 2 );
ESP8266 wifi( mySerial );

char message[lcd_col][lcd_row + 1]; ◀─ 表示する文書を格納する変数

void setup(void)
{
  oled.begin( lcd_row , lcd_col );
  oled.display();
  oled.clear();                      ◀─ キャラクタディスプレイの初期設定
  oled.noBlink();
  oled.noCursor();

  int i=0;
  while ( i < lcd_col ){
    strcpy(message[i], "");          ◀─ 変数の内容を空にする
    i = i + 1;
  }

  (省略)

  Serial.println("Server stand-by.");
  delay(100);
}

void loop(void)
{
  char buf[128] = {0};
  char lcd_buf[lcd_row + 1]; ◀─ 受け取った文字列でキャラクタディスプレイに
                                 表示する文字列を格納する変数
  uint8_t mux_id;
  int len, i;
                                 接続を待ち受けて、データを取得する
  len = wifi.recv( &mux_id, buf, sizeof(buf), 100 ); ◀─┘
  if (len > 0) {
    Serial.println("Connected.");
```

次ページに続く

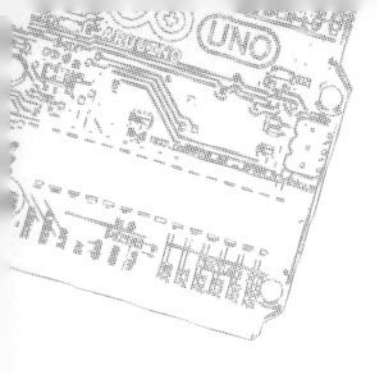


```
    for( i = 0; i < len; i++ ) {        ← 受け取った文字列を1文字ずつ処理する
      Serial.print( (char)buf[ i ] );
      if ( i < lcd_row ){
          lcd_buf[i] = (char)buf[i];    ← キャラクタディスプレイの桁数分だけ文字列を取り出し、lcd_buf変数に格納する
      }
    }
    Serial.println("");

    while( i < lcd_row ){
      lcd_buf[ i ] = ' ';               ← 文字列が桁数より少ない場合は、余りをスペースで埋める
      i = i + 1;
    }

    i = 0;
    while ( i < lcd_col - 1 ){
      strcpy( message[ i ], message[ i + 1 ] );   ← 以前受け取った文字列を1行ずつ上の行に移動する（スクロール）
      i = i + 1;
    }
    strcpy( message[ lcd_col - 1 ], lcd_buf );    ← 受け取った文字列を最後の行に表示する

    oled.clear();                       ← キャラクタディスプレイに表示されている文字を消去する
    i = 0;
    while ( i < lcd_col ){
      oled.setCursor( 0, i );
      oled.print( message[ i ] );       ← 各行に文字列を表示する
      i = i + 1;
    }

    if ( wifi.releaseTCP( mux_id ) ) {
      Serial.println( "OK: Release Connect." );
    }
  }
}
```

プログラムは、無線LANの接続プログラムとキャラクタディスプレイへの表示プログラムを組み合わせて作成します。

初めに各種設定を定数として指定しておきます。「SSID」と「PASSWORD」には無線LANアクセスセスポイントへ接続するための情報、「SERVER_PORT」には接続を待ち

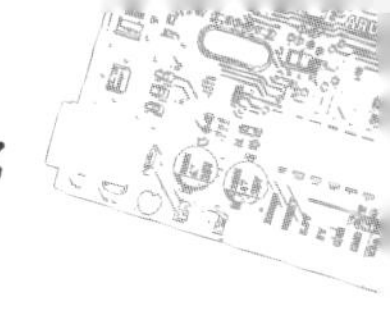

受けるポート番号を指定します。

「I2C_ADDR」には、キャラクタディスプレイのI^2Cアドレス、「BRIGHT」は表示の明るさ、「lcd_row」にはキャラクタディスプレイに表示する桁数、「lcd_col」には表示する行数を指定します。

また、キャラクタディスプレイに表示する文字列を格納しておく「message」変数を用意しておきます。messageは配列として作成し、message[行数]と指定することで、各行に表示する文字列をやりとりできます。

setup( )では、キャラクタディスプレイの初期設定、無線LANの接続などの初期設定をします。このとき、message変数はすべて空にしておきます。

loop( )では、無線LANにアクセスしたパソコンから送られてきた文字列を取得し、キャラクタディスプレイに表示します。

まず、受け取った文字列からキャラクタディスプレイに表示するための文字列を取得して一時的に格納するlcd_buf変数を用意しておきます。

wifi.recv( )ではパソコンからのアクセスを待ち受けます。パソコンからアクセスがあったら、buf変数に取得した文字列を格納します。

キャラクタディスプレイは1行に表示できる文字の数が決まっています。そこで、受け取った文字列からキャラクタディスプレイに表示できる文字数だけを切り取るようにします。SO1602AWでは16文字まで表示できるので、受け取った文字列の初めから16文字分だけを取り出して表示します。受け取った文字列を1文字ずつ取り出し、16文字分だけlcd_bufに格納します。また、16文字に達しない場合は、残りをスペースで埋めています。

スクロールするように、以前取得した文字列を1行目に移動し、2行目に新たに受け取った文字列を表示します。そこで、2行目へ表示する文字列を1行目に移動し、2行目にはlcd_bufに格納した文字列を入れ込みます。文字列の格納にはstrcpy( )を使います。strcpy(対象の変数, 格納する文字列)のように記述します。たとえば、2行目に「Hello!」と格納する場合は、次のように記述します。

```
strcpy( message[1], 'Hello!' );
```

このとき、行数は0から開始するので、2行目は「1」と指定することに注意しましょう。ここでは「strcpy(message[i], message[i + 1]);」として2行目の文字列を1行目に移動し、「strcpy(message[lcd_col - 1], lcd_buf);」として最後の行に取得した文字列

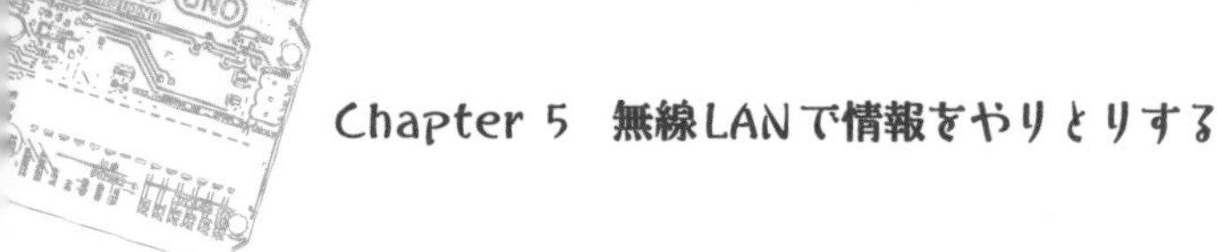

を格納します。

最後に、各行の文字列をキャラクタディスプレイに表示します。

プログラムができあがったら、Arduinoに転送しておきます。

送信用のプログラムを作成する

Arduinoの準備ができたら、Arduinoへ文字列を送信するプログラムを作成します。ここでは221ページと同様に、パソコンでPythonを準備して文字列を送信するプログラムを実行してください。プログラムは**リスト5-3-2**のように作成します。

○ リスト5-3-2　パソコンから文字列を送るプログラム「lcd_message.py」

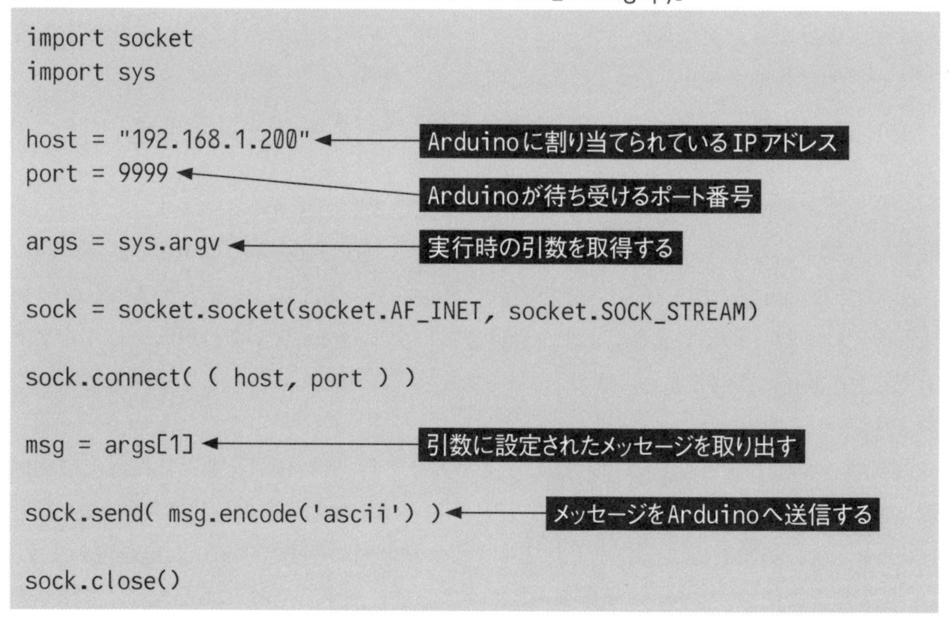


```
import socket
import sys

host = "192.168.1.200"
port = 9999

args = sys.argv

sock = socket.socket(socket.AF_INET, socket.SOCK_STREAM)

sock.connect( ( host, port ) )

msg = args[1]

sock.send( msg.encode('ascii') )

sock.close()
```

プログラム自体は、221ページで説明した文字列の送信プログラムと同じです。ただし、任意の文字列を送るために、プログラムの実行時に文字列を引数に指定できるようにしています。「args = sys.argv」で引数の内容を取得し、最初の引数を転送するメッセージとして利用します。1番目の文字列は「args[1]」で取得可能です。sock.send( )で引数の内容を指定することで、Arduinoへ文字列を送信できます。

送信した文字列をキャラクタディスプレイに表示する

できあがったら実際に文字列を送信してキャラクタディスプレイ上に文字列を表示してみましょう。「python lcd_message.py」の後に表示したい文字列を入力します。たとえば、「Hello!」と送りたい場合は次のように実行します。

```
python lcd_message.py Hello! Enter
```

これでキャラクタディスプレイの2行目に「Hello!」と表示されます。続けて、文字列を送信すれば、「Hello!」は1行目に移動し、2行目には新たな文字列が表示されます。

なお、スペースを含む場合は、ダブルクォーテーションで文字列をくくってください。たとえば、「My Arduino」と表示するには次のように実行します。

```
python lcd_message.py "My Arduino" Enter
```

5-4 計測した温度をWebサーバで公開する

Arduinoはネットワークを介して他のサーバなどと通信できます。センサから取得した値は、サーバに送ることで他のパソコンなどで計測結果を確認することが可能です。ここでは、温度センサで計測した結果をWebサーバに送り、別のパソコンなどから確認できるようにしてみましょう。

センサなどの値をWebサーバに送信する

前節では、Arduinoをサーバとして動作させ、アクセスしたパソコンなどからネットワークを介して制御できるようにしました。逆にArduinoをクライアントとして利用することも可能です。クライアントとして利用することで、ネットワークを介して外部の

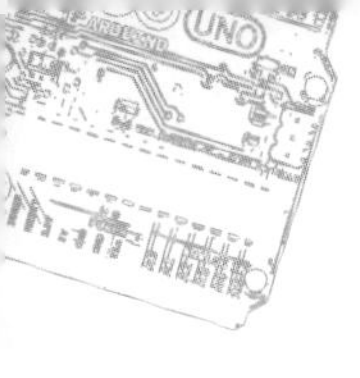

サーバなどにArduinoからさまざまな情報を送ることができます。サーバでArduinoから送られてきた情報をプログラムで処理することで、他のパソコンなどでArduinoからの情報を閲覧したり、Arduinoからの計測データを蓄積して解析したりするといった応用につながります。

ここでは、Arduinoに温度センサを接続して、計測した温度をWebサーバに送る方法を紹介します（**図5-4-1**）。計測した温度はWebサーバに送り、Webサーバ内のプログラムでファイルに保管します。その後、パソコンなどからWebサーバにアクセスすると、記録してある温度データを取得でき、Arduinoで計測した結果を外部から確認できます。

○ 図5-4-1　温度センサで計測した温度をWebサーバに送信して外部から温度を確認できるようにする

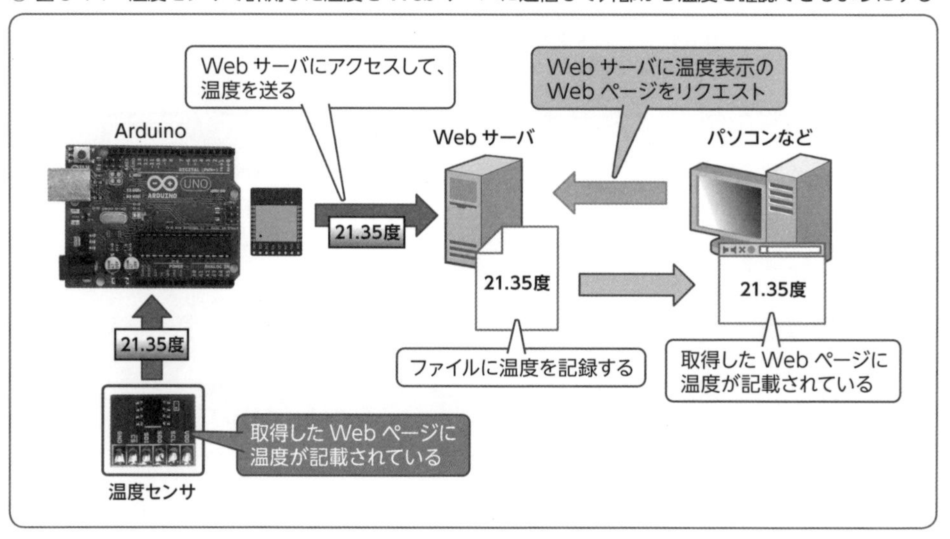

■ クライアントとして利用するとインターネットへ自由にアクセスできる

Arduinoをサーバとして待ち受ける方法では、プログラムをArduino内に用意しておくだけで、接続したパソコンなどに温度の情報を直接送ることができます。しかし、社内や宅内に配置したArduinoの場合、インターネットなどを介して直接アクセスすることができません。インターネットと社内または宅内ネットワークは、ルータやブロードバンドルータ、ファイアウォールといった機器を介して接続します（**図5-4-2**）。社内ネットワークから外部のサーバにアクセスするのは自由にできますが、インターネットなどからのアクセスは、制限されるようになっています。これは、外部の脅威から社内や宅内のネットワークに設置されているパソコンなどを守るためであったり、1つのIPアドレスを複数のパソコンなどと共有してインターネットにアクセスしたりといった工夫をしているためです。インターネットからArduinoへ直接アクセスできるようにするには、ブロードバンドルータやファイアウオールなどの設定を変更する必要があります。特に社内ネットワークについては、外部からの接続が許可されていないことが一般的です。

○ 図5-4-2　宅内ネットワークから外部のWebサーバへは自由にアクセスできる

外部からのアクセスはブロードバンドルータから先には入れないため、Arduinoへ直接アクセスできない
パソコンなど
Arduino
ブロードバンドルータ
宅内ネットワークから外部へは自由にアクセスできる
Webサーバ

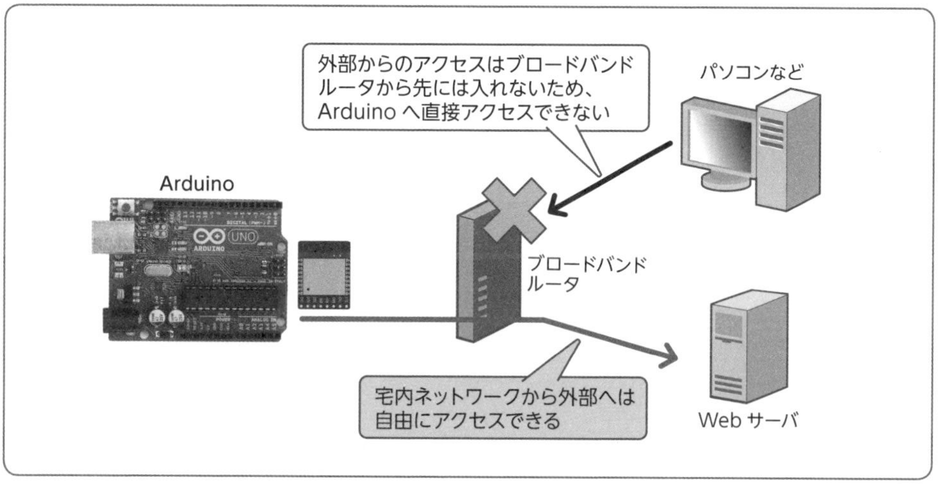

今回は、社内ネットワークなどに設置したArduinoから外部に用意したサーバにアクセスします。社内ネットワークなどからインターネットへのアクセスは制限されることがないため、自由にArduinoからサーバにデータを送ることができます。

GETメソッドで情報を送る

Webサーバを使う場合、Arduinoから情報を送り込む方法として「GETメソッド」と「POSTメソッド」があります。

GETメソッドでは、アクセス先を指定する「URL」に送り込みたい情報を記載します。次のように、アクセス先のホスト名やファイル名の後に「?」を付加して送りたい情報を列挙します。この情報を「クエリ文字列」と呼びます。クエリ文字列に記載された情報をWebサーバ側で取り出すことで、Arduinoからの情報を伝えることができます。

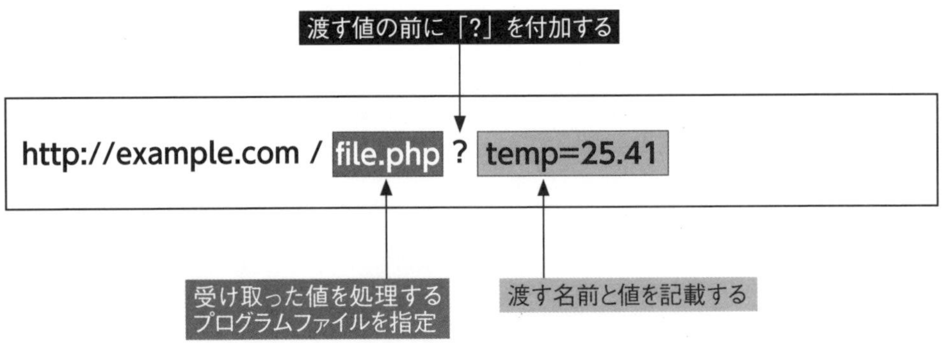

GETメソッドはURLに記載するだけで情報を送れるため、送信元のプログラムを簡単に作れるのが利点です。ただし、大きなデータを送る場合はURLが長くなってしまうため、向いていません。

一方、POSTメソッドは、Webサーバへアクセスする際に送る情報の本体（ボディ）部分に送信データを記載するため、大きな情報や大量の情報を送る場合に向いています。しかし、本体部分にデータを記載するなどGETメソッドに比べてプログラムが多少面倒です。

GETメソッド、POSTメソッドのどちらの方法を利用しても、計測した温度をWebサーバに送ることができます。しかし、今回のように温度情報を送るだけであれば、GETメソッドを利用するのが簡単です。ここでは、GETメソッドを使ってWebサーバに温度情報を送る方法を説明します。

無線LANモジュールと温度センサを接続する

では、無線LANモジュールと温度センサをArduinoに接続しましょう。166ページで説明した温度センサから温度を取得するためのパーツと、189ページで説明した無線LANモジュールに接続する各パーツを利用します。

図5-4-3のように接続します。長いブレッドボードを使うと、無線LANモジュールと温度センサを一緒に配置できます。また、167ページと188ページで説明した接続回路をそれぞれ用意して接続しても問題ありません。

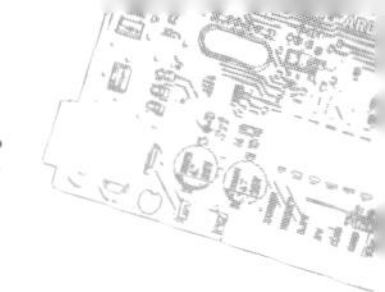

○ 図 5-4-3　温度を Web サーバに送る接続回路

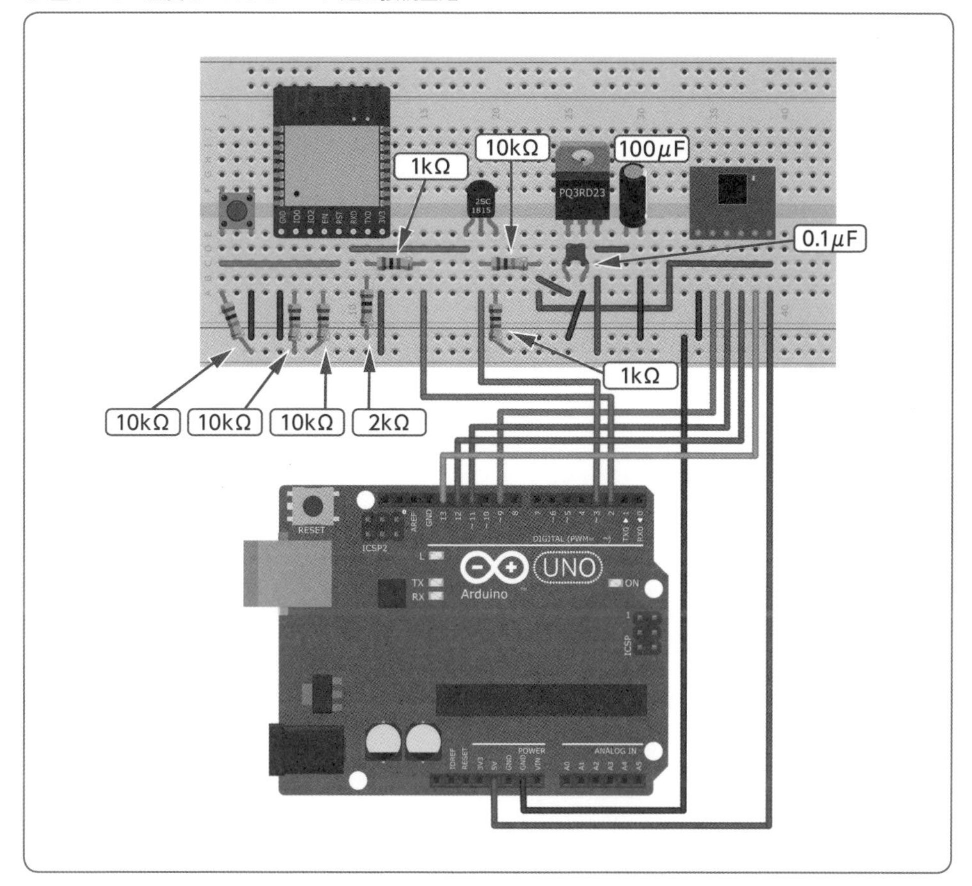

また、191 ページで説明したように、無線LANモジュールをシールドとして作成した場合は、167 ページで説明した温度センサの接続をします。

Arduinoのプログラムを作成する

接続ができたら、温度を計測してArduinoからサーバに温度を送るプログラムを作成します（**リスト 5-4-1**）。

○ リスト 5-4-1　温度を取得して Web サーバに送信するプログラム「wifi_temp.ino」

```
#include <SPI.h>
#include <ESP8266.h>

#define SS_PIN        9
#define INTERVAL      60000
#define SSID          "SSID"
#define PASSWORD      "PASSWORD"
#define HOST_NAME     "HOST_NAME"
#define HOST_PORT     (80)
#define POST_PAGE     "arduino_temp.php"

SoftwareSerial mySerial( 3, 2 );
ESP8266 wifi( mySerial );

void setup(void) {
  Serial.begin( 9600 );

  pinMode( SS_PIN, OUTPUT);

  (省略)

  delay(1000);
}

void loop(void) {
  unsigned char data_h, data_l;
  int data;
  float temp_data;
  char request[100], temp_char[32];

  digitalWrite( SS_PIN, LOW );

  data_h = SPI.transfer(0);
  data_l = SPI.transfer(0);

  digitalWrite( SS_PIN, HIGH );

  data = data_h << 8 | data_l;
  temp_data = (float)data / 128.0;
  dtostrf( temp_data, 3, 2, temp_char);
```

- 温度を計測する間隔をミリ秒単位で指定する（INTERVAL）
- アクセス先のWebサーバのホスト名やIPアドレスを指定する（HOST_NAME）
- 接続先のポート番号を指定する（HOST_PORT）
- Webサーバで温度を受け取るプログラムのファイル名を指定する（POST_PAGE）
- setup( )で温度センサと無線LANモジュールの初期設定をする
- 温度センサから取得した温度をtemp_dateに格納する
- 温度を数値から文字列に変換する

次ページに続く

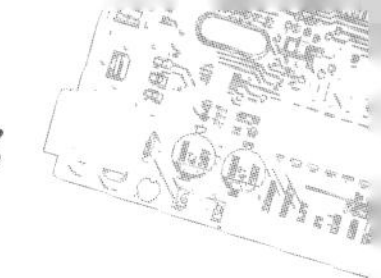

```
  Serial.print( temp_data );
  Serial.println( " C" );

  strcpy( request, "GET /" );
  strcat( request, POST_PAGE );
  strcat( request, "?mode=post&temp=" );
  strcat( request, temp_char );
  strcat( request, " HTTP/1.1¥r¥n" );
  strcat( request, "Host:" );
  strcat( request, HOST_NAME );
  strcat( request, "¥r¥n¥r¥n" );

  if ( wifi.createTCP( HOST_NAME, HOST_PORT ) ){
    Serial.println( "OK: TCP Connect.");
    wifi.send( request, strlen( request ) );
    wifi.releaseTCP();
  } else {
    Serial.println( "Failed: TCP Connect." );
  }

  delay( INTERVAL );
}
```

取得した温度
Webサーバにリクエストする内容を作成する
Webサーバにアクセスする
作成したリクエストをWebサーバに送る
次に温度を計測してWebサーバに送るまで待機する

プログラムは、無線LANの接続プログラムと温度計測プログラムを組み合わせて作成します。

初めに各種設定を定義します。「SS_PIN」では温度センサのSS端子に接続した端子番号を指定します。「INTERVAL」は、温度を更新する時間をミリ秒単位で指定します。10分間隔で更新する場合は「60000」です。「SSID」と「PASSWORD」には無線LANアクセスセスポイントへ接続するための情報、「HOST_NAME」と「HOST_PORT」には接続先のホスト名またはIPアドレスとポート番号を指定します。ホスト名には「http://」などを記載せず、「www.example.com」といったホスト名だけを記載してください。なお、このプログラムでは暗号化したHTTPSには対応していないので注意しましょう。Webサーバに接続する場合は、一般的にポート番号として「80」を指定します。「POST_PAGE」は、温度を受け取って処理するプログラムのファイル名です。フォルダ名などを同時に設定しておきます。たとえば、「http://www.example.com/program/arduino_

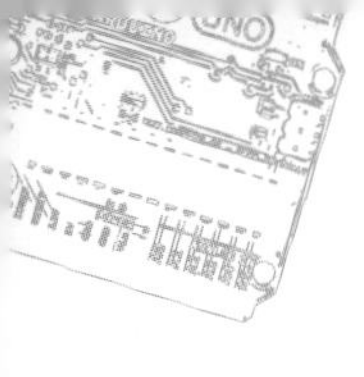

temp.php」の場合は、「program/arduino_temp.php」になります。

setup( )では、温度センサの初期化と無線モジュールの初期設定をします。詳しくは168ページと204ページを参照してください。

loop( )では、温度計測と計測した結果をWebサーバに送信します。温度センサからの計測結果は、SPIを使って取得します。取得方法は、169ページで説明している方法と同じです。

取得した温度は数値として変数に格納しますが、Webサーバに温度情報を送る際には数値を文字に変換しなければなりません。そこで、「dtostrf( )」関数を使って温度を文字に変換し、その値をtemp_char変数に保管します。

次にWebサーバに送るリクエスト文を作成します。リクエストは、次のような形式で指定します。

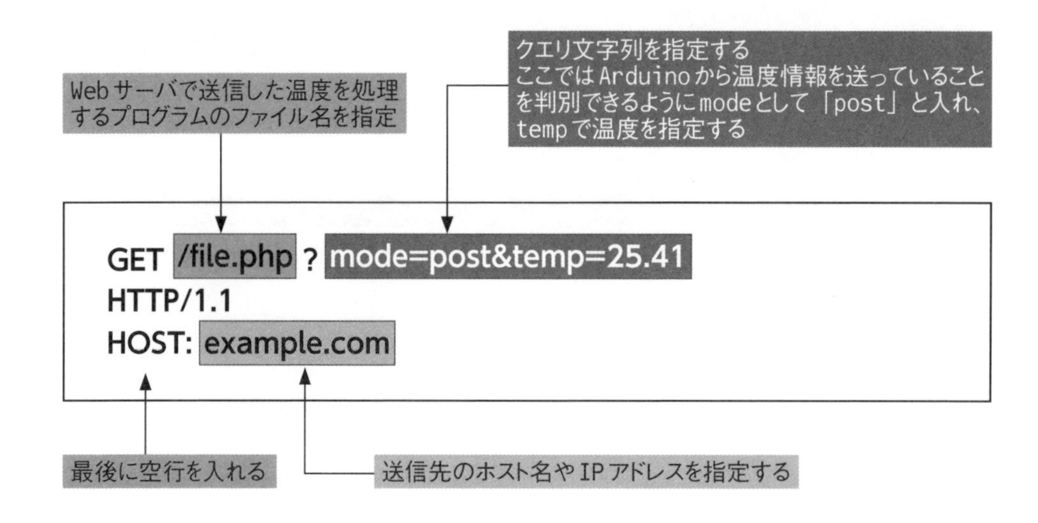

1行目には、GETメソッドを利用するので「GET」と指定し、リクエストするファイル名とクエリ文字列を記述します。ファイル名は、送信した温度情報を処理するプログラムファイル名を指定します。クエリ文字列では、温度情報を「temp」という名前で記述します。また、Arduinoから温度情報を送っているとプログラムで判断できるように、modeに「post」という情報を送ります。

次の行では、利用するプロトコルを指定します。プロトコルとはデータのやりとりを定義したものです。お互いが同じプロトコルを利用することでデータの内容を理解でき

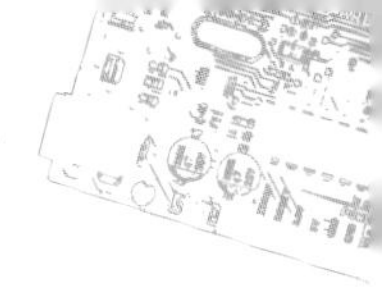

ます。ここではWebコンテンツのやりとりで利用される「HTTP/1.1」を利用します。

3行目の「HOST:」には、送信先となるホスト名やIPアドレスを指定します。

最後に空行を送ることで、リクエストが送られたと判断し、Webサーバが処理を開始します。

プログラムでは、文字列を順に接続する形でリクエストの文字列を作ります。初めにstrcpy()を使って「GET /」をrequest変数に格納します。この後はstrcat()を使うことでrequest変数の末尾に文字列を追加できます。プログラムの初めに定義したファイル名やホスト名などを使って文字列を作成してください。温度は、数値を文字列に変換したtemp_charを利用します。

Webサーバにアクセスした後に、作成した文字列を送ると、温度情報がWebサーバに送られます。新しい温度情報をWebサーバに送る場合、delay()で一定時間待機します。

できあがったらArduinoにプログラムを転送します。すると、温度を計測してWebサーバに温度情報を送るようになります。プログラムの動作状況は、シリアルモニタで確認可能です。また、そのまま動作させ続けると温度情報を逐次送ってしまうため、Webサーバが準備できるまではArduinoの電源を切っておくようにしましょう。

Webサーバを準備する

Arduinoの準備ができたら、Webサーバ上で動作させるプログラムを用意します。今回はWeb用のプログラミング言語としてよく利用されているPHPで作成します。プログラムは**リスト5-4-2**のように作成します。

○ リスト5-4-2　Webサーバで温度を記録し、パソコンなどに温度を差し込んだHTMLを送るプログラム「arduino_temp.php」

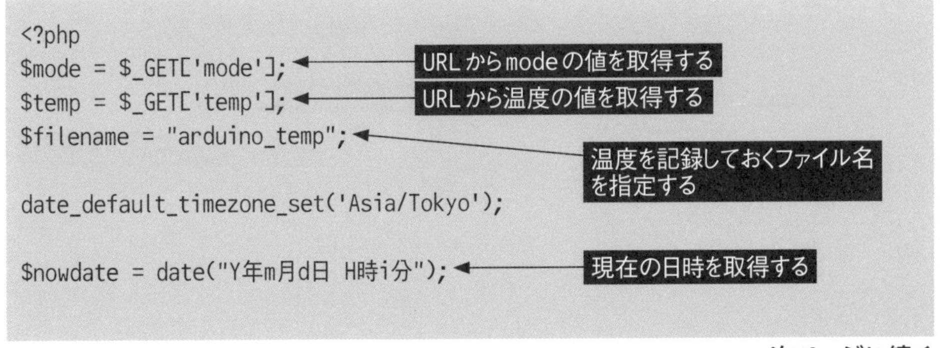

```
<?php
$mode = $_GET['mode'];
$temp = $_GET['temp'];
$filename = "arduino_temp";

date_default_timezone_set('Asia/Tokyo');

$nowdate = date("Y年m月d日 H時i分");
```


次ページに続く

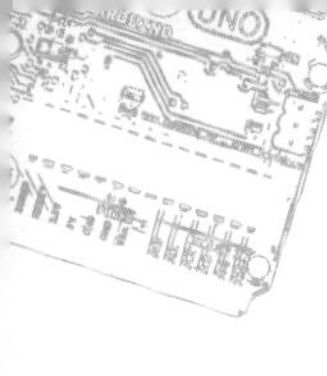


```
$HTML_BASE =<<<EOT
<?DOCTYPE html>
<html>
<head>
  <meta charset="UTF-8">
  <title>Arduino温度計</title>
</head>
<body>
<h1>Arduinoで計測した温度</h1>
<h2><!--TEMP--> 度</h2>
<p>(計測日時：<!--TIME-->)</p>

</body>
</html>
EOT;

if( $mode == "post" ){
  $buf = $nowdate . "," . $temp;
  $fp = fopen( $filename, "w" );
  fwrite( $fp, $buf );
  fclose( $fp );

  print "DONE";

}else{
  $fp = fopen( $filename, "r" );
  $fdata = fgets($fp);
  fclose( $fp );
  list( $mesure_date, $temp ) = split( "," , $fdata, 2 );

  $output_html = str_replace( "<!--TIME-->", $mesure_date, $HTML_BASE );
  $output_html = str_replace( "<!--TEMP-->", $temp, $output_html );

  print $output_html;
}
?>
```

- 温度表示用のテンプレート（$HTML_BASE ～ EOT;）
- 温度をはめ込む場所（<h2><!--TEMP--> 度</h2>）
- 計測時刻をはめ込む場所（<p>(計測日時：<!--TIME-->)</p>）
- Arduinoからのアクセスの場合に登録処理をする（if($mode == "post"){）
- ファイルに記録する内容を作成する（$buf = ...）
- 温度と計測日時をファイルに保存する（fwrite($fp, $buf);）
- パソコンなどからアクセスした場合に表示処理をする（}else{）
- ファイルから記録した温度と計測日時を取得する（$fdata = fgets($fp);）
- 計測日時と温度に分離する（list(...) = split(...);）
- テンプレートに計測日時をはめ込む（1つ目の str_replace）
- テンプレートに温度をはめ込む（2つ目の str_replace）
- 温度をはめ込んだHTMLを返す（print $output_html;）

まず、Arduinoから送られてきたGETメソッドのクエリ文字列を取得します。「$_GET[ ]」で設定した名前を指定すると、値を取得できます。たとえば、温度であれば「$_GET['temp']」と指定します。

次に、計測した日時を記録しておくため、date( )で現在時刻を取得します。取得した日時は$nowdate変数に保存します。

パソコンなどからアクセスされた場合、温度を表示するためのWebページのテンプレートを$HTML_BASEに保管します。温度を入れ込む部分は「<!--TEMP-->」、計測日時を表示する部分は「<!--TIME-->」としておきます。

次に、if文を使って送られてきたクエリ文字列を調べます。modeがPOSTの場合はArduinoから温度が送られてきたと判断します。この場合は、計測日時と温度を保管用ファイルに保存します。ここでは、「arduino_temp」ファイルに保存しています。保存が完了したら「Done」と返信して終了します。

Webブラウザなどからのアクセスの場合は、クエリ文字列がなく、modeにも何も値がありません。modeがPOSTでない場合は、パソコンなどからのアクセスと判断して、温度を表示するWebページを返信します。ファイルから温度と計測日時を取得し、温度を$temp変数、計測日時を$mesure_date変数に格納します。

続いて、あらかじめ用意したHTMLのテンプレートの<!--TEMP-->に温度を、<!--TIME-->に計測日時をはめ込みます。はめ込みには、str_replace( )を使って元の文字列と置換します。

最後に温度などを差し込んだHTMLをprint( )で出力してWebブラウザに返信します。これで、Webブラウザに温度が表示されるようになります。

Webサーバを準備する

プログラムが用意できたらWebサーバを準備します。今回のプログラムにはPHPを利用しているため、WebサーバでPHPが使えるようにしておく必要があります。PHPが動作できれば、レンタルサーバなどでも問題ありません。ISP（インターネットサービスプロバイダ）などで無料で利用できるホームページスペースでは、PHPが動作しないことがあるため、注意しましょう。詳しくはISPなどのサービスに問い合わせてください。

レンタルサーバを利用する場合は、利用するOSによってWebサーバやPHP環境のインストールの手順や設定が異なります。多くの場合はレンタルサーバのヘルプページが用意されており、設定方法などが説明されています。この説明を確認して環境を整えるようにしましょう。

なお、自宅にWebサーバを設置して、そこに温度情報を記録することも可能です。こ

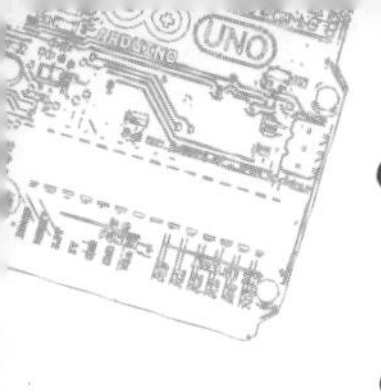

の場合は、ブロードバンドルータなどにポートフォワーディング（アドレス変換）の設定をしてWebサーバを外部から閲覧できるようにしておく必要があります。設定方法についてはブロードバンドルータのマニュアルを参照してください。宅内ネットワーク内からしか閲覧しない場合は、ポートフォワーディングの設定は不要です。

Webサーバの準備ができたら、プログラムファイル「arduino_temp.php」を公開用のフォルダに保存します。このとき、PHPが動作可能なフォルダに配置するようにしましょう。また、温度を保管しておく「arduino_temp」ファイルも同じフォルダに保存します。

保存にはFTPクライアントアプリなどを利用して転送します。転送方法についてはレンタルサーバのWebページなどを確認しましょう。

また、arduino_tempファイルは書き換える必要があるので、書き込みを可能にしておきます。たとえば、FilezillerというFTPアプリを利用している場合は、転送したarduino_tempファイルの上で右クリックして［ファイルのパーミッション］を選択し、［書き込む］にチェックを入れます。

転送が完了したら準備完了です。

ファイルを配置した場所によって、Arduino用のプログラムの「POST_PAGE」を変更する必要があります。たとえば、ファイルにアクセスするために「http://www.example.com/php/arduino_temp.php」へアクセスする場合は、POST_PAGEの値を「php/arduino_temp.php」のようにフォルダ名も同時に指定します。変更したらArduinoへ転送し直しておきます。

温度を確認する

Webサーバ上でプログラムを準備できたら、Arduinoを電源に接続しましょう。しばらくすると、無線LANアクセスポイントに接続し、計測した温度をWebサーバに送ります。送信が完了すると、Webブラウザで温度がファイルに保存され、外部からでも確認できるようになります。しばらくしたら他のPCなどでWebサーバにアクセスしてみましょう。Webブラウザのアドレス欄に「http://＜Webサーバのホスト名＞/arduino_temp.php」と入力します。正しく温度が受信できていると、**図5-4-4**のように温度情報が表示されます。

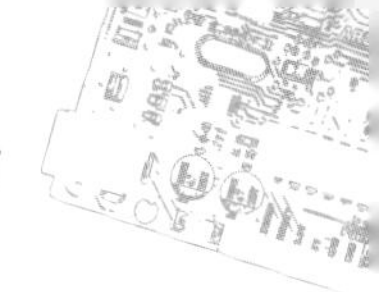

○ 図 5-4-4　パソコンから Web サーバにアクセスして温度を表示できた

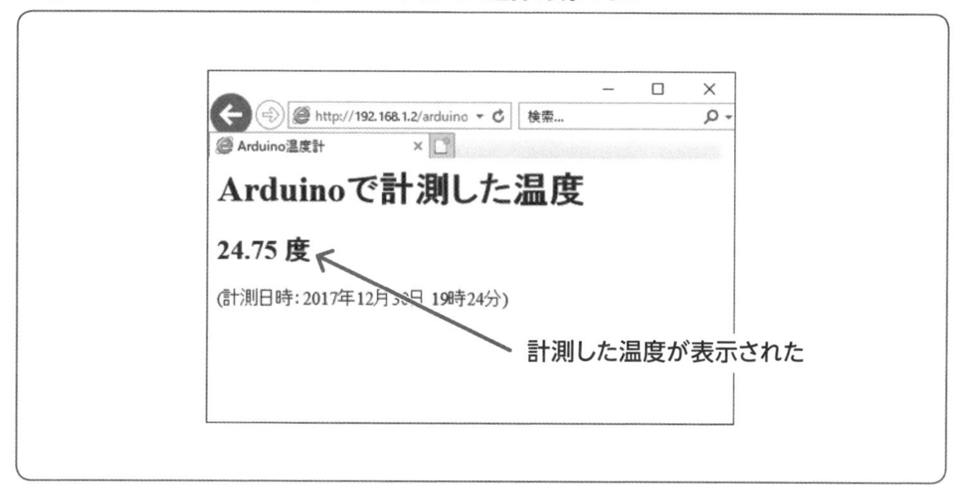

温度センサを暖めるなどして温度を変化させると、表示される温度も変化します。ただし、INTERVALに設定した時間（初期設定は10分）だけ更新されないので、温度が変化しない場合は、しばらく待ってからアクセスするようにしましょう。

column

ESP-WROOM-02 単体で動作させる

Arduinoで無線LAN接続の実現に利用した「ESP-WROOM-02」は、単体で動作させることが可能です。Arduino IDEでプログラムの開発や転送をすることができます。

ESP-WROOM-02 単体での動作

本書では、Arduinoを無線LANに接続するために無線LANモジュールの「ESP-WROOM-02」を利用しました。シリアル通信を使ってArduinoとやりとりすることで、ESP-WROOM-02が無線LANアクセスポイントに接続し、通信が可能になります。

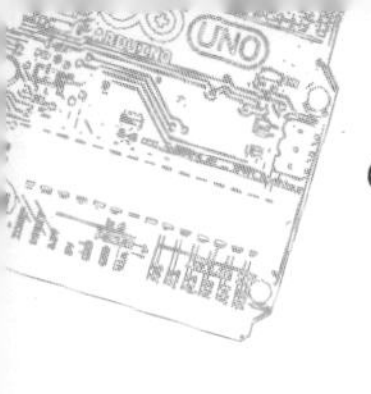

ESP-WROOM-02は、Arduinoがなくても単体で動作させることが可能です。Arduinoでプログラムを動かすのと同様に、ESP-WROOM-02にプログラムを書き込むことで、独自のプログラムを動かすことができます。また、ESP-WROOM-02には、Arduinoのデジタル入出力やアナログ入力に当たる端子が搭載されており、ここに電子パーツを接続することでプログラムでの制御が可能になります。

開発には、Arduino IDEを使うことが可能です。別途環境を整える必要がありますが、Arduinoと同じようにプログラムの作成やプログラムの転送などができるという利点があります。

ESP-WROOM-02の端子

ESP-WROOM-02モジュールは、左右に端子を搭載しています（**図5-A-1**）。ここに電源や電子パーツを接続することで、単体でも電子パーツを制御できます。たとえば、3番端子にLEDを接続し、1番端子に電源（3.3V）、18番端子にGNDを接続します。その他、リセットボタンや書き込み用のボタンなどを接続すればLEDの点灯の制御ができます。

○ 図5-A-1　単体でも動作可能な「ESP-WROOM-02」

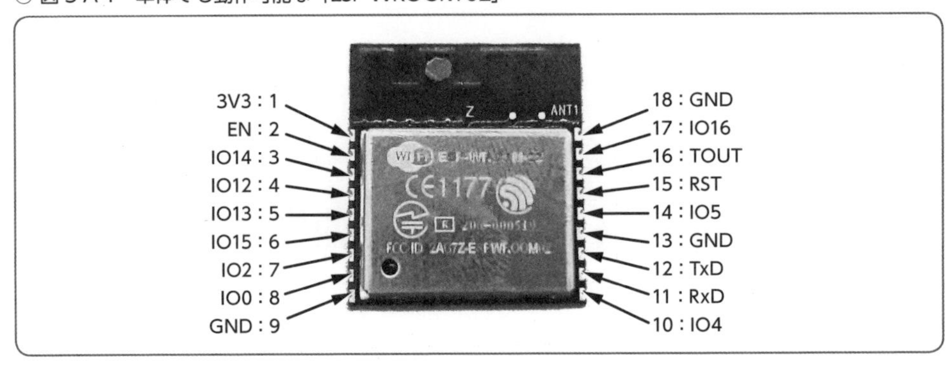

ESP-WROOM-02のモジュールを使う場合、パソコンと接続してプログラムを受け取るためのシリアル通信回路や、安定した電源を供給する電源回路が別途必要です。これらを独自に作成するのは手間がかかります。

そこで、シリアル通信機能や電源回路をあらかじめ組み込んだ開発用モジュールを利用すると、プログラムの動作が簡単になります。たとえば、スイッチサイエンスから販売されている「ESPr Developer」（URL https://www.switch-science.com/

catalog/2500/）は、シリアル通信機能や電源機能などを搭載したモジュールです（**図 5-A-2**）。microUSB端子が搭載されており、USBケーブルを使ってパソコンに接続して、プログラムを転送できます。また、左右の穴にピンヘッダをはんだ付けすることで、ブレッドボードなどに差し込んで使うことができます。

○ 図 5-A-2　開発向けに通信回路などが組み込まれた「ESPr Developer」

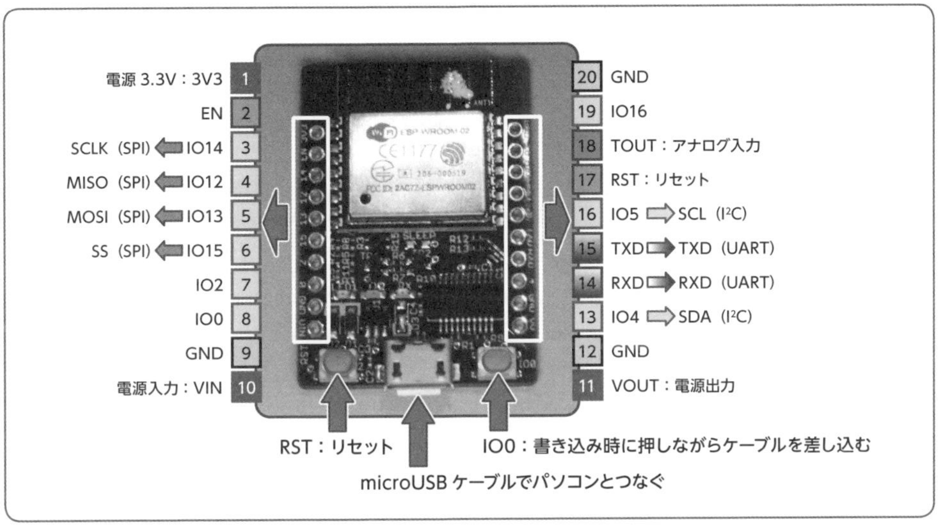

必要な回路はすでに用意されているので、制御したい電子パーツを接続するだけでプログラムで制御することが可能になります。

端子は、図5-A-2に示したように用途が決まっています。電子パーツを制御するにはデジタル入出力端子に接続して使います。3、4、5、6、7、8、13、16、19番端子が「デジタル入出力」の用途に利用できます。それぞれに名称が付いており、プログラムの作成時には名称に付随する番号を指定します。また、一部の端子は他の機能を併用しており、モードを切り替えることで別機能として利用できます。11、12番端子を「UART」（シリアル通信）、3、4、5、6番端子を「SPI」、13、16番端子を「I^2C」として利用可能です。

なお、18番端子をアナログ入力として利用できます。ただし、計測できる電圧の範囲が0～1Vであるため、それ以上の電圧はあらかじめ変換して入力する必要があります。

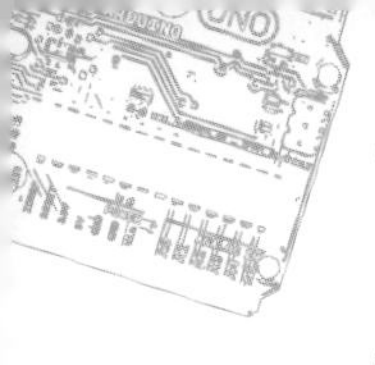

ESP-WROOM-02の開発環境を整える

では、ESP-WROOM-02を制御するプログラムを、Arduino IDEで作成できるようにしましょう。作成したプログラムをESP-WROOM-02に送り込むには、マイコンボードに合った設定などをまとめたボードの設定を導入する必要があります。Arduino IDEを起動して次のように設定してください（**図 5-A-3**）

○ 図 5-A-3 Arduino IDEにESP-WROOM-02向けの環境をインストールする

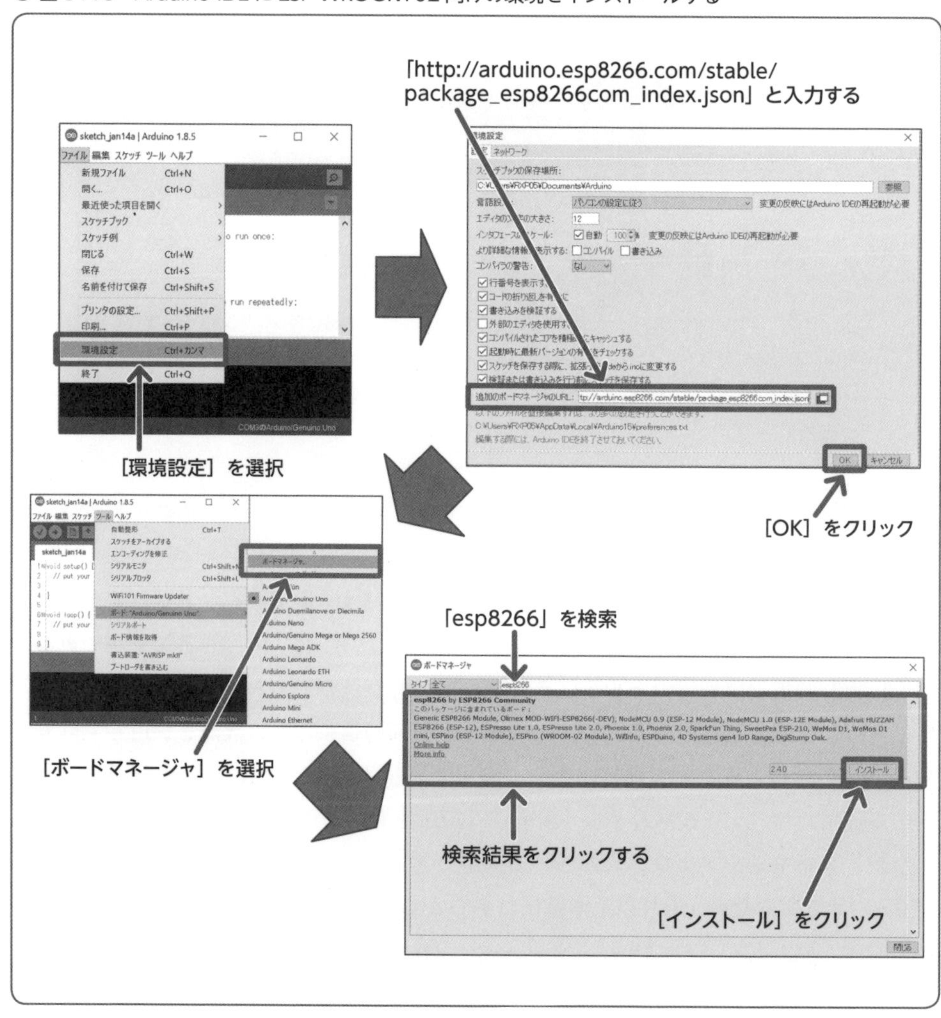

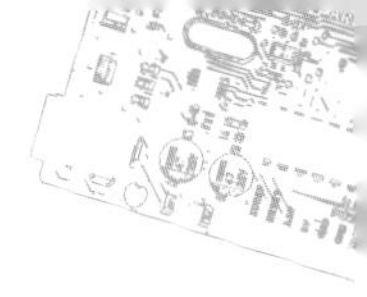

［ファイル］メニューの［環境設定］を選択し、［追加のボードマネージャのURL］に「http://arduino.esp8266.com/stable/package_esp8266com_index.json 」と入力して［OK］をクリックします。

［ツール］メニューの［ボード："Arduino/Genuino Uno"］－［ボードマネージャ］を選択します。上部の検索ボックスに「esp8266」と入力して検索すると、「esp8266 by ESP8266 Community」を検索できるので、これを選択して右下にある［インストール］をクリックします。しばらくすると、インストールが完了してESP-WROOM-02 にプログラムを送れるようになります。

次にボードを選択します。［ツール］メニューの［マイコンボード："Arduino/Genuino Uno"］－［Generic ESP8266 Module］を選択します（**図 5-A-4**）。［ツール］メニューの［ボード："Generic ESP8266 Module"］以下にある設定を変更します（**図 5-A-5**）。それぞれのメニューにアイコンを合わせると設定項目が表示され、選択することで変更が可能です。**表 5-A-1** のように設定項目を選択してください。

○ 図 5-A-4　マイコンボードの選択

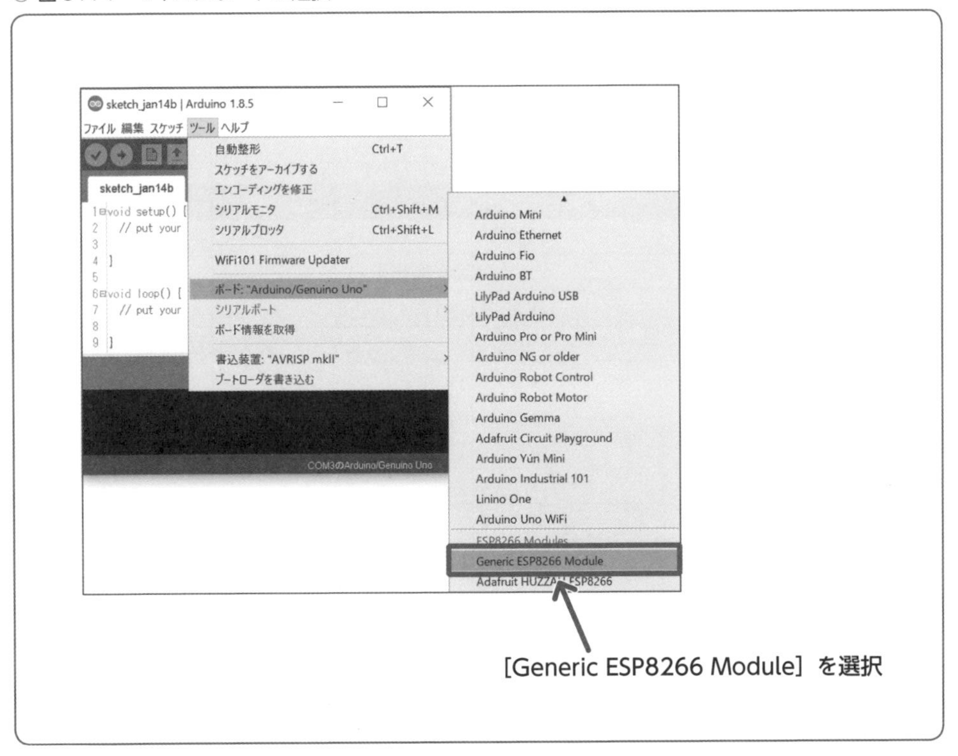

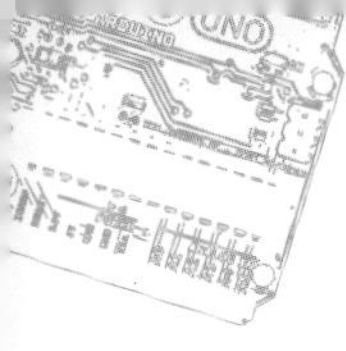

○ 図 5-A-5　ボードの設定

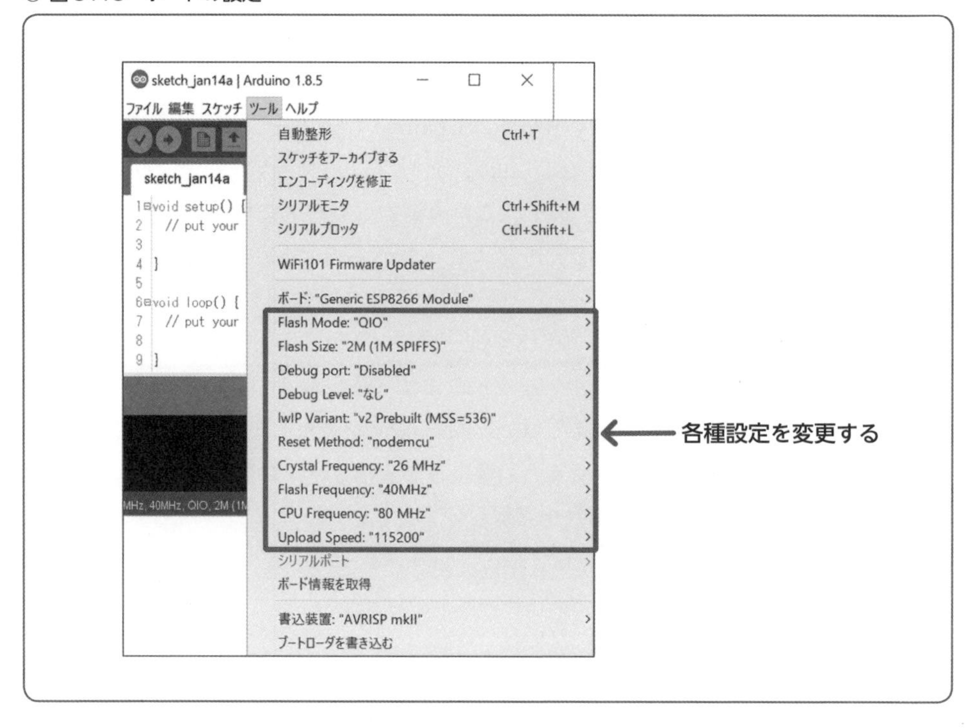

○ 表 5-A-1　ESP8266 の設定

設定項目	設定値
Flash Mode	QIO
Flash Size	2M（1M SPIFFS）
Debug port	Disabled
Debug Level	なし
lwIP Variant	v2 Prebuilt（MSS=536）
Reset Method	nodemcu
Crystal Frequency	26MHz
Flash Frequency	40MHz
CPU Frequency	80MHz
Upload Speed	115200

また、シリアルポートはArduino Unoの場合と同様に、接続時に認識したシリアルポートを選択します。これで設定が完了しました。

LEDを点滅させる

次にESP-WROOM-02にLEDを直接接続して制御してみましょう。ここでは、スイッチサイエンスで販売されている「ESPr Developer」を使って制御する方法を説明します。

ESPr Developerにピンヘッダをはんだ付けした後に、ブレッドボードに差し込み、**図5-A-6**のように接続します。14番端子にLEDのアノードを接続し、抵抗を介してからGND端子に接続します。

○ 図5-A-6　LEDの点灯制御をする接続図

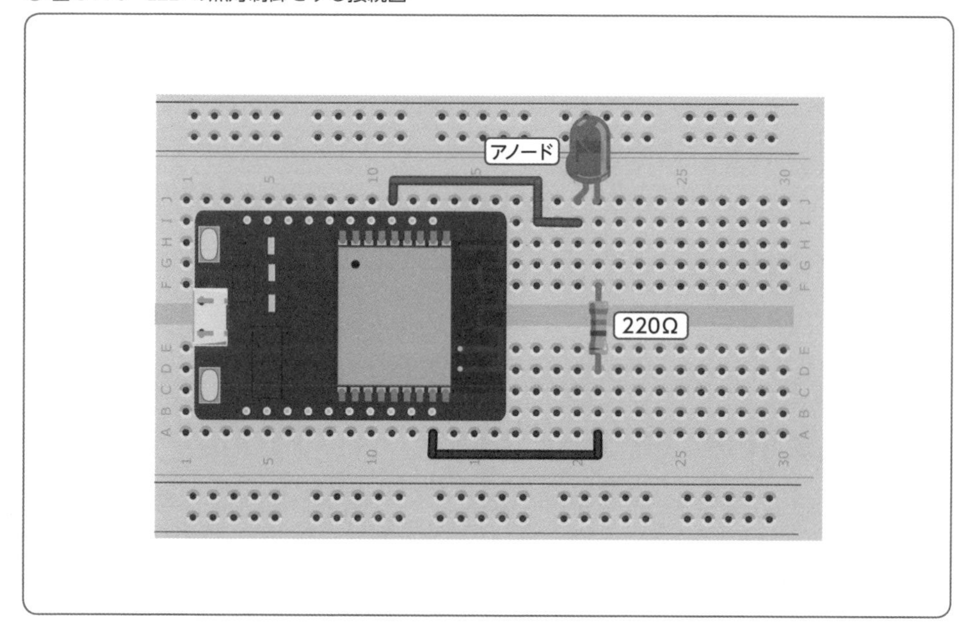

次にプログラム作成します。**リスト5-A-1**のようにプログラムを作成します。プログラムは14番端子を出力モードに変更して、digitalWrite( )でHIGH、LOWを一定間隔で切り替えるようにします。詳しくは、113ページを参照してください。

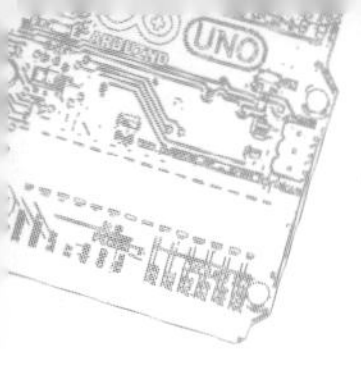

○ リスト 5-A-1　LED を点滅させるプログラム「esp8266led.ino」

```
#define   LED_PIN   14 ◀── LEDを接続したインターフェースを指定する

void setup(){
pinMode( LED_PIN, OUTPUT ); ◀── LEDを接続した端子をデジタル出力に設定する
}

void loop(){
  digitalWrite( LED_PIN, HIGH ); ◀── LEDを点灯する
  delay( 1000 ); ◀── 1秒間待機する

  digitalWrite( LED_PIN, LOW ); ◀── LEDを消灯する
  delay( 1000 ); ◀── 1秒間待機する
}
```

プログラムができあがったらESP-WROOM-02にプログラムを転送します。USBケーブルでESPr Developerとパソコンを接続し、ツールバー上の［書き込み］をクリックすると、プログラムが転送されます。転送が完了するとLEDの点滅が開始します。

COLUMN　Reset Medhodの設定

「Reset Method」の設定を「ck」とした場合は、そのままではプログラムを書き込めません。プログラムを書き込む場合は、右下にある［IO0］ボタンを押したまま、USBケーブルを接続します。これで、プログラムの書き込みが可能となります。

無線LANアクセスポイントに接続する

ESP-WROOM-02のネットワーク関連のプログラミングには「ESP8266WiFi」ライブラリを利用します。248ページで説明したボードのインストールによって、ESP8266WiFi

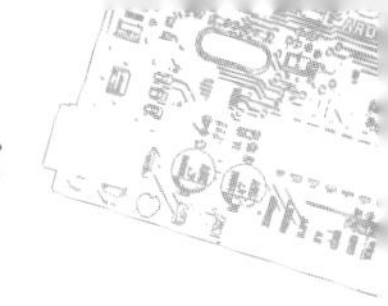

ライブラリが導入されます。利用する場合には、「#include <ESP8266WiFi.h>」と記述してライブラリを読み込むようにします。

無線LANアクセスポイントへ接続する場合は、**リスト5-A-2**のようにプログラムを作成します。「MY_SSID」に無線LANアクセスポイントのSSID、「WIFI_PASSWD」にアクセス用のパスワードを定義しておきます。

○ リスト5-A-2　無線LANアクセスポイントに接続するプログラム「esp8266wifi.ino」

```
#include <ESP8266WiFi.h>  ← ESP-WROOM-02に対応したライブラリを読み込む

#define MY_SSID       "SSID"   ← 接続先の無線LANアクセスポイントのSSIDを指定する
#define WIFI_PASSWD   "PASSWD" ← 無線LANアクセスポイントのパスワードを指定する

void setup() {
  Serial.begin(115200);
  delay(10);

  WiFi.mode(WIFI_STA);  ← ステーションモードで接続する
  WiFi.begin(MY_SSID, WIFI_PASSWD);  ← 無線LANアクセスポイントに接続する

  while ( WiFi.status() != WL_CONNECTED ){  ← 接続が完了するまで待機する
    delay(500);
    Serial.print(".");
  }
  Serial.println("");
  Serial.print("IP address: ");
  Serial.println(WiFi.localIP());  ← 割り当てられたIPアドレスを表示する
}

void loop(){
}
```

無線LANの接続は、「WiFi.mode( )」で無線LANの動作モードを指定します。接続にステーションモード（WIFI_STA）を利用すると、DHCPサーバから必要なネットワーク情報を取得してIPアドレスなどが設定されます。

接続は「WiFi.begin( )」を利用します。接続先の無線LANアクセスポイントのSSIDと

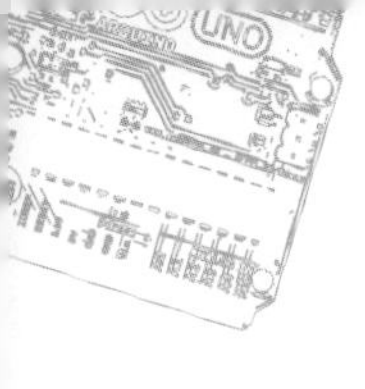

パスワードを指定します。接続が成功すると、「WiFi.status( )」が「WL_CONNECTED」を返します。WL_CONNECTEDになるまで待機し、接続が完了すれば「WiFi.localIP( )」で設定されたIPアドレスを確認できます。

プログラムができあがったらESPr Developerにプログラムを転送します。次に、シリアルモニタを開き、左下の通信速度を「115200bps」に設定します。接続が開始され、正しく接続が完了すると、割り当てられたIPアドレスが表示されます（**図5-A-7**）。これで、通信を使ってESP-WROOM-02に接続した電子パーツを制御できるようになります。

○ 図5-A-7　無線LANアクセスポイントに接続してIPアドレスが割り当てられた

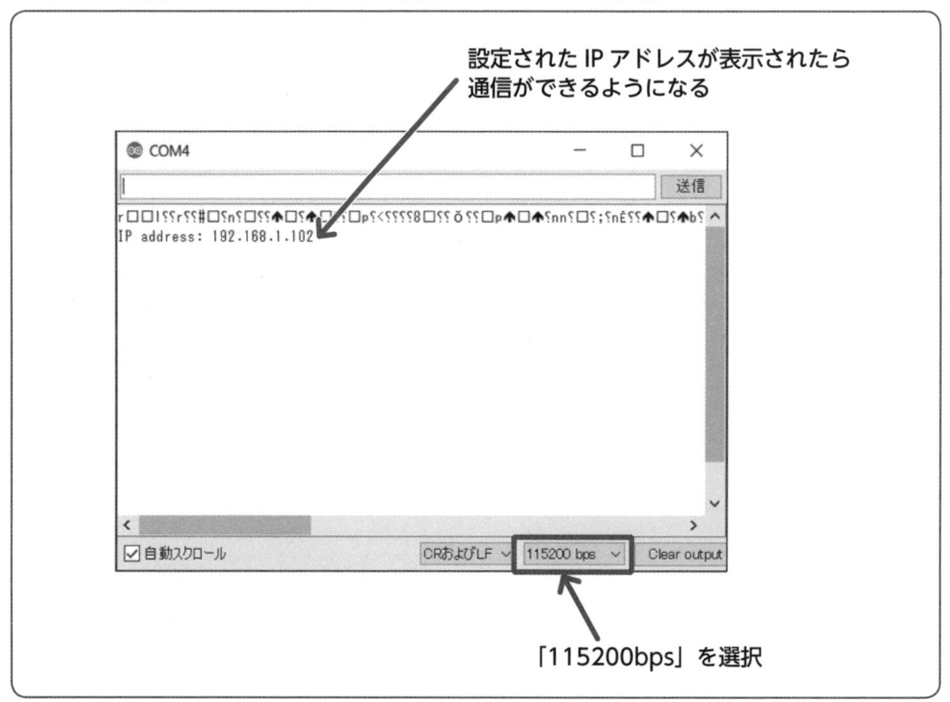

ESP-WROOM-02に直接プログラムを転送する場合、サンプルプログラムが役立ちます。［ファイル］メニューの［スケッチ例］にある「ESP8266」から始まる項目に各種サンプルプログラムが用意されています。たとえば、［ESP8266HTTPClinent］－［BasicHTTPClient］を選択すると、Webサーバへアクセスするサンプルプログラムが表示されます。これらのサンプルプログラムを活用してプログラムを作成してみましょう。

Appendix

リファレンス

Appendixとして、Arduino IDEでのプログラミングに利用できる関数のリファレンスと、本書で利用した電子パーツ一覧を用意しました。Arduinoを使った電子工作に活用してください。

Appendix 1　Arduino IDEリファレンス
Appendix 2　利用部品一覧

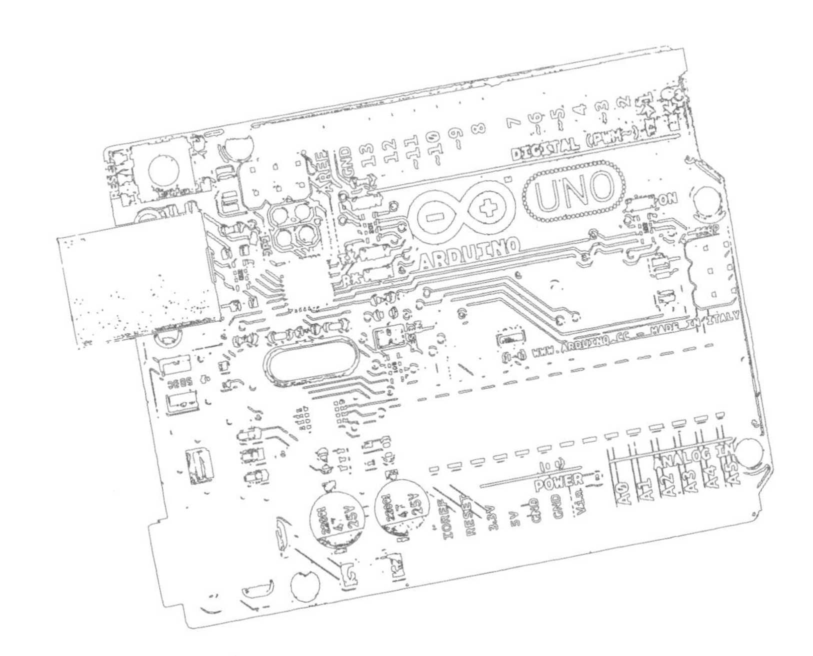

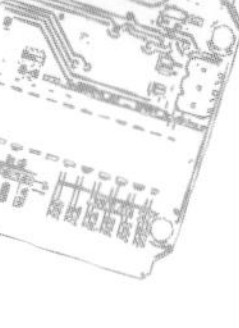

Appendix 1

Arduino IDEリファレンス

Arduino IDEを使ったプログラム開発では、用途に応じて関数を組み合わせて利用します。基本的な関数やI^2Cデバイスなどを利用するための関数の一覧を掲載します。

基本ライブラリ

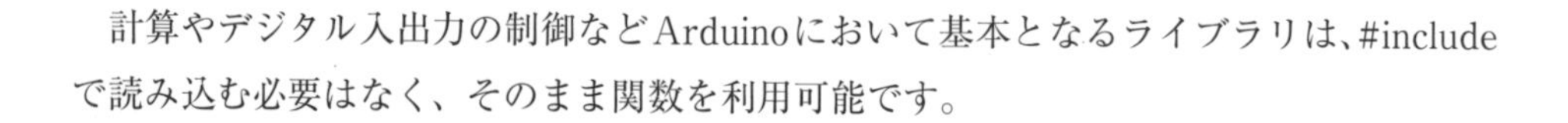

計算やデジタル入出力の制御などArduinoにおいて基本となるライブラリは、#includeで読み込む必要はなく、そのまま関数を利用可能です。

デジタル入出力、アナログ入力関連

デジタル入出力のモード切り替え

pinMode(端子番号 , モード)

各デジタル入出力端子は、入力または出力のモードを設定して利用します。対象となる対象の端子番号と、モードを指定します。モードは、出力の場合は「OUTPUT」、入力の場合は「INPUT」、入力モードでプルアップを有効にする場合は「INPUT_PULLUP」と指定します。

デジタル出力の状態を設定

digitalWrite(端子番号 , 出力)

デジタル出力をする場合は、端子の状態を「HIGH」(5V)、「LOW」(0V) に切り替えて接続されている電子パーツを制御します。対象の端子番号と、出力の状態を指定します。5Vを出力したい場合は「HIGH」、0Vを出力したい場合は「LOW」を指定します。

デジタル入力で状態を確認

digitalRead(端子番号)

デジタル入力をする場合は、対象の端子番号を指定することで状態を確認できます。5Vの場合は「HIGH」、0Vの場合は「LOW」を返します。

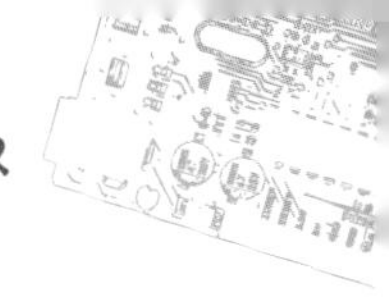

● アナログ入力の基準電圧の変更委

analogReference(モード)

アナログ入力では、0から5Vの範囲を1023段階に分けて入力します。analogReference( )では、計測の範囲となる基準電圧を変更できます。たとえば、1Vと設定すると、0から1Vの範囲を1023段階に分けて入力できます。モードは、「DEFAULT」と指定すると5V、「INTERNAL」と指定すると1.1Vと設定されます。また、「EXTERNAL」と指定すると、「AREF」端子にかけている電圧（5Vまで）を基準電圧とします。

● アナログ入力で状態を確認

analogRead(端子番号)

アナログ入力をする場合は、対象のアナログ入力の端子番号を指定することで確認できます。状態は0～5Vの範囲で、0～1023の間の値を返します。ただし、analogReference( )でDEFAULT以外を設定した場合は、計測対象の電圧の範囲が変わります。

● PWMの出力

analogWrite(端子番号 , 値)

デジタル入出力端子は、PWM出力に対応しています。PWMで出力すれば、擬似的なアナログ出力が可能です。対象となる端子番号と出力する割合を指定します。PWMを出力できる端子は、3、5、6、9、10、11です。値は0～255の範囲で指定します。

● 矩形波の出力

tone(端子番号 , 周波数 , 出力時間)

デジタル入出力端子を使って、矩形波を出力できます。矩形波とは、0Vと5Vの状態を繰り返して出力する方法です。PWMと異なり、HIGH、LOWとなる時間は同じになります。端子番号と周波数、実際に出力する時間（ミリ秒単位）を指定します。

● 矩形波の出力を停止

noTone(端子番号)

tone( )関数で開始した矩形波の出力を停止します。

● パルスを検出

pulseIn(端子番号 , 計測対象の状態 , タイムアウト)

瞬間的に電圧の状態がHIGHになるようなパルス波を検出するために、pulseIn( )を使

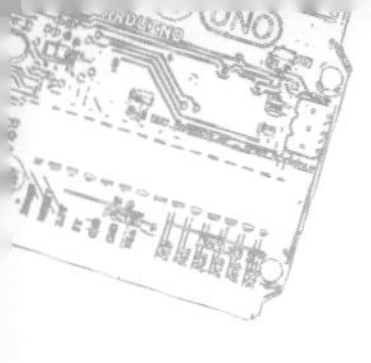

います。対象の端子番号と、HIGHまたはLOWのどちらの状態を検出するか、タイムアウトするまでの時間を指定して検出を開始します。パルスを検知すると、元の状態に戻るまでの時間を計測して返します。時間はマイクロ秒単位となります。

バイトデータをデジタル入出力端子から出力

shiftOut(データを出力する端子番号, クロックを出力する端子番号, 出力方向, 値)

1バイトのデータを1つのデジタル入出力端子から出力します。出力する値を2進数にして各ビットが1の場合はHIGH、0の場合はLOWを出力します。それぞれのビットの切り替えタイミングを知らせるためのクロックを別の端子から出力します。また、出力方向には1バイトの上位から出力する場合は「MSBFIRST」、下位から出力する場合は「LSBFIRST」と指定します。

1バイトのデータを入力

shiftIn(データを入力する端子番号, クロックを入力する端子番号, 入力方向)

1バイトのデータをデジタル入出力端子から取得します。shiftOut( )関数で出力し、shiftIn( )関数を使って入力すれば、1バイトのデータを通信できます。データおよびクロックを入力する端子番号を指定し、データの方向を「MSBFIRST」または「LSBFIRST」で指定します。入力した結果は1バイトの値として取得できます。

時間関連

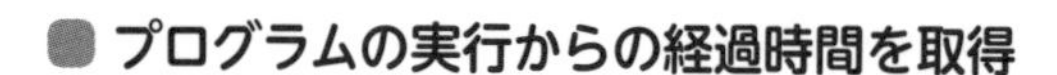

プログラムの実行からの経過時間を取得

millis( )

micros( )

プログラムの実行を開始してからの経過時間を取得できます。millis( )はミリ秒単位、micros( )はマイクロ秒単位で時間を返します。

所定時間待機

delay(時間)

delayMicroseconds(時間)

指定した時間だけ待機してから次の処理に移ります。待機時間をミリ秒単位で指定したい場合はdelay( )、マイクロ秒単位で指定したい場合はdelayMicroseconds( )を使います。

数学関連

2値の比較

min(値1, 値2)

max(値1, 値2)

2つの値を比べ、小さな値または大きな値を返します。min( )は小さな値、max( )は大きな値を返します。

絶対値の取得

abs(値)

指定した値の絶対値を取得できます。値が正の値の場合はそのまま、負の値の場合は正の値に変換されます。

所定の範囲内の値を取得

constrain(値, 最小値, 最大値)

指定した最小値と最大値の範囲の値を返します。値が最小値から最大値の範囲内に入っている場合はそのままの値、最大値より大きい場合は最大値、最小値より小さい場合は最小値を返します。

所定の範囲の値に変換

map(値, 元範囲の最小値, 元範囲の最大値, 変換後の最小値, 変換後の最大値)

特定の範囲内の値を別の範囲に変換した値を返します。アナログ入力で取得した0～1023の範囲の値を、0V～5Vの範囲の値に変換するといった場合に利用します。範囲外の値を指定した場合は、最大値または最小値を返します。

べき乗を求める

pow(基数, 乗数)

指定した基数と乗数のべき乗を計算します。2の3乗を計算する場合は、基数に2、乗数に3を指定します。

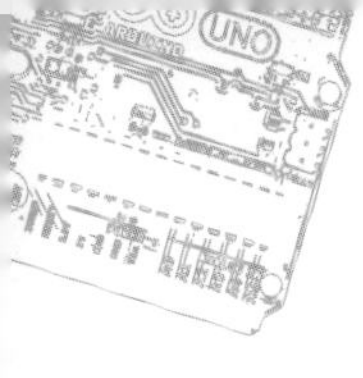

平方根を求める

sqrt(値)

指定した値の平方根を求めます。値に2を指定すると、1.414213……を返します。

三角関数を求める

sin(値)

cos(値)

tan(値)

正弦（sin）、余弦（cos）、接弦（tan）を計算します。計算する値はラジアン単位で指定します。

乱数の種を指定する

randomSeed(乱数の種)

乱数は、用意された乱数表から任意の値を返すことでランダムな値を取得できるようにしています。乱数表を作成するのがrandomSeed( )です。指定した値によって異なる乱数表を作成できます。時間や開放したアナログ入力端子の値などを使うことでいつでも異なる値を取得できるようになります。

乱数の取得

random(最小値, 最大値)

指定した最小値から最大値の範囲の乱数を取得します。乱数は整数で返されます。また、乱数は、randomSeed( )で乱数表を作成してそこから任意の値を取得します。

ビット、バイト処理

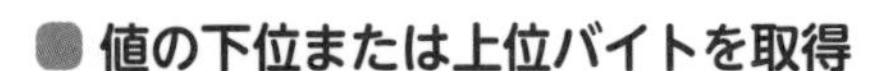

値の下位または上位バイトを取得

lowByte(値)

highByte(値)

指定した値の上位または下位の1バイト（8ビット）を取得できます。highByte( )は上位バイト、lowByte( )は下位バイトを返します。

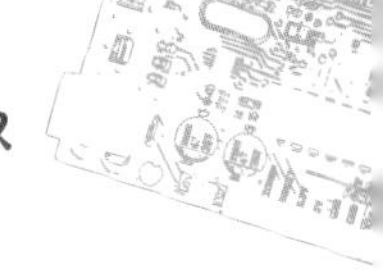

指定したビットを取得

bitRead(値, 対象のビット桁)

値を2進数にした際、所定の桁数のビットを取得できます。

特定のビット桁を変更した値を取得

bitWrite(値, 対象ビット桁, 変更する値)

bitSet(値, 対象ビット桁)

bitClear(値, 対象ビット桁)

値を2進数にした場合に、指定したビットの桁を変更した値を返します。bitWrite( )では、指定の桁を0にするか1にするかを指定します。なお、bitSet( )を利用すると、指定の桁を1に、bitClear( )を使うと0に変更できます。

指定したビット桁のみ1にした値を取得

bit(ビット桁)

2進数にした際、指定した桁だけを1にした値を返します。

シリアル通信

0番、1番端子を利用したシリアル（ハードウェアシリアル）通信をする場合は、関数の前に「Serial」インスタンスを指定して利用します。たとえば、初期化するbegin( )関数を利用する場合には「Serial.begin( )」と記述します。

シリアル通信の初期化

begin(速度)

シリアル通信を初期化して利用できるようにします。この際、通信の速度を指定します。指定した速度は通信先と合わせる必要があります。

シリアル通信の終了

end( )

シリアル通信を終了します。終了後はデジタル入出力端子として利用できます。

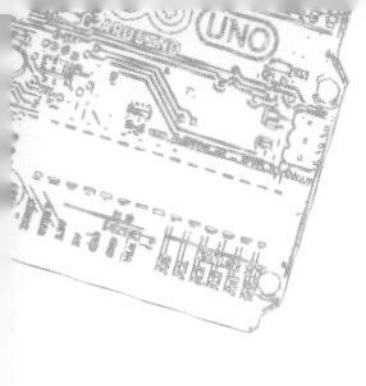

■取得した残りのデータ量を調べる

available( )

受信したデータで、残りの容量を調べます。この値を調べることで、処理するデータがあるかどうかを判断できます。

■1バイトを読み込む

read( )

受信したデータの1バイト分を読み込みます。読み込んだ後は、次の1バイトを処理するよう進みます。

■1バイトを読み込み、読み込み位置を動かさない

peek( )

受信したデータの1バイト分を読み込みます。read( )とは異なり、読み込み後は次のバイトに進まず、次の読み込み時には同じバイトを読み込めます。

■バッファのデータを削除

flush( )

受信したデータを保存しているバッファをすべて削除します。

■データの送信

write(1バイトのデータ)

write(データの配列, 配列のサイズ)

指定した1バイトのデータを通信先に送信します。また、配列と配列のサイズを指定すると、複数のバイトを一度に送信することができます。

■改行しないで文字列の送信

print(文字列, 基数)

指定した文字列をシリアル通信を介して送信します。Arduino IDEのシリアルモニタなどで受信することで、Arduinoからのメッセージを受信できます。データには数値や文字列などを指定でき、数値については、基数に指定した進数で送信できます。print( )は、文字列の送信後に改行をしません。

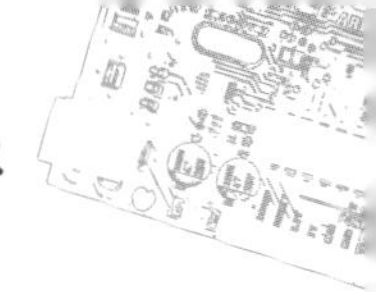

文字列の後に改行を付けて送信

println(文字列, 基数)

指定した文字列や数値を送信します。print( )とは異なり、最後に改行コードを付加して送信します。

ソフトウェアシリアル通信

0番、1番端子以外でシリアル通信をする場合には、ソフトウェアシリアル通信をします。ライブラリを利用する際には「#include <SoftwareSerial.h>」と呼び出しておきます。通信をする場合は、「SoftwareSerial」クラスを利用してインスタンスを作成します。この際、ソフトウェアシリアルに利用する端子を次のように指定します。

```
SoftwareSerial mySerial( 受信端子番号, 送信端子番号 );
```

各関数を利用するには、作成したインスタンスを指定します。たとえば、文字列を送信する場合は「mySerial.print("Arduino");」のように記述します。

シリアル通信の初期化

begin(速度)

シリアル通信を初期化して利用できるようにします。この際、通信の速度を指定します。指定した速度は通信先と合わせる必要があります。

待ち受け状態にする

listen( )

listen( )を記述すると、シリアル通信の待ち受け状態になります。ただし、複数のソフトウェアシリアルを利用する場合は、1つのソフトウェアシリアルのみ受信状態にできます。

待ち受け状態かどうかの確認

isListening( )

ソフトウェアシリアルが待ち受け状態かどうかを確認します。待ち受け状態の場合はTRUEを返します。

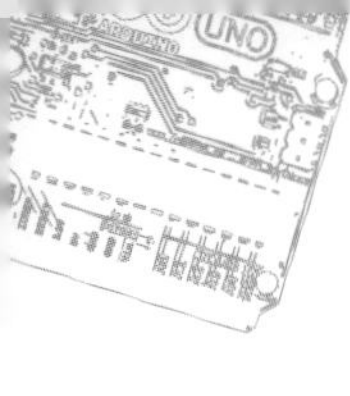

取得した残りのデータ量を調べる

available( )

受信したデータで、残りの容量を調べます。この値を調べることで、処理するデータがあるかどうかを判断できます。

バッファオーバフローが発生しているかどうかの確認

overflow( )

受信したデータを格納するバッファのデータがあふれていないかどうかを確認します。バッファがあふれている場合はTRUEを返します。なお、ソフトウェアシリアルのバッファは64バイトとなっています。

1バイトを読み込む

read( )

受信したデータの1バイト分を読み込みます。読み込んだ後は、次の1バイトを処理するよう進みます。

データの送信

write(1バイトのデータ)

write(データの配列, 配列のサイズ)

指定した1バイトのデータを通信先に送信します。また、配列と配列のサイズを指定すると、複数のバイトを一度に送信することができます。

改行しないで文字列の送信

print(文字列, 基数)

指定した文字列をシリアル通信を介して送信します。Arduino IDEのシリアルモニタなどで受信することで、Arduinoからのメッセージを受信できます。データには数値や文字列などを指定でき、数値については基数に指定した進数で送信できます。print( )は、文字列の送信後に改行をしません。

文字列の後に改行を付けて送信

println(文字列, 基数)

指定した文字列や数値を送信します。print( )とは異なり、最後に改行コードを付加して送信します。

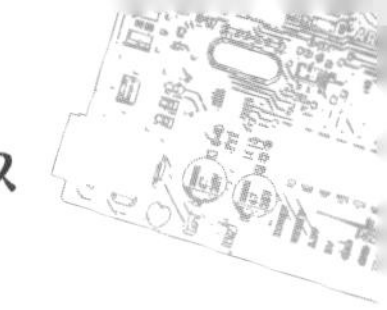

Wireライブラリ

I^2Cデバイスを制御するには、「Wire」ライブラリを利用します。ライブラリを利用する際には「#include <Wire.h>」と呼び出しておきます。

I^2Cデバイスと通信するには、「Wire」インスタンスを用います。

I^2Cの初期化

begin(アドレス)

I^2Cを初期化します。何も指定しない場合は、ArduinoがI^2Cデバイスを制御するマスタとして動作します。Arduinoをスレーブとして利用する場合は、スレーブ制御に用いる任意のI^2Cアドレスを指定します。

I^2Cデバイスからのデータ要求

requestFrom(アドレス, データのバイト数, ストップ)

I^2Cデバイスからデータを要求します。取得したデータはavailable( )またはreceive( )関数で取り出します。アドレスには対象となるI^2CデバイスのI^2Cアドレス、データのバイト数には受信するデータの容量を指定します。ストップは、「1」を指定するとデータの転送後に停止メッセージを送信し、接続を終了します。「0」を指定するとデータ転送後でも接続を保持します。

I^2Cデバイスにデータ送信の開始

beginTransmission(アドレス)

指定したアドレスのI^2Cデバイスに対してデータの送信を開始します。

I^2Cデバイスとのデータ転送の終了

endTransmission(ストップ)

endTransmission( )関数でI^2Cデバイスとの通信を終了します。正しく終了できたら戻り値として「0」を返します。

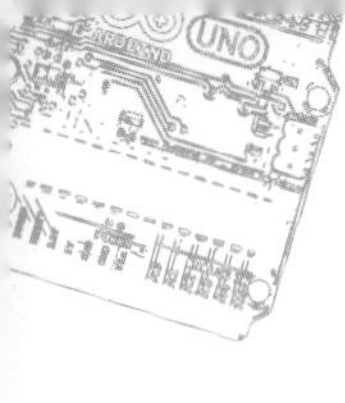

● I²Cデバイスへデータを転送

write(データ)

write(データの配列, データのサイズ)

beginTransmission( )関数で接続したI²Cデバイスにデータを転送します。複数の文字列を送信する場合は配列を指定します。この際、配列のサイズを指定します。

● 読み込み可能なデータ数を調べる

available( )

受信したデータのサイズを確認します。何もない場合は0を返します。

● I²Cデバイスからデータを読み込む

read( )

requestForm( )関数で指定したI²Cデバイスからデータを読み込みます。

Appendix 2 利用部品一覧

本書で利用した機器や電子パーツをまとめます。パーツの購入先などの情報についても紹介します。まとめて購入する際に参考にしてください。

本書で利用した機器や電子パーツは、ネット通販サイトで購入可能です。このため、電子パーツショップが近くになくても、購入することができます。

表の販売先には、ネット通販サイトの店舗名を記載しています。それぞれのネット通販サイトへアクセスするためのURLは次のとおりです。

- スイッチサイエンス：URL https://www.switch-science.com/
- 秋月電子通商：URL http://akizukidenshi.com/
- 千石電商：URL https://www.sengoku.co.jp/
- マルツ：URL https://www.marutsu.co.jp/

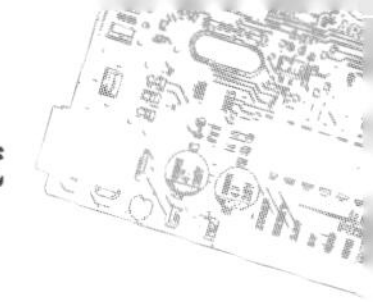

製品のページは、表の商品コードを使って検索することで探し出せます。

また、表は2018年1月上旬の情報です。価格については変わる場合があります。商品によっては生産の終了などにより販売されなくなる場合もあるので注意してください。

○表 本書で扱った製品や電子パーツ

製品	製品名、備考など	個数	参考価格(税込)[注3]	購入先	製品コード	利用箇所
Arduino Uno Rev3		1個	3240円	スイッチサイエンス	789	全体
			2940円	秋月電子通商	M-07385	
			3240円	千石電商	EEHD-0BZ3	
			2941円	マルツ	A000066	
ESP-WROOM-02	ESP-WROOM-02 ピッチ変換済みモジュール 《シンプル版》	1個	909円	スイッチサイエンス	2341	Chapter 5
			1100円	千石電商	EEHD-4TD6	
	ESP-WROOM-02 DIP化キット[注1]		650円	秋月電子通商	K-09758	
ESP-WROOM-02 開発ボード	ESPr Developer	1個	1944円	スイッチサイエンス	2500	Chapter 5
			2160円	千石電商	EEHD-4VZ3	
	ESP-WROOM-02 開発ボード[注1]		1280円	秋月電子通商	K-12236	
ACアダプタ (Arduino動作用)	9V 1.3A	1個	945円	スイッチサイエンス	1795	全体
	9V 1.3A		650円	秋月電子通商	M-01803	
	9V 1.3A		1500円	千石電商	EEHD-00FC	
	9V 2.5A		1058円	マルツ	STD-09025U-T	
ACアダプタ (モータドライバ動作用)	5V 2.0A		650円	秋月電子通商	M-01801	4-2
	5V 2.0A		1500円	千石電商	EEHD-00FA	
	5V 2.5A		842円	マルツ	STD-05026U2-T	
ブレッドボード	63列	1個	513円	スイッチサイエンス	2293	全体
	63列		300円	秋月電子通商	P-09257	
	63列		420円	千石電商	EEHD-4MAL	
	63列		518円	マルツ	165401020E	
ジャンパー線オスーオス型	10本セット	3セット	1296円	スイッチサイエンス	620	全体
	60本セット	1セット	220円	秋月電子通商	C-05159	
	30本セット	1セット	300円	千石電商	EEHD-4YDD	
	10本セット	3セット	713円	マルツ	10PP-MIX	
ジャンパー線オスーメス型	10本セット	1セット	432円	スイッチサイエンス	2294	全体
	10本セット		220円	秋月電子通商	C-08932	
	10本セット		415円	千石電商	4DL6-VHDX	
	10本セット		238円	マルツ	10PS-MIX	
ジャンパー線メスーメス型	10本セット	1セット	432円	スイッチサイエンス	2295	全体
	10本セット		330円	秋月電子通商	P-03475	
	10本セット		415円	千石電商	3DM6-UHDA	
	10本セット		323円	マルツ	GB-JPF-10P15-B	

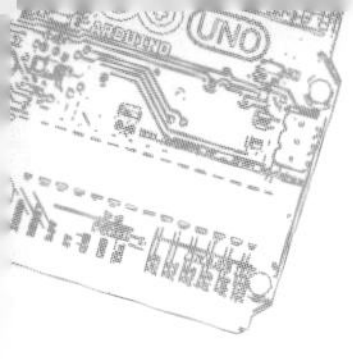

○表　本書で扱った製品や電子パーツ

製品	製品名、備考など	個数	参考価格(税込)[注3]	購入先	製品コード	利用箇所
みの虫ジャンパー線	4本セット	1セット	220円	秋月電子通商	C-08916	3-6
	6本セット		380円	スイッチサイエンス	2519	
はんだごて	FX-600	1個	5616円	スイッチサイエンス	1213	全体
	KS-30R		800円	秋月電子通商	T-02536	
	KS-30R		915円	千石電商	828A-2PEL	
	WP30		7489円	マルツ	WP30	
はんだ	Φ 0.8mm 約1.2m	1個	108円	スイッチサイエンス	1372	全体
	Φ 1.0mm 約7.5m		1200円	秋月電子通商	T-09531	
	Φ 1.0mm 約3m		546円	千石電商	EEHD-0BBS	
	Φ 1.19mm 100g		1098円	マルツ	17553	
はんだ台	ST-30	1個	270円	秋月電子通商	T-02538	全体
	ST-30		347円	千石電商	326A-3BLY	
	PH60		4553円	マルツ	PH60	
LED	赤色Φ 5mm Vf=2.0V、If=20mA	1個	20円	秋月電子通商	I-11655	3-3、3-5、3-6、5-5
	赤色Φ 5mm Vf=2.0V、If=17mA		32円	千石電商	EEHD-4FE3	
	赤色Φ 5mm Vf=2.0V、If=20mA		56円	マルツ	L5D-R3030-2400	
タクトスイッチ		1個	43円	スイッチサイエンス	38	3-4、Chapter 5
			10円	秋月電子通商	P-03646	
			21円	千石電商	5DLE-TGMU	
			40円	マルツ	TVDP01-4.3	
ボリューム10kΩ		1個	40円	秋月電子通商	P-00246	3-6
			95円	千石電商	EEHD-537C	
			93円	マルツ	R1610N-3B1-B103	
CdS 1MΩ	1個売り	1個	40円	秋月電子通商	I-05859	3-6
	5個セット	1セット	105円	千石電商	EEHD-0HRV	
DCモータ	RS-385PH	1個	200円	秋月電子通商	P-06439	4-2
	RS-380PH[注2]		970円	千石電商	C5NX-7MK8	
	RS-380PH[注2]		972円	マルツ	RS380PH	
モータドライバ	DRV8830使用DCモータードライブキット	1個	700円	秋月電子通商	K-06489	4-2
温度センサ	ADT7310温度センサーモジュール	1個	500円	秋月電子通商	M-06708	4-3、5-4
	ADT7310 DIP化モジュール		853円	マルツ	MDK001	
有機EL キャラクタディスプレイ	SO1602AWWB-UC-WB-U	1個	1580円	秋月電子通商	P-08277	4-4、5-3
電圧レベル変換	I^{2}Cバス用双方向電圧レベル変換モジュール	1個	150円	秋月電子通商	M-05452	4-4、5-3
	PCA9306搭載I^{2}C用ロジックレベル変換ボード[注1]		868円	スイッチサイエンス	1522	
	PCA9306搭載I^{2}C用ロジックレベル変換ボード[注1]		990円	千石電商	EEHD-4HEZ	
	SparkFun Level Translator Breakout - PCA9306[注1]		950円	マルツ	BOB-11955	

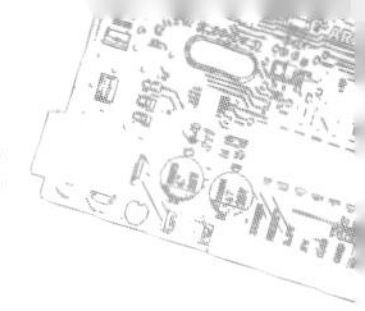

○表　本書で扱った製品や電子パーツ

製品	製品名、備考など	個数	参考価格(税込)注3	購入先	製品コード	利用箇所
トランジスタ 2SC1815	10 個セット	1 セット	80 円	秋月電子通商	I-04268	Chapter 5
	10 個セット	1 セット	158 円	千石電商	EEHD-4ZNJ	
	1 個売り	1 個	255 円	マルツ	2SC1815	
3 端子レギュレータ	PQ3RD23	1 本	100 円	秋月電子通商	I-01177	Chapter 5
	BA033T注2	1 本	126 円	千石電商	EEHD-4RW8	
抵抗 220 Ω	100 本セット	1 セット	100 円	秋月電子通商	R-25221	3-3、3-5、3-6、5-5
	1 本売り	1 本	21 円	千石電商	2DEU-TBKW	
	100 本セット	1 セット	99 円	マルツ	GB-CFR-1/4W-221*100	
抵抗 1k Ω	100 本セット	1 セット	100 円	秋月電子通商	R-25102	Chapter 5
	1 本売り	1 本	100 円	千石電商	5DFU-SBKF	
	100 本セット	1 セット	99 円	マルツ	GB-CFR-1/4W-102*100	
抵抗 2k Ω	100 本セット	1 セット	100 円	秋月電子通商	R-25202	Chapter 5
	1 本売り	1 本	21 円	千石電商	3DFU-SBKM	
	100 本セット	1 セット	99 円	マルツ	GB-CFR-1/4W-202*100	
抵抗 10k Ω	100 本セット	1 セット	100 円	秋月電子通商	R-25103	3-4、3-5、Chapter 5
	1 本売り	1 本	21 円	千石電商	5D8U-TPKU	
	100 本セット	1 セット	122 円	マルツ	RC0410K0JT*100	
積層セラミックコンデンサ 0.1 μF	1 個売り	1 個	15 円	秋月電子通商	P-10147	3-4、Chapter 5
	1 個売り		32 円	千石電商	EEHD-553D	
	1 個売り		22 円	マルツ	RDEF11H104Z0K1H01B	
電解コンデンサ 100 μF	1 個売り	1 個	10 円	秋月電子通商	P-03122	Chapter 5
	1 個売り		16 円	千石電商	8AKB-CTJC	
	1 個売り		26 円	マルツ	25PK100MEFC	
DC ジャック変換	端子台出力の DC ジャック	1 個	368 円	スイッチサイエンス	1448	4-2
	2.1mm 標準 DC ジャック、スクリュー端子台変換		80 円	秋月電子通商	C-08849	
	φ2.1 ネジ式 DC ジャック注2		158 円	千石電商	EEHD-4NVL	
	DC ジャック 2.1		210 円	マルツ	FEC-C1413(A)	
電線	シリコンワイヤー (2m × 1 本)	1 本	151 円	スイッチサイエンス	2166	4-2
	耐熱電子ワイヤー(1m × 10 本)	1 セット	300 円	秋月電子通商	P-10672	
	耐熱電子ワイヤー(10m × 1 本)	1 本	380 円	千石電商	65E6-43MF	
	UL1015 電線 AWG24 (1m × 1 本)	1 本	54 円	マルツ	UL1015電線青AWG24R	
ピンヘッダ	1 × 40P 10 本セット	1 セット	378 円	スイッチサイエンス	92	Chapter 5
	1 × 40P	1 個	35 円	秋月電子通商	C-00167	
	1 × 40P	1 個	100 円	千石電商	25CH-53LJ	
	1 x 40P	1 個	40 円	マルツ	GB-SPH-2540-LP95	

注1　モジュールの形状が異なります。本書で説明した配線方法や設定方法とは異なるので注意が必要です。
注2　本書の説明とは異なる製品ですが、同様に利用可能です。
注3　マルツは税抜き表記であるため、1.08 をかけて四捨五入した価格を表記しました。

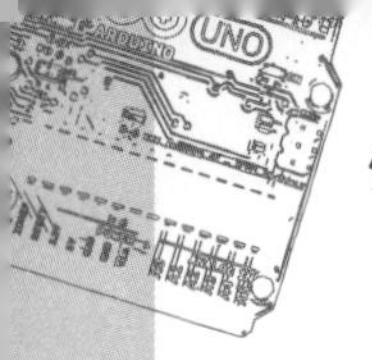

索 引

数字・記号

3端子レギュレータ …… 188
Ω（オーム）…… 102

A

A（アンペア）…… 99
abs( ) …… 259
ACアダプタ …… 25, 158
Adafruit Trinket …… 19
ADT7310 …… 165
ADコンバータ …… 132
AliExpress …… 21
Amazon …… 21
analogRead( ) …… 136, 257
analogReference( ) …… 257
analogWrite( ) …… 130, 257
Arduino …… 3, 8
　インターフェース …… 96
　接続 …… 49
　電源 …… 97
　電子パーツ …… 94
　プログラム …… 213, 216, 220, 222
　プログラムの転送 …… 55
Arduino Due …… 13
Arduino IDE …… 42
　ESP-WROOM-02 …… 248
　インストール …… 45
　エラーメッセージ …… 60
　画面 …… 55
　［検証］…… 60
　サンプルプログラム …… 63
　［シリアルモニタ］…… 71
　［新規タブ］…… 56
　［スケッチ］－［ライブラリをインクルード］…… 64, 201
　設定 …… 57
　ダウンロード …… 44
　タブ …… 56
　［ツール］－［書込装置］…… 49
　［ツール］－［シリアルポート］…… 50
　［ツール］－［ボード］…… 49, 51
　テンプレート …… 69
　ドライバ …… 51
　パッケージ …… 51
　［ファイル］－［スケッチ例］…… 63
　［ファイル］－［環境設定］…… 56
　プログラムの転送 …… 62
　［ボードマネージャ］…… 51
　［マイコンボードに書き込む］…… 62
　ライブラリ …… 64
　［ライブラリマネージャ］…… 67
　［ライブラリを管理］…… 65
Arduino Micro …… 12
Arduino Nano …… 11
Arduino Uno …… 5, 10
Arduino Web Editor …… 47
Arduino Yún …… 14
Arduino互換機 …… 17
ASCII …… 214
AT91SAM3X8E …… 13
Atheros AR9331 …… 15
ATmega328P …… 10
Atom X1 …… 19
ATコマンド …… 191
available( ) …… 262, 264, 266

B

begin( ) ········ 163, 169, 261, 263, 265
beginTransmission( ) ········ 164, 265
bind( ) ········ 211
bit( ) ········ 261
bitClear( ) ········ 261
bitRead( ) ········ 261
bitSet( ) ········ 261
bitWrite( ) ········ 261
blink( ) ········ 179
Bluetooth ········ 6
boolean ········ 74

C

CdS ········ 137
　接続回路 ········ 140
　プログラム ········ 141
CE ········ 148
char ········ 74
Chrome ········ 48
clear( ) ········ 179
connect( ) ········ 221
const ········ 79
constrain( ) ········ 259
cos( ) ········ 260
createTCP( ) ········ 206, 210
CS ········ 148
cursor( ) ········ 179

D

DCジャック ········ 159
DCモータ ········ 151
decode( ) ········ 224
#define ········ 77
delay( ) ········ 259
delayMicroseconds( ) ········ 259
DHCP ········ 196
DIGITAL ········ 109
digitalRead( ) ········ 121, 256
digitalWrite( ) ········ 114, 256
display( ) ········ 179
DRV8830 ········ 153

E

eBay ········ 21
enableMUX( ) ········ 217, 220
encode( ) ········ 214, 221
end( ) ········ 261
endTransmission( ) ········ 164, 265
ESP8266 ········ 7, 183, 250
ESPr Developer ········ 184, 246
ESP-WROOM-02 ········ 8, 183, 245
　LED ········ 251
　開発環境 ········ 248
　接続回路 ········ 251
　端子 ········ 246
　プログラム ········ 252, 253

F

FALSE ········ 83
Firefox ········ 48
float ········ 74
flush( ) ········ 262
for文 ········ 88
Freaduino Uno ········ 18

G

Genuino ········ 20
GETメソッド ········ 235, 240
GND ········ 97, 118

H

HIGH ········ 109
highByte( ) ········ 260
home( ) ········ 179
HTTPリクエスト ········ 198, 235

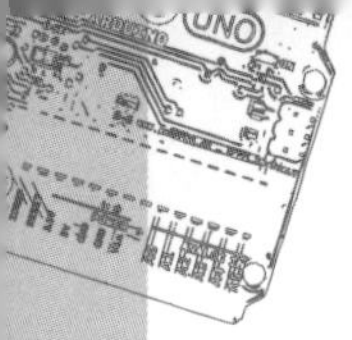

I

I^2C …… 97, 145
I^2Cアドレス …… 147, 155
If …… 110
if文 …… 82
int …… 74
IPアドレス …… 196
isListening( ) …… 263

L

LED …… 107, 109
　明るさの制御 …… 126, 128
　接続回路 …… 112, 129
　点滅 …… 58
　プログラム …… 113, 130
LilyPad …… 16
listen( ) …… 263
long …… 74
loop( ) …… 69
LOW …… 109
lowByte( ) …… 260

M

MACアドレス …… 195
map( ) …… 259
max( ) …… 259
micro:bit …… 3
micros( ) …… 258
Microsoft Edge …… 48
millis( ) …… 258
min( ) …… 259
MISO …… 148
MOSI …… 148
MUX …… 217

N

noBlink( ) …… 179
noCursor( ) …… 179
noDisplay( ) …… 179
noTone( ) …… 257

O

OR演算子 …… 164, 170
overflow( ) …… 264

P

peek( ) …… 262
PHP …… 241
PING …… 197
pinMode( ) …… 114, 256
POSTメソッド …… 235
pow( ) …… 259
print( ) …… 72, 179, 262, 265
println( ) …… 70, 263, 265
pulseIn( ) …… 257
PWM …… 97, 126
Python …… 209

R

random( ) …… 260
randomSeed( ) …… 260
Raspberry Pi …… 3
read( ) …… 262, 264, 266
recv( ) …… 206, 210, 218, 220, 224, 229
releaseTCP( ) …… 210
requestFrom( ) …… 265
return文 …… 90
RS-385PH …… 151
RX …… 190

S

S4A …… 43
Safari …… 48
SCL …… 145
SCLK …… 148
Scratch …… 43
SDA …… 145
send( ) …… 206, 210, 218, 224

sendall( ) ……… 214, 221
setBitOrder( ) ……… 169
setClockDivider( ) ……… 169
setCursor( ) ……… 179
setDataMode( ) ……… 169
setTCPServerTimeout( ) ……… 217, 220
setup( ) ……… 69
shiftIn( ) ……… 258
shiftOut( ) ……… 258
sin( ) ……… 260
SO1602AW ……… 173
SPI ……… 97, 148
sqrt( ) ……… 260
SS ……… 148
SSID ……… 194
startTCPServer( ) ……… 217, 220
strcat( ) ……… 206

T

tan( ) ……… 260
TCP/IP ……… 208
tone( ) ……… 257
transfer( ) ……… 169
TRUE ……… 83
TX ……… 190

U

UART ……… 97
USBケーブル ……… 24
USB端子 ……… 26

V

V（ボルト） ……… 101
Vf ……… 110

W

Webサーバ ……… 241
while文 ……… 86
write( ) ……… 164, 262, 264, 266

あ

秋月電子通商 ……… 20, 28
アクセスポイント ……… 6, 193
　プログラム ……… 202
アナログ入力 ……… 97, 131
アナログ入力端子 ……… 132
アノード ……… 109, 113
暗抵抗 ……… 138
アンペア ……… 99

い

インターネット ……… 6, 234
インターフェース ……… 96

え

エディタ ……… 57
エラーメッセージ ……… 60
エントリーモデル ……… 9

お

オーム ……… 102
オームの法則 ……… 106
オルタネートスイッチ ……… 115
温度センサ ……… 165
　接続回路 ……… 167, 236
　プログラム ……… 168

か

回路図 ……… 17
カソード ……… 109
関数 ……… 69, 89

き

キャラクタディスプレイ ……… 173
　接続回路 ……… 176, 228
　プログラム ……… 178, 228
行番号 ……… 58
キルヒホッフ第1法則 ……… 104
キルヒホッフ第2法則 ……… 105

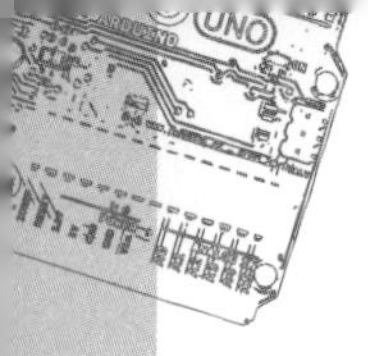

索引

く

クエリ文字列 235
クライアント 208
繰り返し 86
グローバル変数 75

け

計算 80
[検証] 60

こ

交流 158
こて台 36
コメント 69
コンデンサ 124, 157
コンパイル 60

さ

サーバ 208
雑音 157
サンプルプログラム 63

し

シールド 191
四則演算 80
シフト演算子 164, 170
ジャンパー線 33
順電圧 110
順電流 110
条件式 83
条件分岐 82
照度センサ 137
シリアル通信 8, 187
シリアルポート 50
[シリアルモニタ] 71
[新規タブ] 56

す

スイッチ 114
　接続回路 120
　プログラム 121, 123
スイッチサイエンス 20, 28
スクリュー端子 153
スケッチ 55
[スケッチ] - [ライブラリをインクルード] 64, 201
スケッチブック 46, 57
スレーブ 146, 149

せ

正転 163
接続回路
　CdS 140
　ESP-WROOM-02とLED 251
　LED 112
　LEDの明るさの制御 129
　温度センサ 167
　キャラクタディスプレイ 176
　スイッチ 120
　チャタリング防止 124
　ボリューム 135
　無線LAN 188
　無線LANと温度センサ 236
　無線LANとキャラクタディスプレイ 228
　モータ 158
千石電商 21, 28
センサ 5

そ

ソフトウェアシリアル 187

た

タクトスイッチ 115
タブ 56

ち

チャタリング 123
　接続回路 124
直流 158

直列接続 ………………………… 103 ～ 105

つ

［ツール］－［書込装置］……………… 49
［ツール］－［ボード］……………… 49, 51

て

抵抗 ……………………………… 102
抵抗（電子パーツ）…………………… 110
定数 ……………………………… 77
データ型 …………………………… 74
デジタル出力 …………………… 109, 126
デジタル通信 ……………………… 145
デジタル入出力 …………………… 97, 128
デジタル入力 ……………………… 117
デフォルトゲートウェイ ……………… 196
電圧 ……………………………… 101
電圧の法則 ………………………… 105
電圧レベル変換モジュール …………… 175
電荷 ……………………………… 99
電解コンデンサ …………………… 188
電気 ……………………………… 98
電気の計算式 ……………………… 106
電源 ……………………………… 97
電源アダプタ ……………………… 24
電源供給端子 ……………………… 25
電源電圧 …………………………… 111
電子 ……………………………… 100
電子パーツ ………………………… 27, 94
　一覧 ……………………………… 266
テンプレート ……………………… 69
電流 ……………………………… 99
電流制限抵抗 ……………………… 110
電流の法則 ………………………… 104

と

トグルスイッチ …………………… 115
ドライバ …………………………… 51
トランジスタ ……………………… 188

ね

ネットマスク ……………………… 196

は

ハードウェアシリアル ………………… 187
パスワード ………………………… 194
パソコン …………………………… 23
パッケージ ………………………… 51
はんだ ……………………………… 36
はんだごて ………………………… 36
はんだ付け ………………………… 35
反転 ……………………………… 163

ひ

比較演算子 ………………………… 84
引数 ……………………………… 90
表示デバイス ……………………… 172

ふ

［ファイル］－［スケッチ例］…………… 63
［ファイル］－［環境設定］…………… 56
プッシュスイッチ …………………… 115
プラス電荷 ………………………… 99
プルアップ抵抗 …………………… 118
プルダウン抵抗 …………………… 118
ブレッドボード …………………… 30
プログラミング …………………… 68
プログラム
　Arduino（クライアント）………… 213, 216
　Arduino（サーバ）……………… 219, 222
　CdS ……………………………… 141
　ESP-WROOM-02とLED ………… 252
　ESP-WROOM-02と無線LAN ……… 253
　LED ……………………………… 113
　LEDの明るさの制御 ……………… 130
　Webサーバ ……………………… 241
　アクセスポイント ………………… 202
　温度センサ ……………………… 168
　キャラクタディスプレイ …………… 178

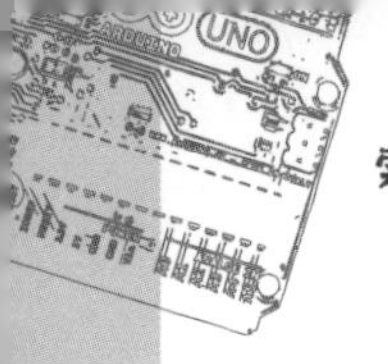

スイッチ ································ 121
スイッチを押した回数 ················ 123
通信 ····································· 204
パソコン（クライアント）········· 221, 224
パソコン（サーバ）··············· 211, 215
パソコン（送信）······················ 232
ボリューム ······························ 136
無線LAN ································· 192
無線LANと温度センサ ················ 237
無線LANとキャラクタディスプレイ ···· 228
モータ ··································· 161
プログラムの転送 ············· 51, 55, 58, 62

へ

並列接続 ······················· 103 ～ 105
変数 ······································ 73
const ···································· 79
値の格納 ································· 76
書き込み禁止 ···························· 79
グローバル変数 ························· 75
宣言 ······································ 74
データ型 ································· 74
ローカル変数 ···························· 75

ほ

ボード ··································· 53
［ボードマネージャ］··················· 51
ボリューム ····························· 133
接続回路 ······························· 135
プログラム ····························· 136
ボルト ·································· 101

ま

マイコン ································· 3
［マイコンボードに書き込む］·········· 62
マイナス電荷 ··························· 99
マスタ ························· 146, 149
マツル ···························· 21, 28

む

無線LAN ························· 6, 182
アクセスポイント ···················· 193
接続回路 ················· 188, 228, 236
プログラム ··············· 192, 228, 237
無線LANモジュール ·············· 8, 182

も

モータ ··························· 5, 150
接続回路 ······························ 158
プログラム ···························· 161
モータドライバ ······················ 152
モーメンタリスイッチ ··············· 115
戻り値 ··································· 90
ものづくり ······························ 4
モバイルバッテリ ······················ 27

ゆ

有機ELキャラクタディスプレイ ······ 173

ら

ライブラリ ············· 64, 177, 200, 248
［ライブラリマネージャ］··············· 67
［ライブラリを管理］···················· 65

れ

レジスタ ······························· 164
レベルコンバータ ···················· 190

ろ

ローカル変数 ··························· 75
ロッカースイッチ ···················· 115

著者紹介

福田和宏（ふくだかずひろ）

株式会社飛雁、代表取締役。工学院大学大学院電気工学専攻修士課程卒。大学時代は電子物性を学んでいたが、学生時代にしていた雑誌社のアルバイトがきっかけで、ライター業を始める。電子工作やLinuxに関する記事執筆のほか、教育向けコンテンツの制作などを手がけている。
また、電子工作やコンピュータなどの普及を目指した活動として「サッポロ電子クラフト部」（https://goo.gl/lwZg1o）を主催。ものづくりに興味のあるメンバーが集まり、数ヵ月でアイデアを実現している。

● **主な著書**

『改訂3版 サーバ／インフラエンジニア養成読本』（技術評論社、共著）
『改訂3版 Linuxエンジニア養成読本』（技術評論社、共著）
『これ1冊でできる！ラズベリー・パイ 超入門 改訂第4版』（ソーテック社）
『これ1冊でできる！Arduinoではじめる電子工作 超入門 改訂第2版』（ソーテック社）
『実践！ CentOS 7 サーバー徹底構築』（ソーテック社）
『ラズパイで初めての電子工作』（日経BP社）
『NTTコミュニケーションズ　インターネット検定　BASIC 2013　公式テキスト』（NTT出版、共著）
など

● **主な執筆誌**

「Software Design」（技術評論社）
「日経Linux」（日経BP社）
「ラズパイマガジン」（日経BP社）
「日経ソフトウェア」（日経BP社）
など

カバーデザイン●小島 トシノブ（NONdesign）
本文デザイン・DTP・図版●近藤 しのぶ
編集●坂井 直美
担当●取口 敏憲

■本書サポートページ
http://gihyo.jp/book/2018/978-4-7741-9599-5
本書記載の情報の修正・訂正・補足、サンプルソースのダウンロードについては、当該Webページで行います。

■お問い合わせについて
本書に関するご質問については、本書に記載されている内容に関するもののみとさせていただきます。本書の内容と関係のないご質問につきましては、一切お答えできませんので、あらかじめご了承ください。また、電話でのご質問は受け付けておりませんので、FAXか書面にて下記までお送りください。

<問い合わせ先>
〒162-0846
東京都新宿区市谷左内町21-13
株式会社技術評論社　雑誌編集部
「Arduino［実用］入門――Wi-Fiでデータを送受信しよう！」係
FAX：03-3513-6173

なお、ご質問の際には、書名と該当ページ、返信先を明記してくださいますよう、お願いいたします。
お送りいただいたご質問には、できる限り迅速にお答えできるよう努力いたしておりますが、場合によってはお答えするまでに時間がかかることがあります。また、回答の期日をご指定なさっても、ご希望にお応えできるとは限りません。あらかじめご了承くださいますよう、お願いいたします。

Arduino（アルドゥイーノ）［実用（じつよう）］入門（にゅうもん）
――Wi-Fi（ワイファイ）でデータを送受信（そうじゅしん）しよう！

2018年2月28日　初版　第1刷発行

著　者　福田 和宏（ふくだ かずひろ）
発行者　片岡 巌
発行所　株式会社技術評論社
東京都新宿区市谷左内町21-13
電話　03-3513-6150　販売促進部
03-3513-6177　雑誌編集部
印刷／製本　港北出版印刷株式会社

定価はカバーに表示してあります。

造本には細心の注意を払っておりますが、万一、乱丁（ページの乱れ）や落丁（ページの抜け）がございましたら、小社販売促進部までお送りください。送料小社負担にてお取り替えいたします。

ISBN978-4-7741-9599-5 C3055

Printed in Japan